總經理
行政規範化管理

曾令萍 —— 著

一家優秀的企業應如何管理員工？又應該制定哪些規範？

**最適合企業經營管理人員、行政管理人員、
管理諮詢人士及相關專業師生閱讀、使用的企業行政管理範本！**

崧燁文化

目錄

前 言

第 1 章 行政規範化管理體系

1.1 行政管理知識體系導圖 ... 9
1.2 行政規範化管理體系設計模板 ... 10
1.3 業務模型設計要項 ... 15
1.4 管理流程設計要項 ... 17
1.5 管理標準設計要項 ... 21
1.6 管理制度設計要項 ... 25

第 2 章 日常行政事務管理業務‧流程‧標準‧制度

2.1 日常行政事務管理業務模型 ... 29
2.2 日常行政事務管理流程 ... 31
2.3 日常行政事務管理標準 ... 35
2.4 日常行政事務管理制度 ... 37

第 3 章 印章證照管理業務‧流程‧標準‧制度

3.1 印章證照管理業務模型 ... 53
3.2 印章證照管理流程 ... 55
3.3 印章證照管理標準 ... 61
3.4 印章證照管理制度 ... 64

第 4 章 文檔資料管理業務‧流程‧標準‧制度

4.1 文檔資料管理業務模型 ... 77
4.2 文檔資料管理流程 ... 79
4.3 文檔資料管理標準 ... 87
4.4 文檔資料管理制度 ... 91

總經理行政規範化管理

第 5 章 辦公資產管理業務‧流程‧標準‧制度
- 5.1 辦公資產管理業務模型 ... 103
- 5.2 辦公資產管理流程 ... 105
- 5.3 辦公資產管理標準 ... 111
- 5.4 辦公資產管理制度 ... 114

第 6 章 行政會議管理業務‧流程‧標準‧制度
- 6.1 行政會議管理業務模型 ... 125
- 6.2 行政會議管理流程 ... 127
- 6.3 行政會議管理標準 ... 133
- 6.4 行政會議管理制度 ... 135

第 7 章 辦公安全管理業務‧流程‧標準‧制度
- 7.1 辦公安全管理業務模型 ... 141
- 7.2 辦公安全管理流程 ... 143
- 7.3 辦公安全管理標準 ... 150
- 7.4 辦公安全管理制度 ... 152

第 8 章 環境衛生管理業務‧流程‧標準‧制度
- 8.1 環境衛生管理業務模型 ... 171
- 8.2 環境衛生管理流程 ... 173
- 8.3 環境衛生管理標準 ... 180
- 8.4 環境衛生管理制度 ... 182

第 9 章 行政管理費用控制業務‧流程‧標準‧制度
- 9.1 行政管理費用控制業務模型 ... 195
- 9.2 行政管理費用控制流程 ... 197
- 9.3 行政管理費用控制標準 ... 202
- 9.4 行政管理費用控制制度 ... 204

第 10 章 總務後勤管理業務‧流程‧標準‧制度

10.1 總務後勤管理業務模型 ... 217

10.2 總務後勤管理流程 ... 219

10.3 總務後勤管理標準 ... 226

10.4 總務後勤管理制度 ... 228

第 11 章 企業文化建設業務‧流程‧標準‧制度

11.1 企業文化建設業務模型 ... 241

11.2 企業文化建設管理流程 ... 243

11.3 企業文化建設管理標準 ... 248

11.4 企業文化建設管理制度 ... 251

總經理行政規範化管理

前 言

　　本書以企業規範化管理為中心，立足於企業各職能部門的管理實踐，針對各職能部門的管理問題，系統地提供了各職能部門規範化運作的管理工具，實現了「業務＋流程＋標準＋制度」四位一體的解決方案。

　　只有層層實施規範化管理，明確工作導圖、工作職責、績效標準、工作標準，做到人人有事做、事事有規範、辦事有流程，才有可能提高企業的整體管理水準，從根本上提高企業的執行力，增強企業的競爭力。

　　本書以行政業務為依據，將行政管理事項的執行工作落實在具體的業務模型、管理流程、管理標準、管理制度中，幫助企業行政事務管理人員順利實現從「知道做」到「如何做」，再到「如何做好」的科學轉變。

　　以「業務模型＋管理流程＋管理標準＋管理制度」為核心，按照行政管理事項，給出每一工作事項的業務模型、編制相關工作事項的管理制度、提供相關工作事項的管理流程、描述具體工作事項的管理標準，使業務、流程、標準、制度在工作中相互促進，為讀者提供體系化、模板化、規範化的管理體系。本書主要有以下四大特點：

1. 層次清晰的業務模型

　　為了便於讀者閱讀和使用，本書針對日常行政事務管理、印章證照管理、文檔資料管理、辦公資產管理、行政會議管理、辦公安全管理、環境衛生管理、行政管理費用控制、行政後勤管理、企業文化建設10項行政管理職能事項，按照組織設計和工作分析的思路，將業務模型劃分為業務導圖和工作職責兩項，分別提供了設計方案，進行了詳細介紹，並給出了模型範例。

2. 拿來即用的流程體系

　　本書在梳理行政管理工作內容的基礎上，提出了各項行政事務流程的設計思路，並向讀者提供了62個行政管理流程範例，細化了人力資源管理的

總經理行政規範化管理

具體工作事項，構建了「拿來即用」的行政管理流程體系，為企業實現行政管理工作的規範化、流程化、標準化提供很好的指導。

3. 科學合理的管理標準

本書根據目標管理的原則，科學、合理地制定了績效結果的評價項目、評估指標及評估標準。同時，為達到相關的績效目標，本書在工作分析與測算的基礎上，科學地設定相應的行為規範和作業標準，並給出應達成的結果目標，為讀者展現行政管理工作的工作標準，並提供相應的標準範例。

4. 規範具體的制度設計

本書系統地介紹了制度的設計方法、設計思路、編制要求及制度能夠解決的問題，然後針對行政管理工作中容易出現的問題，詳細地設計了 42 個行政管理制度範例，使得方法和範例相輔相成，為讀者自行設計管理制度提供了操作指南和參照範本。

本書適用於企業經營管理人員、行政管理人員、管理諮詢人士及相關專業的師生閱讀、使用。

第1章 行政規範化管理體系

1.1 行政管理知識體系導圖

　　企業行政管理是企業行政管理系統為了企業的日常經營與發展而依靠一定的法律、制度、原則及方法而展開的職能性管理工作的總和。企業行政管理的手段通常包括行政命令、指示、規定、獎懲條件等。行政管理知識體系如圖 1-1 所示。

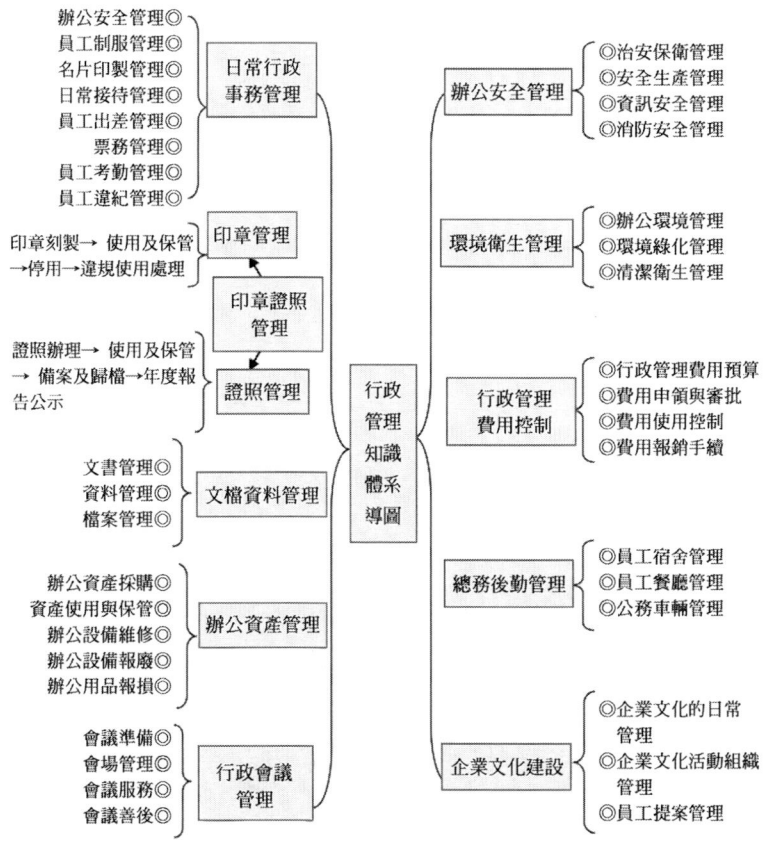

圖 1-1 行政管理知識體系導圖

1.2 行政規範化管理體系設計模板

1.2.1 業務模型模板設計

業務模型主要用來描述企業管理所涉及的業務內容、業務表現及業務之間的關係,主要從業務工作導圖和主要工作職責兩個方面進行設計。其具體模板設計如下:

1. 業務工作導圖模板設計

業務工作導圖是對業務內容進行分類描述,並對分類內容進行具體說明的模板。企業可以以表 1-1 所示的業務工作導圖示例模板為參考,設計出適用的部門業務工作導圖。

表 1-1 業務工作導圖模板範例

工作內容	內容具體說明
	1. 2. 3.
	1. 2. 3.

2. 主要工作職責模板設計

針對每一項業務或每一項工作,要做到事事有人做。這是企業各個部門在進行本部門所設職位的職責設計時所遵循的首要原則。同時,人力資源部還應做好企業戰略分析、工作任務分析以及業務流程梳理工作,在此基礎上設計部門及每個職位的主要職責。

企業主要工作職責的設計,可參照模板的思路開展工作,具體如表 1-2 所示:

表 1-2 主要工作職責模板

工作職責	職責具體說明
	1. 2. 3.
	1. 2. 3.

1.2.2 管理流程模板設計

　　流程是企業為向特定的顧客或市場提供特定的產品或服務所精心設計的一系列連續、有規律的活動，這些活動以確定的方式進行，並帶來特定的結果。

　　流程作為企業規範化管理體系中的一個維度，主要採用流程圖的方式進行設計。流程圖透過適當的符號記錄全部工作事項，用於描述工作活動的流向順序。流程圖由一個開始節點、一個結束節點及若干中間環節組成，中間環節的每個分支也要有明確的判斷條件。

　　常見的流程形式有矩陣式流程和泳道式流程。本書採用的泳道式流程為企業常見流程形式，其編寫模板示例如圖 1-2 所示。

總經理行政規範化管理

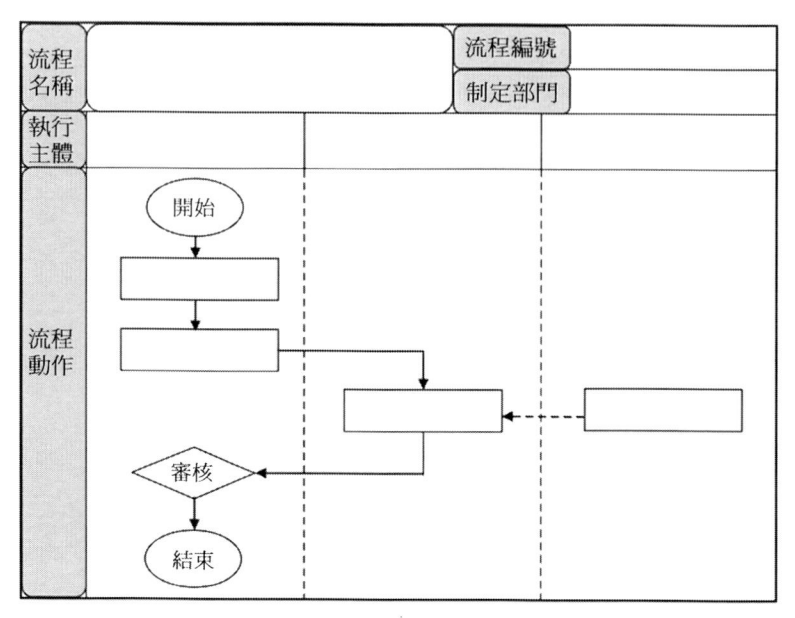

圖 1-2 流程編寫模板示意圖

1.2.3 管理標準模板設計

　　管理標準是企業對日常管理工作中需要協調統一的管理事項所制定的標準。企業制定管理標準，可為相關工作的開展提供依據，有利於管理經驗的總結、提高，有利於建立協調高效的管理秩序。企業管理標準包括工作標準和績效標準兩項。

1. 工作標準模板設計

　　工作標準，是指一個訓練有素的人員在履行職責中完成工作內容所應遵循的流程和制度。具備勝任資格的在職人員，在按照工作標準履行職責的過程中，必須遵循設定的工作依據與規範，並達成工作成果或目標。

　　企業具體工作標準設計，可參照相關模板，具體如表 1-3 所示。

表 1-3 工作標準模板

工作事項	工作依據與規範	工作成果或目標
1.	◆ ◆	(1) (2)
2.	◆ ◆	(1) (2)
3.	◆ ◆	(1) (2)

2. 績效標準模板設計

績效標準是結果標準，著眼於「應該做到什麼程度」。績效標準，是在確定工作目標的基礎上，設定評估指標、制定評估標準，與實際工作表現進行對照、分析，以衡量、評估工作目標的達成程度，它注重工作的最終產出和貢獻。

根據績效標準的要項，績效標準模板設計可參照模板的思路開展工作，具體如表 1-4 所示：

表 1-4 績效標準模板

工作事項	評估指標	評估標準
		1. 2.
		1. 2.
		1. 2.

總經理行政規範化管理

1.2.4 管理制度模板設計

管理制度的內容結構常採用「總則＋具體制度＋附則」的模式，一個完整的管理制度通常應包括制度名稱、總則、正文、附則、附件五部分內容。

需要說明的是，對於針對性強、內容較單一、業務操作性較強的制度，正文中可不用分章，直接分條列出即可，總則和附則中有關條目不可省略。

根據制度的內容結構，制度編寫人員可參考相關文本模板編寫具體制度，如表 1-5 所示：

表 1-5 管理制度模板

制度名稱	XX制度		編　號	
執行部門		監督部門	編修部門	
<td colspan="4">第1章　總則 第1條　目的 第2條　適用範圍 第2章 第　條 第　條 第3章　附則 第　條 第　條</td>
編制日期		審核日期	批准日期	
修改標記		修改處數	修改日期	

1.3 業務模型設計要項

1.3.1 基於什麼設計業務模型

業務模型應符合業務實際，符合企業管理需要。企業在設計業務模型前，應明確模型內容、模型形式，調研企業高層，結合業務理論知識對企業業務事項進行分析、分解與設計，從而確定業務工作導圖和主要工作職責，完成業務模型設計工作。

通常，企業應基於六項內容設計業務模型，具體如圖 1-3 所示：

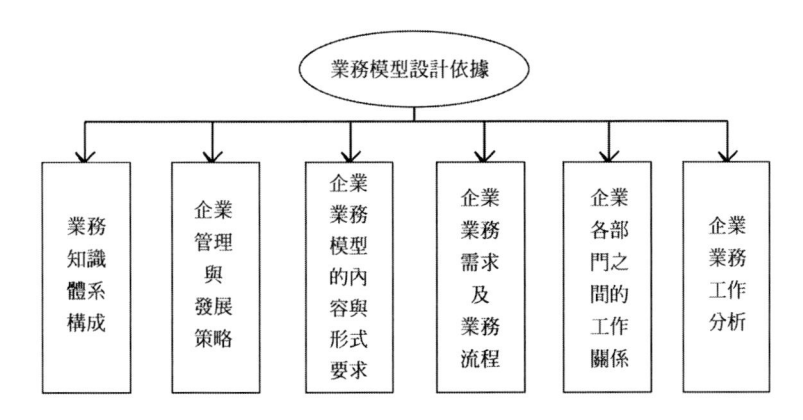

```
                     業務模型設計依據
    ┌─────┬─────┬─────┬─────┬─────┬─────┐
  業務   企業   企業   企業   企業   企業
  知識   管理   業務   業務   各部   業務
  體系   與     模型   需求   門之   工作
  構成   發展   的內   及     間的   分析
         策略   容與   業務   工作
                形式   流程   關係
                要求
```

圖 1-3 業務模型設計依據

1.3.2 業務模型如何有效導出

明確業務模型設計依據後，企業應導出業務模型，以發揮業務模型的指導、規範作用。業務模型的具體導出步驟主要包括四步，如圖 1-4 所示。

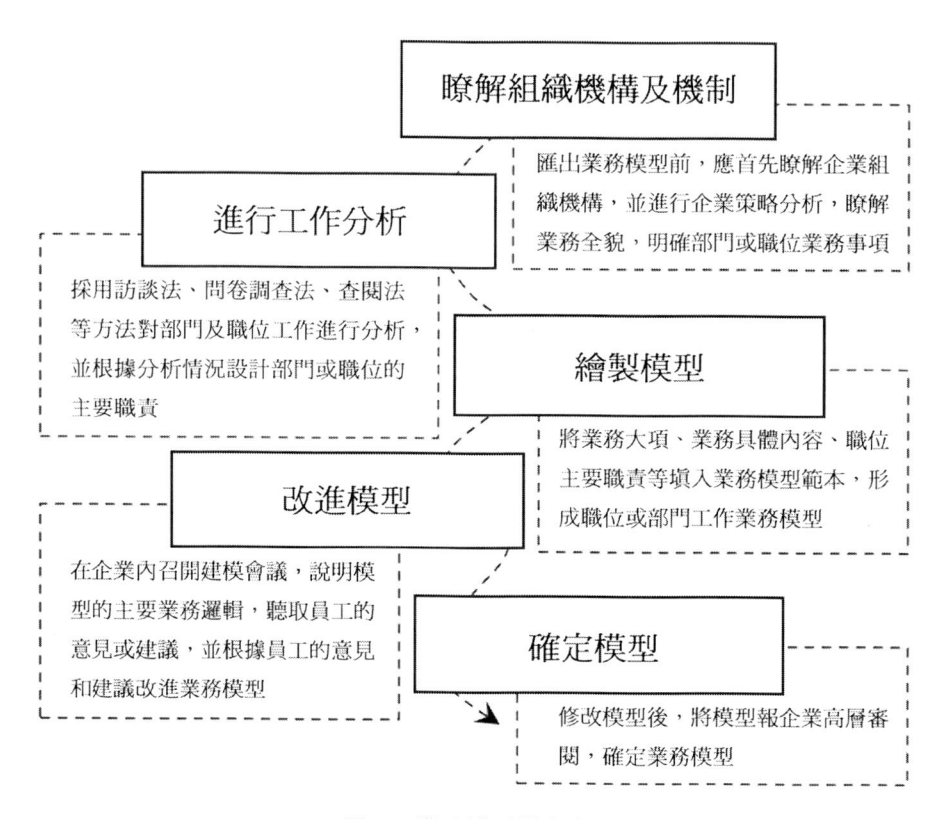

圖 1-4 業務模型導出步驟

1.3.3 業務模型設計注意事項

為提高業務模型的準確性、實用性，企業在設計業務模型時，應注意以下六點注意事項：

（1）設計業務模型前，應確定業務願景，並明確業務範圍；

（2）設計業務模型前，應明確業務流程；

（3）單項業務的主要職責以 3～10 項為宜；

（4）業務模型內容應在企業或部門內部達成共識；

(5) 業務模型包括業務工作導圖與主要工作職責兩項，應分別設計，不可混淆；

(6) 業務模型的內容應具體、簡練，易於理解，應與日常工作息息相關。

1.4 管理流程設計要項

1.4.1 管理流程設計

管理流程主要用於支持企業戰略和經營決策，應用範疇包括人力資源管理、訊息系統管理等多個領域，是企業透過流程管理對業務開展情況進行監督、控制、協調和服務。

管理流程具有分配任務、分配人員、啟動工作、執行任務、監督任務等功能。管理流程包括設計模塊、運行模塊、監督模塊三部分內容。管理流程設計，即運用各種繪圖工具繪製流程圖，將管理內容以流程圖的形式固定下來。

管理人員在具體設計管理流程時，可按以下三步進行：

1. 選擇流程形式

流程圖有很多種類型，流程設計人員應根據流程內容，選擇合適的流程圖形式。企業常見流程圖有矩陣式流程和泳道式流程兩種。

(1) 矩陣式流程。矩陣式流程有縱、橫兩個方向，縱向表示工作的先後順序，橫向表示承擔該工作的部門或職位。矩陣式流程透過縱、橫兩個方向的坐標，既解決了先做什麼、後做什麼的問題，又解決了各項工作由誰負責的問題。

對於矩陣式流程圖，美國國家標準學會對其標準符號做出了規定，常用的流程圖標準符號如圖 1-5 所示。

總經理行政規範化管理

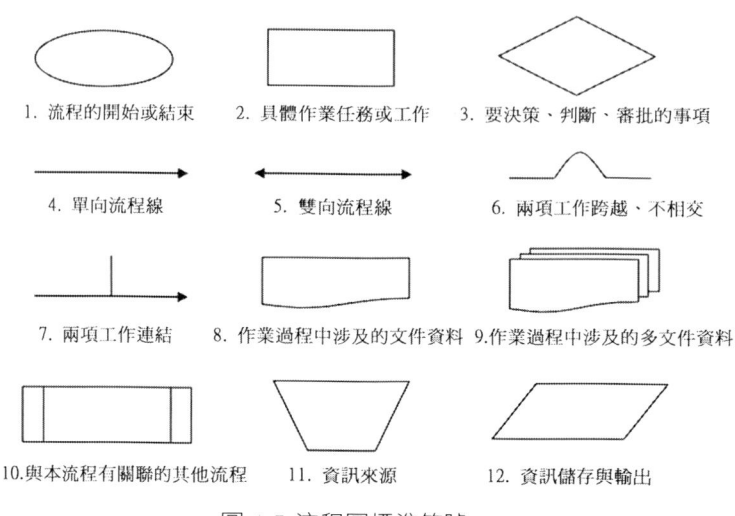

圖 1-5 流程圖標準符號

1. 流程的開始或結束　2. 具體作業任務或工作　3. 要決策、判斷、審批的事項
4. 單向流程線　5. 雙向流程線　6. 兩項工作跨越、不相交
7. 兩項工作連結　8. 作業過程中涉及的文件資料　9. 作業過程中涉及的多文件資料
10. 與本流程有關聯的其他流程　11. 資訊來源　12. 資訊儲存與輸出

實際上，流程圖標準符號遠不止圖 1-5 所示的這些，但是，考慮到流程圖繪製越簡單明瞭，操作起來越方便，建議一般情況下使用圖 1-5 所示的前四種標準符號。

（2）泳道式流程。泳道式流程也是流程圖的一種，它能夠反映各職位之間、各部門之間、部門與職位之間的關係。泳道式流程與其他形式的流程圖相比，具有能夠理清流程管理中各自的工作範圍、明確主體之間的交接動作等優點。

泳道式流程也有縱、橫兩個方向，縱向表示執行步驟，橫向表示執行主體，繪製泳道式流程所用的標準符號如圖 1-5 所示。

泳道式流程圖用線將不同區域分開，每一個區域表示各執行主體的職責，並將執行步驟按照職責組織起來。泳道式流程圖可以方便地描述企業的各種管理流程，直觀地描述執行步驟和執行主體之間的邏輯關係。

2. 選擇流程繪製工具

繪製流程圖的常用軟件有 Word、Visio，二者在繪製流程圖方面各有特色，如表 1-6 所示。流程圖設計可根據本企業流程設計要求、自己的使用習慣等選擇使用。

表 1-6 流程圖繪製常用工具

工具名稱	工具介紹
Word	◆ Word軟體普及率高，使用方便 ◆ 排版、列印、印刷方便 ◆ 繪製的圖片清晰、檔案較小，容易複製到移動儲存裝置上 ◆ 繪製比較費時，難度較大，功能簡單，不夠全面
Visio	◆ Visio是專業的繪圖軟體，附帶了相關的建模符號 ◆ 透過拖動預定義的圖形符號，能夠很容易地組合圖表 ◆ 可根據本企業流程設計需要進行自訂 ◆ 能繪製一些組織複雜、業務繁雜的流程圖

3. 繪製流程圖

管理流程圖繪製步驟主要包括六步，具體如圖 1-6 所示：

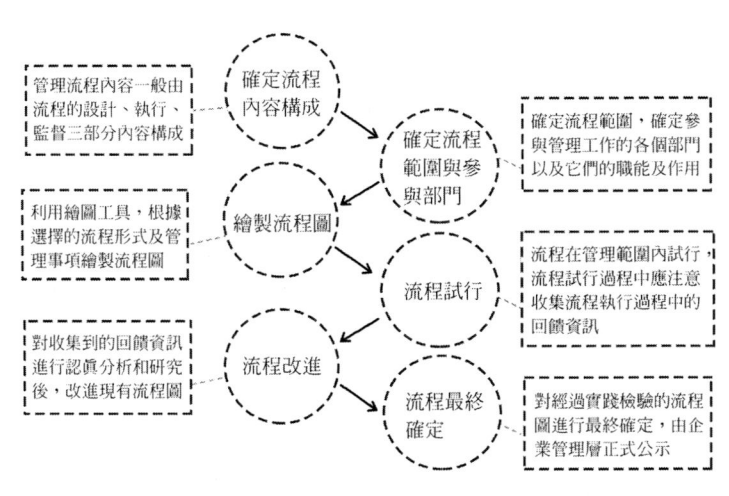

圖 1-6 管理流程圖繪製步驟

總經理行政規範化管理

1.4.2 業務流程設計

業務流程主要指企業實現其日常功能的流程,它將工作分配給不同職位的人員,按照執行的先後順序以及明確的業務內容、方式和職責,在不同職位人員之間進行交接。不同的職能事項模塊,業務流程的分類也有所不同。例如,財務規範化管理體系中,常見的業務流程包括財務預測工作流程、投資項目實施流程、會計帳簿管理流程、固定資產盤點流程等。

業務流程對企業的業務運營能造成一定的指導作用,業務流程具有層次性、人性化和效益性的特點。為規範企業各項業務的執行程序,明確各項業務的責任範圍等,企業需繪製業務流程圖,將流程設計成果予以書面化呈現。具體流程圖繪製程序如圖1-7所示:

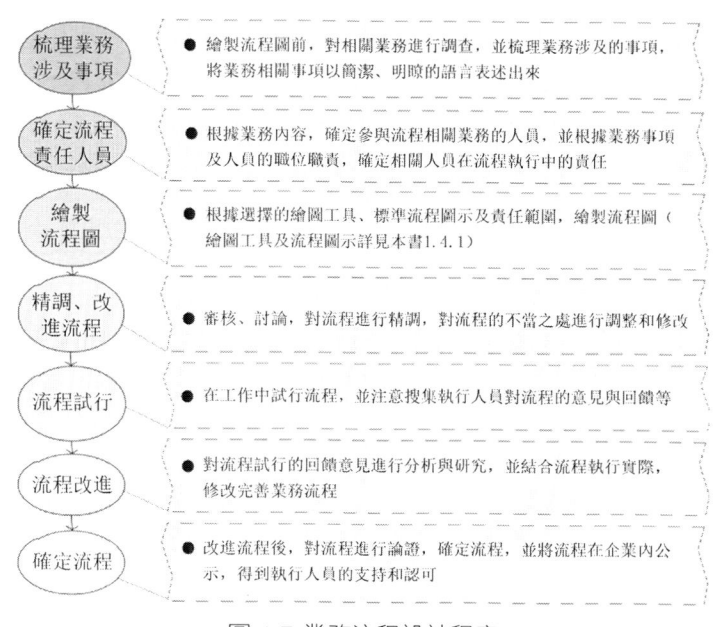

梳理業務涉及事項	● 繪製流程圖前,對相關業務進行調查,並梳理業務涉及的事項,將業務相關事項以簡潔、明瞭的語言表述出來
確定流程責任人員	● 根據業務內容,確定參與流程相關業務的人員,並根據業務事項及人員的職位職責,確定相關人員在流程執行中的責任
繪製流程圖	● 根據選擇的繪圖工具、標準流程圖示及責任範圍,繪製流程圖(繪圖工具及流程圖示詳見本書1.4.1)
精調、改進流程	● 審核、討論,對流程進行精調,對流程的不當之處進行調整和修改
流程試行	● 在工作中試行流程,並注意搜集執行人員對流程的意見與回饋等
流程改進	● 對流程試行的回饋意見進行分析與研究,並結合流程執行實際,修改完善業務流程
確定流程	● 改進流程後,對流程進行論證,確定流程,並將流程在企業內公示,得到執行人員的支持和認可

圖 1-7 業務流程設計程序

1.4.3 流程設計注意問題

企業在具體設計管理或業務流程時,應注意以下四點,以確保流程內容規範、執行責任明確等:

(1) 設計流程的目標要與企業經營目標、訊息技術水準相符合;

(2) 流程圖的繪製應根據工作的發展,簡明地敘述流程中的每一件事;

(3) 流程圖的繪製應簡潔、明了,這樣不但操作起來方便,推行和執行人員也容易接受和落實;

(4) 各工作事項均應明確責任與實施主體。

1.5 管理標準設計要項

1.5.1 工作標準設計

工作標準是用於比較的一種員工均可接受的基礎或尺度。制定工作標準的關鍵是定義「正常」的工作速度、正常的技能發揮。工作標準設計程序如下:

1. 明確工作標準的內容

規範的工作標準應包括以下五項內容:工作範圍、內容和要求,與相關工作的關係,職位任職人員的職權與必備條件,工作依據與規範,工作目標或成果。

2. 提取工作事項

企業應首先對部門或職位的工作進行分析,並根據分析情況及主要工作職責及業務流程,提取職位工作事項。工作事項應全面、具體。

3. 確定工作依據

提取工作事項後,企業要根據事項涉及的部門及工作內容等,確定工作依據,工作依據一般包括工作相關的制度、流程、表單、方案及其他相關資料等。

4. 確定工作目標

（1）正常工作效率測算。正常工作效率是指在一定的時間內，無須額外勞動或提高工作強度所得出的勞動成果。正常工作效率測算程序如圖1-8所示：

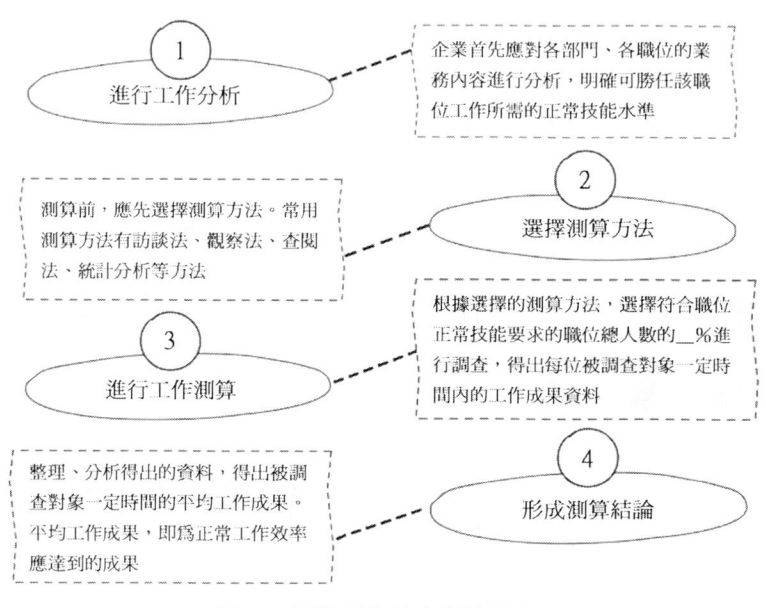

```
① 進行工作分析 —— 企業首先應對各部門、各職位的業務內容進行分析，明確可勝任該職位工作所需的正常技能水準

② 選擇測算方法 —— 測算前，應先選擇測算方法。常用測算方法有訪談法、觀察法、查閱法、統計分析等方法

③ 進行工作測算 —— 根據選擇的測算方法，選擇符合職位正常技能要求的職位總人數的__%進行調查，得出每位被調查對象一定時間內的工作成果資料

④ 形成測算結論 —— 整理、分析得出的資料，得出被調查對象一定時間的平均工作成果。平均工作成果，即為正常工作效率應達到的成果
```

圖1-8 正常工作效率測算程序

（2）設定工作目標。工作目標應以戰略目標及正常工作效率測算數據為依據制定。一般來說，工作目標應略高於正常工作效率測算得出的數據，工作目標應詳細、清晰、具體地描述，應是正常工作時間內，正常工作效率和工作技能可以達到或實現的。

5. 形成工作標準

企業應將分析或測算得出的工作事項、工作依據、工作成果或目標等訊息整理彙總，填入工作標準模板，形成企業工作標準體系。

1.5.2 績效標準設計

績效標準是部門或職位相應的每項任務應達到的績效要求。績效標準明確了員工的工作目標與考核標準，使員工明確工作該如何做或做到什麼樣的程度。績效標準的設計，有助於保證績效考核的公正性，同時可為工作標準設計提供依據和參考。

1. 績效標準設計原則

績效標準一般具有明確具體、可度量、可實現、有時間限制等特點，企業可根據績效標準的特點，根據 SMART 原則設計績效標準，具體說明如圖 1-9 所示：

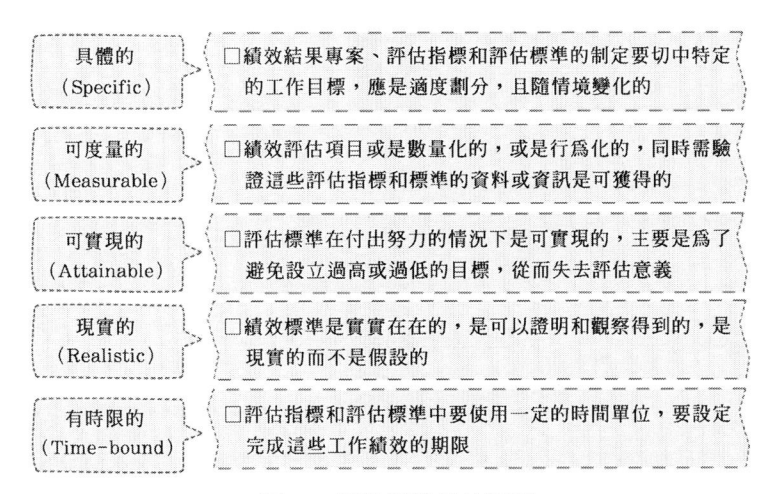

原則	說明
具體的（Specific）	□績效結果專案、評估指標和評估標準的制定要切中特定的工作目標，應是適度劃分，且隨情境變化的
可度量的（Measurable）	□績效評估項目或是數量化的，或是行為化的，同時需驗證這些評估指標和標準的資料或資訊是可獲得的
可實現的（Attainable）	□評估標準在付出努力的情況下是可實現的，主要是為了避免設立過高或過低的目標，從而失去評估意義
現實的（Realistic）	□績效標準是實實在在的，是可以證明和觀察得到的，是現實的而不是假設的
有時限的（Time-bound）	□評估指標和評估標準中要使用一定的時間單位，要設定完成這些工作績效的期限

圖 1-9 績效標準設計原則

2. 績效標準設計程序

績效標準設計程序主要包括四步，具體如下：

（1）確定工作目標。工作目標通常由公司的戰略目標分解得到，工作目標確定了，才能進行評估指標的分解設置。

（2）提取評估指標。評估指標應與工作目標相關，與職位工作相關。企業需熟悉職位工作流程，瞭解被考核對像在流程中所扮演的角色、

肩負的責任以及同上下游之間的關係，根據關鍵工作事項、典型工作行為等提取評估指標。評估指標可以是定量的，也可以是定性的。

(3) 設計評估標準。評估標準應根據評估指標編制，企業可採取等級描述法，對工作成果或工作履行情況進行分級描述，並用數據或事實對各級別進行具體和清晰的界定，使被考核對象明確指標各級別達成要求，明確指標達成狀態。

(4) 形成績效標準體系。將工作目標、評估指標、評估標準等填入績效標準模板，形成完整的績效標準體系。

1.5.3 標準設計注意問題

為提高工作標準的合規合理性，提高員工對工作標準的認同度等，企業在具體設計管理標準時應著重注意以下五點事項：

1. 標準高低應適當

當管理標準與工資掛鉤時，員工會因標準過高而反對，而管理人員認為標準過低也會反對。事實上標準過高或過低均不好，它會給制訂計劃、人員安排等工作帶來很多困難，從而給企業帶來損失。

不同的人站在不同立場上會有不同的看法，因此，工作標準的「高」與「低」是一個相對尺度。企業在具體設計標準時應從管理者和員工兩方面考慮，確保標準高低適當。

2. 制定標準要以人為本

反對標準的人員認為，標準缺乏對人的尊重，把人當作機器來制定機械的標準。因此，在「以人為本」思想的指導下，企業可採用「全員參與」等方法制定標準，以獲得員工的理解和支持。

3. 制定標準要進行成本效益評估

制定標準本身要耗費相當的時間、人力和費用，因此，需要預估制定成本與標準所能帶來的收益，評估成本是否低於編制標準帶來的好處。

4. 工作標準要適時修訂

工作標準要適時修訂，避免員工因擔心企業將工作標準提高，即使創造了更好的新工作方法也保密，而難以提高生產率。同時，適時修訂工作標準也可及時對提升工作標準、創造高業績的人員進行正向激勵。

5. 標準內容要全面

工作標準的內容不僅要包括員工的基本工作職責，而且還要包括同其他部門的協作關係、為其他部門服務的要求等，不僅要包括定性的要求，還要有定量的要求。

1.6 管理制度設計要項

1.6.1 章條款項目的有效設計

管理制度一般按章、條、款、項、目結構表述，內容簡單的可以不分章，直接以條的方式表述。章、條、款、項、目的編寫要點如下：

1.「章」的編寫

「章」要概括出制度所要描述的主要內容，然後透過完全並列、部分並列和總分結合的方式確定各章的標題，根據章標題確定每章的具體內容。

2.「條」的編寫

制度「條」的內容應按圖 1-10 所示的要求進行編制：

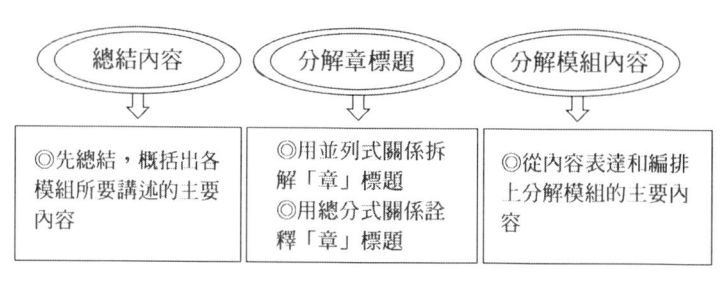

```
┌─────────────┐    ┌─────────────┐    ┌──────────────┐
│  總結內容    │    │  分解章標題  │    │ 分解模組內容 │
└──────┬──────┘    └──────┬──────┘    └──────┬───────┘
       ↓                  ↓                   ↓
┌─────────────┐    ┌─────────────┐    ┌──────────────┐
│◎先總結，概括出各│  │◎用並列式關係拆│  │◎從內容表達和編排│
│ 模組所要講述的主│  │ 解「章」標題  │  │ 上分解模組的主要│
│ 要內容       │    │◎用總分式關係詮│  │ 內容         │
│             │    │ 釋「章」標題  │  │             │
└─────────────┘    └─────────────┘    └──────────────┘
```

圖 1-10 「條」的編寫要求

3.「款」的編寫

「款」是條的組成部分，「款」的表現形式為「條」中的自然段，每個自然段為一款，每一款都是一個獨立的內容或是對前款內容的補充描述。

4.「項」的編寫

「項」的編制可以採用三種方法，即梳理肢解「條」的邏輯關係、直接提取「條」的關鍵詞、設計一套表達「條」的體系。「項」的編寫一定要具體化，透過具體化可以實現以下四個目的：

(1) 給出「目」的編寫範圍；

(2) 控制編寫思路；

(3) 明示編寫人員；

(4) 控制編寫篇幅。

1.6.2 管理制度設計注意問題

在設計管理制度時，制度設計及編寫人員應注意六點事項，以使設計的制度符合法律法規要求、格式規範、用詞標準、職責明確等，具體如圖 1-11 所示：

第 1 章 行政規範化管理體系
1.6 管理制度設計要項

管理制度設計注意問題
- 制度設計前應瞭解國家相關法律法規
- 制度的依據、內容需合規合法
- 制定統一的文字檔案格式和書寫要求，需要統一的部分包括結構、內容、編號、圖示、流程、字體、字型大小等
- 制度條文不能包含口頭語言，應使用書面語；制度條款的內容應明確、詳實，便於理解
- 凡涉及兩個部門或多個部門共同管理、操作的業務，在編寫制度內容時要注意分清職責界限，完善跨部門之間的銜接
- 制度是告訴人們在做某件事時應遵循的規範和準則。因此，在設計制度時無須將制度條款涉及的知識點羅列出來或進行知識點介紹

圖 1-11 管理制度設計注意事項

總經理行政規範化管理

第2章 日常行政事務管理業務流程標準制度

2.1 日常行政事務管理業務模型

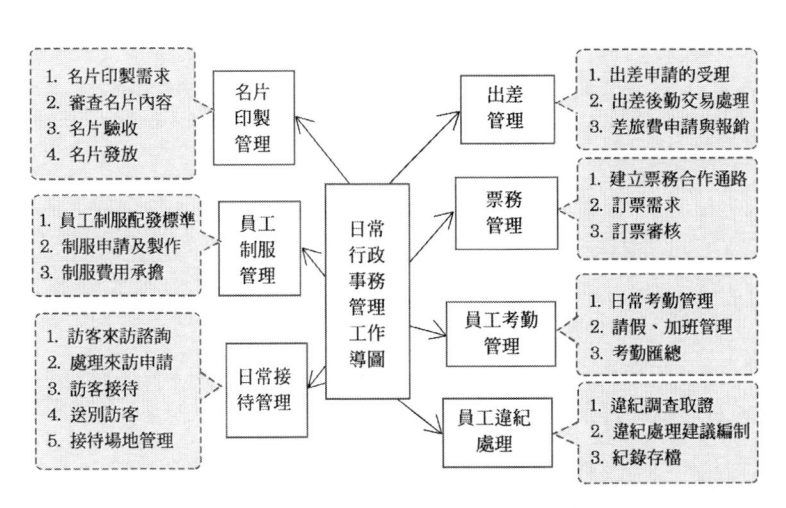

2.1.1 日常行政事務管理業務工作導圖

日常行政事務管理是指行政部對企業各部門及本部門各種日常事務進行計劃、組織、協調和控制,具體業務工作導圖描述如圖 2-1 所示。

圖 2-1 日常行政事務管理業務工作導圖

2.1.2 日常行政事務管理主要工作職責

企業行政部根據日常事務的工作特點和企業實際情況,構建業務工作導圖,明確日常行政事務的執行標準,避免出現業務處理工作混亂、權責不清等現象,具體內容如表 2-1 所示。

總經理行政規範化管理

表 2-1 日常行政事務管理主要工作職責說明表

工作職責	職責具體說明
出差管理	1.審批各部門員工提交的「出差計劃表」 2.處理員工出差相關後勤事務，如制定訂票標準、各類補助標準、車輛安排等 3.在員工出差結束後，協助財務部辦理差旅費報銷的相關手續
票務管理	1.與票務機構建立良好的合作關係 2.根據員工填寫的「預訂車票申請單」，及時、準確的為員工訂票，並做好差旅人員行程及聯絡登記 3.在出差人員出差結束、返回公司後，行政部及時為其辦理票務結算工作
考勤管理	1.執行企業考勤制度，匯總員工考勤紀錄並做好外出登記 2.對異常考勤（年假、事假、病假、調休、婚嫁、喪假等）進行處理並匯總 3.做好節假日值班安排
名片印製管理	1.對員工的名片印製需求進行審核 2.與內部或外部設計人員或公司溝通，明確名片設計相關事宜 3.做好名片印製的審核、驗收工作 4.加強對名片使用的監督管理
員工制服管理	1.及時對各部門的制服需求申請進行審批 2.根據員工所在部門為員工配發制服，並做好發放登記 3.與制服生產企業建立良好合作關係，選擇質高價廉的製作廠商合作 4.做好制服的清洗、回收工作
日常接待管理	1.負責來賓的登記及證件審查 2.負責與受訪部門溝通，做好接待工作
員工違紀處理	1.明訂員工違紀事項，明確違紀處罰執行標準 2.做好違紀處罰的記錄工作

2.2 日常行政事務管理流程

2.2.1 主要流程設計導圖

日常行政事務管理工作具有事項繁多、操作複雜、涉及多個部門等特點，其對應的工作流程如圖 2-2 所示。

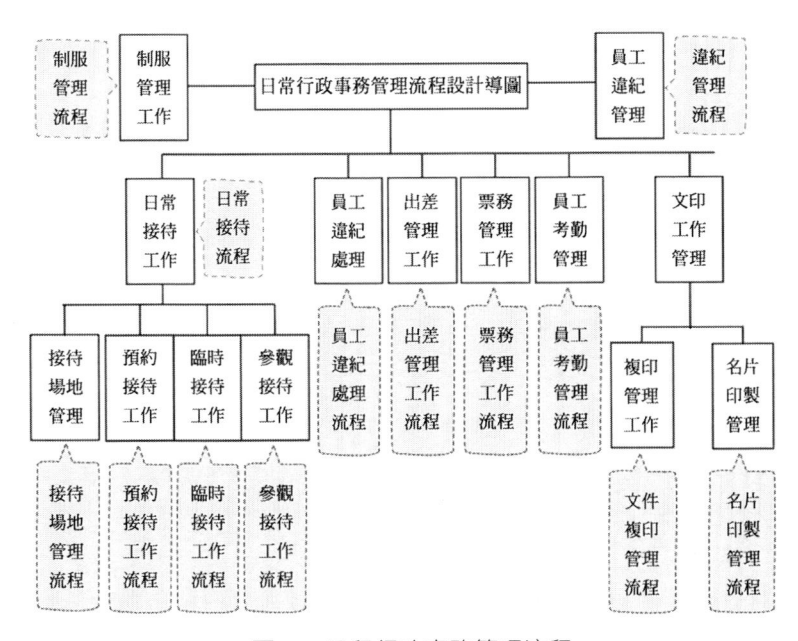

圖 2-2 日程行政事務管理流程

總經理行政規範化管理

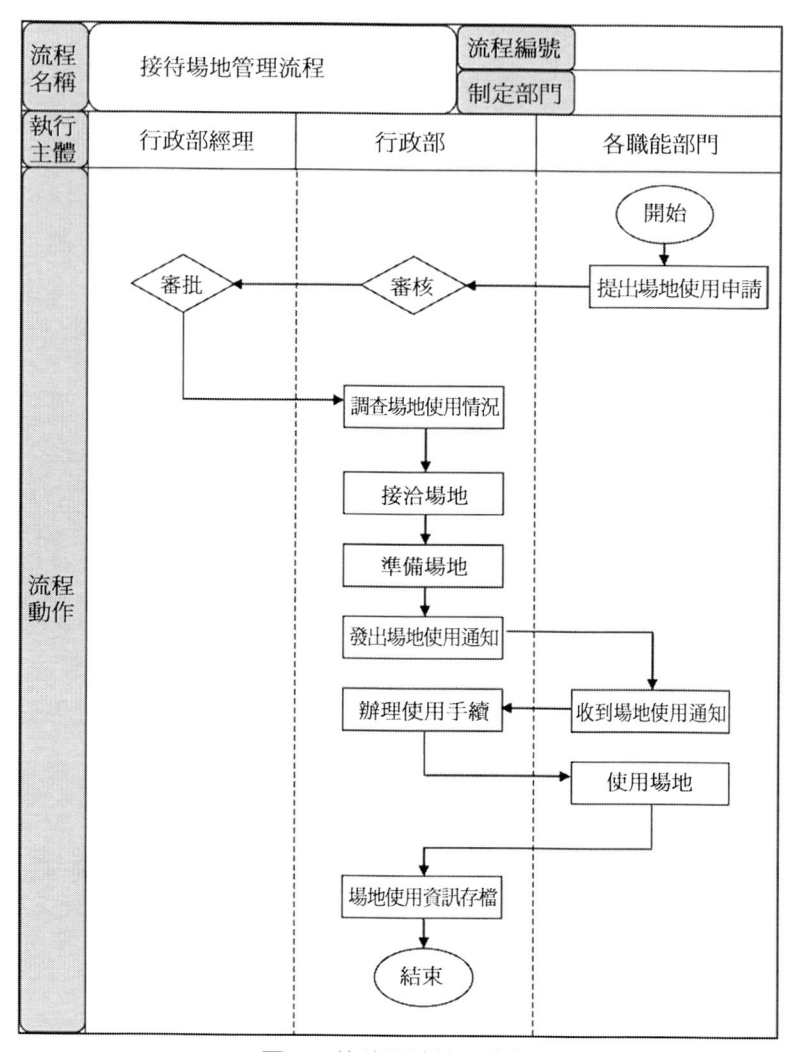

2.2.2 接待場地管理流程

接待場地管理流程如圖 2-3 所示：

流程名稱	接待場地管理流程		流程編號	
			制定部門	
執行主體	行政部經理	行政部	各職能部門	

```
流程動作：

各職能部門：開始 → 提出場地使用申請
   ↓
行政部：審核 → 行政部經理：審批
   ↓
行政部：調查場地使用情況
   ↓
接洽場地
   ↓
準備場地
   ↓
發出場地使用通知 → 各職能部門：收到場地使用通知
   ↓                              ↓
辦理使用手續 ←─────────────
   ↓
           各職能部門：使用場地
   ↓ ←─────────────
場地使用資訊存檔
   ↓
結束
```

圖 2-3 接待場地管理流程

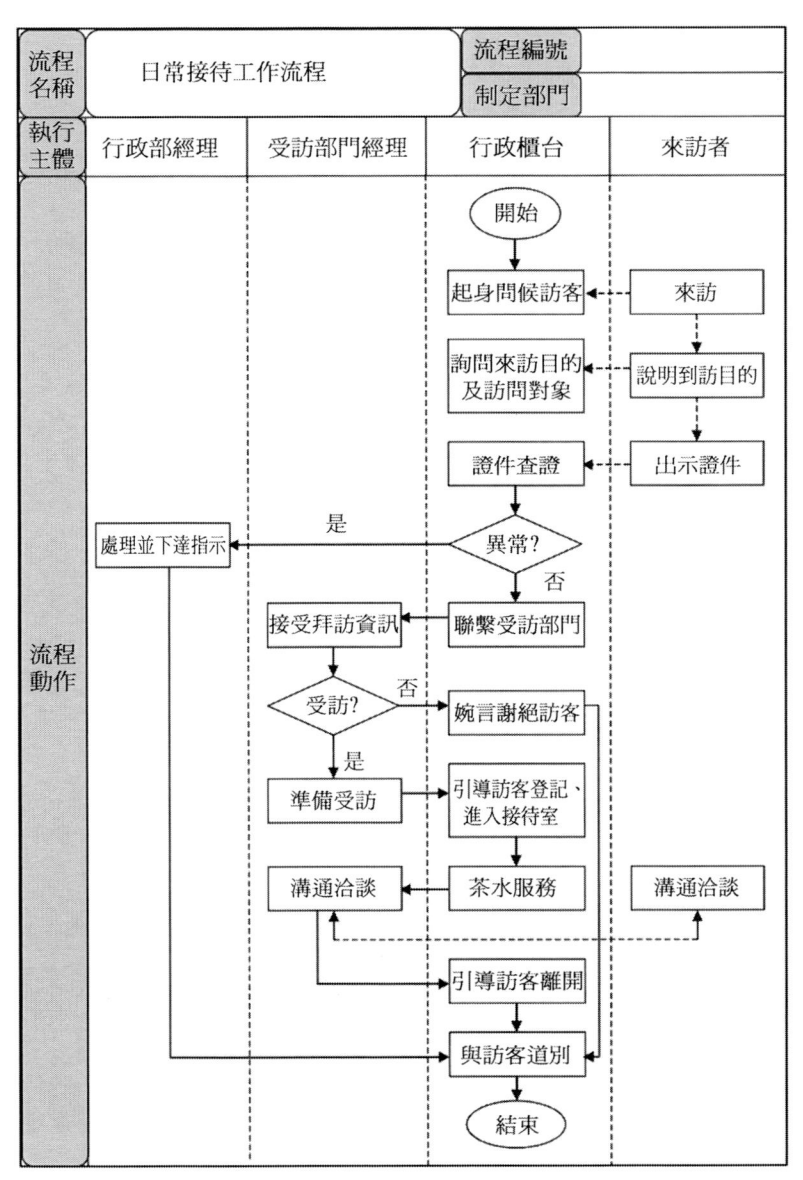

2.2.3 日常接待工作流程

日常接待工作流程如圖 2-4 所示：

流程名稱	日常接待工作流程		流程編號	
			制定部門	
執行主體	行政部經理	受訪部門經理	行政櫃台	來訪者
流程動作	處理並下達指示 ← 是	接受拜訪資訊 ↓ 受訪？ —否→ 是 ↓ 準備受訪 ↓ 溝通洽談	開始 ↓ 起身問候訪客 ← ↓ 詢問來訪目的及訪問對象 ← ↓ 證件查證 ← ↓ 異常？ 否 ↓ 聯繫受訪部門 ↓ 婉言謝絕訪客 ↓ 引導訪客登記、進入接待室 ↓ 茶水服務 → ↓ 引導訪客離開 ↓ 與訪客道別 ↓ 結束	來訪 ↓ 說明到訪目的 ↓ 出示證件 ↓ 溝通洽談

圖 2-4 日常接待工作流程

總經理行政規範化管理

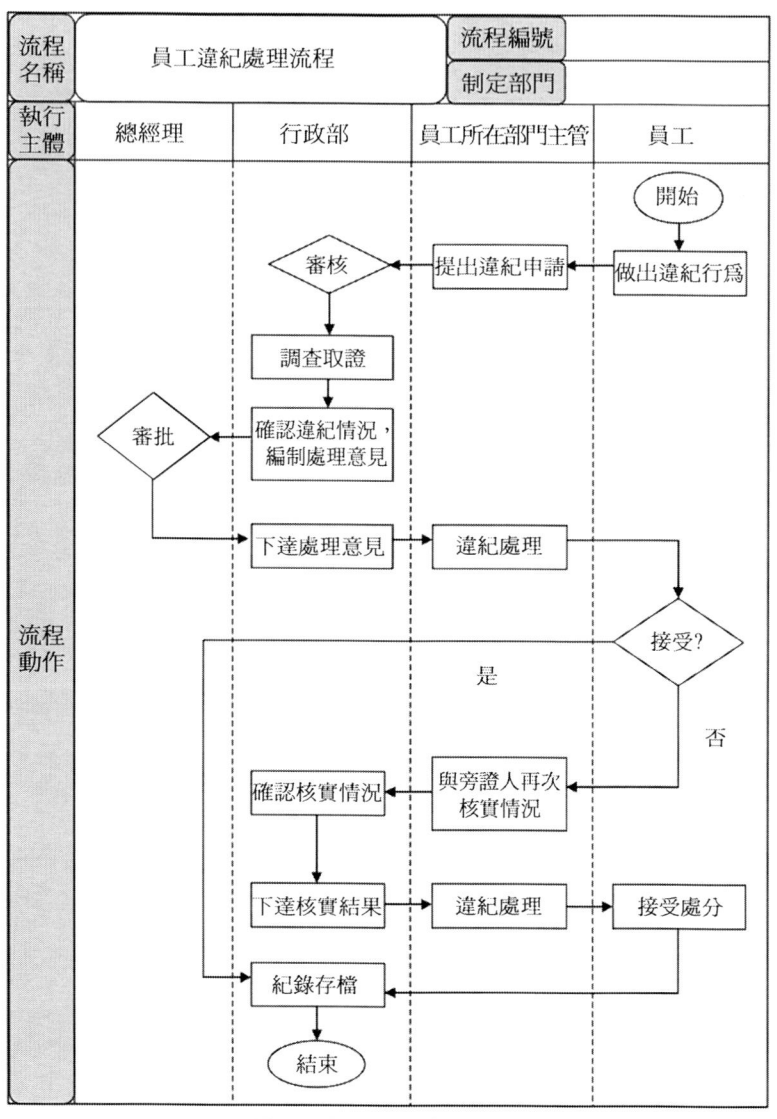

2.2.4 員工違紀處理流程

員工違紀處理流程如圖 2-5 所示：

圖 2-5 員工違紀處理流程

2.3 日常行政事務管理標準

2.3.1 日常事務管理業務工作標準

工作標準是指員工在履行工作職責的過程中，完成一定工作任務所應達到的成果。行政部員工在履行日常事務管理工作職責的過程中，應遵循以下標準，具體如表 2-2 所示。

表 2-2 日常事務管理業務工作標準

工作事項	工作依據與規範	工作成果或目標
出差管理	◆出差待遇與補助標準 ◆出差管理制度	(1)出差手續審批時間不超過＿＿個工作日 (2)費用借支金額0差錯 (3)按標準為出差訂票、訂房、發放補助 (4)按企業規定進行報銷
票務管理	◆票務管理辦法 ◆訂票需求匯總制度	(1)票務合作通路資訊收集全面 (2)訂票0差錯 (3)票務結算業務辦理及時率為100%
員工制服管理	◆員工制服管理制度 ◆員工著裝規範	(1)員工制服清洗率、更換及時率為100% (2)員工制服穿著情況檢查每週1次以上 (3)員工制服製作費用標準在預算範圍內
名片印製管理	◆員工名片印製規範 ◆員工名片使用規範	(1)對員工提交的名片印製申請審批及時 (2)做好名片審核工作，確保名片資訊準確 (3)按規定進行名片驗收及登記發放工作
日常接待管理	◆商務接待禮儀規範 ◆日常接待流程	(1)接待費用控制在預算範圍內 (2)接待服務滿意度達到98%以上 (3)及時進行接待資料歸檔工作
員工考勤管理	◆日常考勤管理制度 ◆異常考勤管理制度	(1)員工考勤及時率達到100% (2)員工考勤匯總準確率達到100% (3)員工異常考勤核對及時率達到100%

總經理行政規範化管理

表2-2(續)

員工違紀處理	◆出差待遇與補助標準 ◆出差管理制度	(1)條列員工違紀事項 (2)根據企業相關規定，對違紀員工進行處理懲處 (3)做好違紀情況記錄工作

　　行政部日常事務管理業務績效標準是指工作績效結果項目應達到的考核標準，主要的績效評估指標及其對應標準如表2-3所示。

表 2-3 日常事務管理業務績效標準

工作事項	評估指標	評估標準
員工考勤	考勤及時性	每月2號前將當月考勤結果提交給人力資源部，不及時提交，當月考核扣除責任人___分
	考勤準確性	考勤準確率每降低___%，當月考核得分扣___分
日常接待	客戶投訴次數	1. 未因服務態度不佳而被投訴，得滿分 2. 因服務態度不佳而被投訴1~2(含)次，得___分 3. 因服務態度不佳而被投訴3次以上，得0分
	接待資訊傳遞及時性	來訪對象反映的資訊傳遞及時率應達到100%，及時率時率每降低1個百分點，扣除當月獎金的___%
員工出差事項管理	「出差計劃表」審批及時性	員工提交的「出差計劃表」應在2個工作日內審批，審批時間每超過1個工作日，扣除當月獎金___元
	差旅費報銷手續辦理準確性、及時性	1. 各項報銷手續齊全，4個工作日內完成報銷相關事宜，得___分 2. 各項報銷手續齊全，5~7個工作日完成報銷相關事宜，得___分 3. 報銷手續不齊全，≥7個工作日完成報銷相關事宜，本項不得分

表2-3(續)

行政費用 使用情況	行政費用預算 控制率	1. $\dfrac{\text{行政費用開支數額}}{\text{行政費用預算數額}} \times 100\% \leq 100\%$，得___分 2. $100\% < \dfrac{\text{行政費用開支數額}}{\text{行政費用預算數額}} \times 100\% \leq 105\%$，得___分 3. $\dfrac{\text{行政費用開支數額}}{\text{行政費用預算數額}} \times 100\% > 105\%$，本項不得分

2.4 日常行政事務管理制度

2.4.1 制度解決問題導圖

企業透過執行各項日常行政事務管理制度，應能夠及時、準確地應對圖2-6中列明的多個問題，統一日常事務操作標準，提高行政部工作效率，降低行政辦公費用，實現企業管理的規範化和標準化。

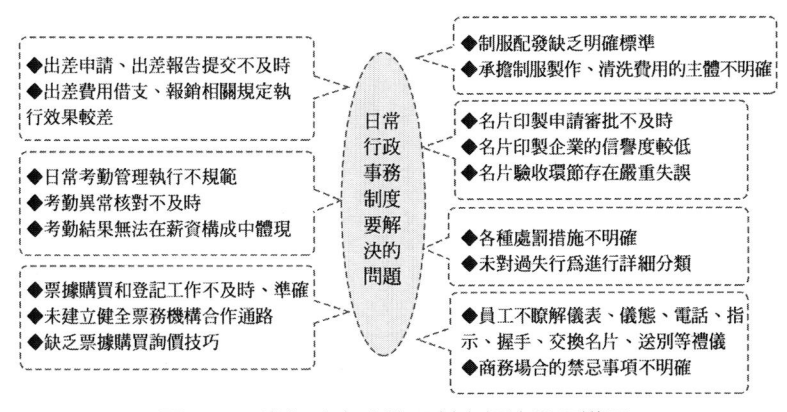

圖 2-6 日常行政事務管理制度解決問題導圖

總經理行政規範化管理

2.4.2 出差管理制度

出差管理制度如表 2-4 所示：

表 2-4 出差管理制度

制度名稱	出差管理制度		編　　號	
執行部門		監督部門	編修部門	

第一章　總則

第1條　目的。本制度旨在規範員工出差手續的辦理，明確差旅費支付標準。

第2條　本制度適用於近距離出差、當日出差、住宿出差，海外出差相關事宜另行規定。

第二章　出差申請受理

第3條　在工作中遇到以下情形之一的，可申請出差。

1. 上級交代即刻辦理的事務。
2. 在工作上遇到突發事件需要馬上外出處理。
3. 本職職務上的工作需外出辦理事務。

第4條　出差人員須提前制訂「出差計劃表」。部門主管以下級人員，經由行政部主管審批，部門主管以上級人員，由行政部經理審批，審批通過後方可出差。

第5條　出差人員憑批准後的「出差計劃表」，到公司櫃檯備案，作為出差考勤的依據。

第三章 出差後勤事務處理標準

第6條　行政部根據員工不同職位及出差需求，為員工訂票，訂票標準如下表所示。

表2-4(續)

出差訂票標準（以中國出差為例）

職級＼類別	出差距離	飛機艙等級	火車及動車座位等級	汽車座位等級
董事長	不限	不限	不限	不限
高層管理人員	600公里以下	——	軟臥／動車組一等票	不限
	600公里以上	頭等艙	——	不限
中層管理人員	600公里以下	——	硬臥／動車組一等票	不限
	600公里以上	商務艙	——	不限
基層管理人員	600公里以下	經濟艙	——	不限
	600公里以上	——	硬臥／動車組二等票	不限
一般員工	600公里以下	——	硬座	不限
	600公里以上	——	硬臥／動車組二等票	不限
緊急出差人員	根據出差人員的時間緊迫程度，選擇乘坐飛機經濟艙、火車硬臥或列車組二等票出行			

第7條 出差人員住宿費、伙食費、交通費、電話費補助的具體標準如下表所示。

員工出差住宿費、伙食費補助標準（以中國出差為例）

職級＼類別	一類地區（元／天）		二類地區（元／天）		三類地區（元／天）		所有地區（元／天）	
	住宿	餐補	住宿	餐補	住宿	餐補	交通補貼	話費補貼
董事長	實報實銷							
高層管理人員	1750	400	1500	375	1300	350	300	50
中層管理人員	1500	375	1300	350	1000	325	250	50
基層管理人員	1300	300	1000	275	750	250	200	50
一般員工	1000	275	750	250	600	225	100	50
備註	1. 一類地區包括：北京、上海、廣州、深圳、天津							
	2. 二類地區包括：重慶、瀋陽、武漢、南京、西安、成都、杭州、青島、大連、寧波、蘇州、無錫、濟南、哈爾濱、長春、廈門、佛山、鄭州、石家莊、南昌、烏魯木齊、昆明、太原、蘭州、合肥、南京、呼和浩特、煙臺、溫州、泉州、包頭、南通、海口							
	3. 三類地區包括：其他城市和地區							

表2-4(續)

第8條 出差人員在出差前，應與本部門領導溝通，做好工作交接。

第9條 員工出差時，公司原則上不為出差員工安排車輛。

第10條 出差人員須每日透過電子郵件、信件等途徑向上級主管發送出差日報，出差時間為2日以下的，或因出差地較為偏僻無法發送信件、電子郵件的，可回公司後提交。

第11條 出差人員歸來後，須向上級主管匯報，不能按期回公司時，需透過電話等與公司聯絡。

第12條 出差人員歸來後，應立即到所屬部門報導，然後到櫃檯核對出差時限，進行銷差。

第四章 差旅費申請與報銷管理

第13條 出差人員應提前一週，根據已審核通過「出差計劃表」填寫「請款單」，提出預算，經行政部主管批覆後，由財務部支付。

第14條 預支的差旅費最高不能超過員工1個月工資，在員工出差返回公司提供有效票據，按「多退少補」的原則，報銷員工差旅費。

第15條 差旅費包括鐵路、船舶、飛機票費、交通費、出差補貼、住宿費、通訊費及其他因出差發生的正當費用。上述各項費用的報銷標準如下。

1. 各項差旅費按標準報銷，超出部分由員工自行支付，低於標準部分公司不予補償。由對方接待或公司安排的餐飲費、住宿費、交通費，公司不予重複報銷。

2. 所有報銷專案均需憑正規票據或發票報銷，不得虛報。

3. 當日出差人員不報銷住宿費。

4. 如發生報銷發票遺失的，按標準費用的50%報銷。

5. 因公司業務需求導致差旅費超出規定的，經隨行主管或公司行政部主管批准後，按實際費用報銷。

第16條 出差人員回公司後，應於1個工作日內填寫「差旅費報銷清單」，根據財務部規定黏貼正式報銷單據，經上級主管簽字後，提交財務部。

第17條 出差目的和內容與一般出差有區別的，為特殊業務出差，如參加研討會、隨客戶出差、異地調任等，特殊業務出差的差旅費具體標準如下

表2-4(續)

所示。

1. 出席研討會的火車、船舶、飛機票費、住宿費及其他費用，實行實報實銷。

2. 隨客戶出差時，預算範圍內的必要費用，實行實報實銷。

3. 因異地調任產生的差旅費，基層管理人員、中層管理人員和一般員工報銷80%，高層管理人員報銷50%。

第18條 出差過程中，如上級主管批准私人旅行，旅行的天數應從出差天數中扣除，因私人旅行產生的費用不在報銷範圍內。

第五章 附則

第19條 本制度自發布之日起實施。

第20條 本制度執行後，公司既有的類似制度或與之相抵觸的制度即行廢止。

編制日期		審核日期		批准日期	
修改標記		修改處數		修改日期	

2.4.3 票務管理制度

票務管理制度如表 2-5 所示：

表 2-5 票務管理制度

制度名稱	票務管理制度	編　　號	
執行部門		監督部門		編修部門	

第一章　總則

第1條 目的。為規範公司各類票務管理，降低票務費用支出，提升行政服務品質，特制定本制度。

第2條 本制度適用於公司所有因業務需要訂購火車票、高鐵票、飛機票的人員。

表2-5(續)

第3條 票務管理的執行部門為行政管理部，具體負責人為櫃檯人員。

第二章 建立票務合作通路

第4條 行政部收集票務機構資訊，建立如下所示的企業內部票務機構資訊資源庫。

1. 與企業固定合作的票務機構。
2. 網路訂票機構，例如KLOOK網及易遊網等等。
3. 電話訂票。鐵路、高鐵訂票電話撥打412-1111、4066-0000，飛機訂票可查閱各航班公司訂票電話。

第5條 行政人員精通向票務機構詢價的技巧，以降低購買價格，減少企業成本支出。

1. 行政人員在訂票前應瞭解所定機票、高鐵票、火車票、汽車票的一般市場價格。
2. 在與票務機構聯繫時，應首先說明本公司大量的購買需求，強調與多家票務機構均有合作，以便根據對方報價進行價格談判，爭取最大幅度的優惠。

第6條 與票務機構保持日常聯繫，維護雙方良好關係。

1. 與票務機構負責人建立友誼，幫助其解決工作、學習、生活中的難題。
2. 時刻重視維護對方聲譽，不私自洩露對方私人資訊。

第三章 訂票要求

第7條 員工因公司業務需要出差，方可提出訂票申請，並填寫「預訂車票申請單」。

第8條 公司各部門出行購票須至少提前4～8天向行政部提出需求申請。

1. 飛機票、高鐵票，用票部門需提前7天預訂。
2. 國外出差的火車臥鋪票需提前5～8天預定，硬座提前4天預定。

第9條 行政部接到公司上層及部門訂票申請後，應及時與票務部門聯

表2-5(續)

繫，並在30分鐘內向申請部門反映訂票情況或徵求訂票意見。

第10條 行政部在車票送達並驗票合格後方可向財務部門提出預付款要求，借款時應提供車票原件。

第11條 往返車票原則上一次訂購，也可根據具體情況由訂票人員靈活安排。網路及電話訂購的車票，出差人員需提供身分證原件以便訂票人員取票，也可由出差人員自行取票。

第12條 公司只負責出差人員往返車票的訂購，中轉車票訂購由出差人員自行解決。

第13條 網上及電話訂票成功後由訂票人員及時通知出差人員，出差人員需及時確認訂票資訊並提供身分證原件。

第四章 其他注意事項

第14條 由於出差人員自身原因，如提供錯誤資訊、申請延誤、遲到誤車等，導致退票、廢票、購買高價票、出差延期等一系列問題的，相關費用由出差人員自行承擔。

第15條 由於訂票人員自身原因，錯訂、漏訂、延誤訂票等，導致退票、廢票、購買高價票、出差延期等一系列問題的，相關費用由訂票人員自行承擔。

第16條 行政部透過電話、網路購票的，由出差人員自行取票並作為報銷憑證使用。如遇可憑身分證原件或其他有效證件直接在車站辦理檢票手續的情況，出差人員應憑藉身分證原件到車站售票窗口、鐵路客票代售點、車站自動售票機上辦理換取紙質車票的業務。

第17條 行政部直接到票務機構訂票的，由行政部取票後向出差人員發放。

第18條 各部門出差人員在返回公司後，應在兩天之內與行政部辦理票務結算業務。

表2-5(續)

第五章 附則					
第19條 本制度自發布之日起開始執行。					
第20條 本制度的解釋權及修訂權屬於公司總部行政管理部。					
編制日期		審核日期		批准日期	
修改標記		修改處數		修改日期	

2.4.4 員工考勤管理制度

員工考勤管理制度如表2-6所示：

表 2-6 員工考勤管理制度

表2-6(續)

第5條　公司員工除因公出差人員、因故請假人員外，均應按規定於上下班時間打卡。

第6條　所有員工上下班均須親自打卡，任何人不得代替他人或由他人代替打卡。如有違反，代打卡人和被代打卡人均予以罰款500元；再次違反者予以違紀處罰並處罰款1000元；第三次出現此違紀行為的員工，公司將考慮予以辭退。

第7條　員工未按流程請假或請假未被批准而擅自缺勤的，即為曠班。曠班除扣除全勤獎金外，扣發缺勤日數的薪資，連續曠班3天或全年累計曠班7天者可予以解除勞動合約。

第8條　每月遲到累計分鐘數小於或等於30分鐘、上班忘記打卡不超過3次者，不予以扣款。每月遲到、早退、漏打卡累計3次起，將扣發全勤獎金。

第三章 請假、加班管理

第9條　員工如遇必須於工作日辦理的事情，應事先請假。請假三日以內，由部門主管審批；請假三日以上，由部門經理審批。

第10條　因病或非因公負傷員工，憑醫院病休證明，准予病假，病假期間按照員工日均薪資的50%計發薪資。

第11條　因公負傷或致殘員工，持醫院診斷證明，可按工傷假考勤，工傷假期間薪資照常發放。

第12條　員工結婚持結婚證書，享受婚假8日，自結婚之日前10日起3個月內請休。但經雇主同意者，得於1年內請畢。尚無限制僅能一次請完，得由雙方約定之。

第13條　員工配偶、子女、父母、養父母死亡，准喪假8日；祖父母、子女、配偶之父母、配偶之養父母或繼父母喪亡者，喪假6日。曾祖父母、兄弟姊妹、配偶之祖父母喪亡者，喪假3日。

第14條　女性受僱者分娩前後，應使其停止工作，給予產假八星期；妊娠三個月以上流產者，應使其停止工作，給予產假四星期；妊娠二個月以上未滿三個月流產者，應使其停止工作，給予產假一星期；妊娠未滿二個月流產者，應使其停止工作，給予產假五日。

第15條　員工應嚴格控制加班時間。如遇特殊情況需要加班，應經部門經理批准，並按《勞動基準法》規定發放加班薪資。

表2-6(續)

第四章 附則					
第16條 本制度未盡事宜按上級有關規定執行。					
第17條 本制度自發布之日起實施，解釋權歸行政部所有。					
編制日期		審核日期		批准日期	
修改標記		修改處數		修改日期	

2.4.5 名片印製管理制度

名片印製管理制度如表2-7所示：

表2-7 名片印製管理制度

制度名稱	名片印製管理制度		編　　號	
執行部門		監督部門	編修部門	
第1條　為規範本公司名片管理相關事宜，塑造良好的對外形象，特制定本制度。 　　第2條　本制度適用於公司有名片印製需求的員工、名片設計負責人、行政部員工。 　　第3條　本制度的權責單位職責如下。 　　1. 各部門主管負責本部門員工名片使用的管理。 　　2. 採購部按照比價採購的原則承印名片。 　　3. 行政部負責對名片印製格式、內容和物件進行審核。 　　4. 名片設計負責人根據員工職位和需求的不同，為員工設計名片。 　　第4條　符合以下條件之一的員工，可申請印製名片。 　　1. 部門主管級以上員工。 　　2. 銷售部員工。 　　3. 經常處理公司對外事務的員工。 　　第5條　申請印製名片的員工須在每月10號前填寫「印製名片申請表」，經部門經理和行政部審核通過後，由行政文員為申請人安排印製名片。 　　第6條　由本公司行政部統一負責名片印刷業務，個人不得私自印刷。				

表2-7(續)

> 1. 部門總監級別以下員工，由設計部員工統一進行名片樣式設計。
> 2. 總監級、部門經理級別的員工，可根據工作需求，選擇名片印製樣式，如本公司設計部無法設計，可聘請外部設計人員進行名片設計。
>
> 第7條 名片格式由公司統一設置，如有特殊格式要求需上報行政部，經審核批准後方能安排製作。
>
> 第8條 名片印製工作一般在五個工作日內完成，印製工作完成後應及時通知申請人。
>
> 第9條 行政部督促名片印製企業在收到印製需求資訊後的2個工作日內，將製作的名片樣本送交行政部，行政部對名片印製的各項資訊進行審查，審查結果由行政部和印製企業雙方簽字確認，避免在交貨驗收時產生糾紛。
>
> 第10條 名片印製企業交貨時，行政部職員對名片的版式規格、數量、內容資訊等進行嚴格檢查，經檢驗無誤後方可收貨，並向印製企業提供收據作爲結算依據。
>
> 第11條 員工因升職、調職、離職等原因導致名片不能使用的，剩餘名片應交回行政部，由行政部統一銷毀。
>
> 第12條 行政部對印製名片應留底存檔。
>
> 第13條 本制度如有增補事宜，須隨時修訂。本制度自頒布之日起實施。

編制日期		審核日期		批准日期	
修改標記		修改處數		修改日期	

2.4.6 員工制服管理制度

員工制服管理制度如表 2-8 所示：

表 2-8 員工制服管理制度

制度名稱	員工制服管理制度	編　　號	
執行部門		監督部門		編修部門	

第一章　總則

第1條 目的。爲加強對本公司制服使用的管理，樹立員工良好的個人

表2-8(續)

形象,特制定本制度。

第2條 本制度所指的制服,是指由公司統一製作的服裝、帽子、領帶、絲巾等。

第3條 制服分冬裝和夏裝兩種。夏裝的穿著時間為每年5月1日至10月15日,冬裝的穿著時間為每年10月16日至4月30日。

第4條 本制度的權責主體主要職責如下。

1. 行政部負責員工制服的統籌管理工作,包括制服需求申報、制服保管、制服發放及日常著裝檢查。

2. 倉管員負責對員工制服的驗收、整理、登記、盤點和統計。

第二章 制服配發標準

第5條 本公司員工自上班之日起,配發制服。

第6條 制服領取人需在「制服領用登記表」上簽字後方可領取制服,制服每人配發兩套,分冬裝和夏裝兩種款式。

第7條 行政部根據員工所屬部門和級別,為員工進行制服配置,具體配置標準範例如下表所示。

員工制服配置標準範例

所屬部門		配置標準
生產線員工	夏裝	藍色短袖襯衫（後背繡標識,標識下方印黃色線條）、藍色長褲
	冬裝	灰色長袖夾克（後背繡標識,標識下方印黃色線條）、灰色長褲
品管線員工	夏裝	灰色短袖襯衫、帽子（正前方繡標識）、灰色長褲
	冬裝	灰色長袖夾克、帽子（正前方繡標識）、灰色長褲
其他工作條線員工	夏裝	淺藍色短袖襯衣、黑色西褲、領帶或絲巾
	冬裝	黑色西裝、黑色西褲、淺藍色長袖襯衣

第8條 制服的使用期限為一年,自配發之日起計算。

第9條 員工在辭職、休職等情況下,應交還制服。

表2-8(續)

第三章 制服申請及製作管理

第10條 制服申請包括常規性申請、臨時性申請。

1. 常規申請是指每年3月份及9月份,由各部門根據實際需求向行政部上報「制服需求計劃表」,由行政部審批後,統一詢價、採購。

2. 臨時性申請是指在無庫存制服的情況下,各部門如有臨時的制服需求,達到5套以上標準,即可向行政部提出制服申請。

第11條 為避免制服浪費,「制服需求計劃表」須由各部門主管簽字後,方可提交至行政部。

第12條 制服製作採取詢價、比價的方式進行,每年進行詢價、比價1次,選擇最優的製作廠商。

第四章 制服費用承擔

第13條 工作未滿試用期離職的員工,在離職當月的工資中扣除制服制作費用,試用期滿後離職的員工,不再扣除制服製作費用。

第14條 如出現以下情形,由員工自行承擔相關費用。

1. 員工對配發制服的修補費用。
2. 員工在非工作時間穿著制服,造成制服損耗。
3. 員工因擅自轉讓制服或改變制服樣式,導致需重新申領制服。

第15條 制服由公司定期統一清洗,清洗費用由企業和員工各負擔50%。

第16條 制服若丟失、破損,如為個人原因,應由員工本人承擔全部或部分賠償責任。

第五章 附則

第17條 本制度自___年___月___日起實施。

第18條 本制度由公司行政部負責解釋。

編制日期		審核日期		批准日期	
修改標記		修改處數		修改日期	

總經理行政規範化管理

2.4.7 商務接待禮儀規範

商務接待禮儀規範如表 2-9 所示：

表 2-9 商務接待禮儀規範

制度名稱	商業接待禮儀規範管理制度		編　　號	
執行部門		監督部門	編修部門	

第1條　目的。為建立良好的客戶關係，做好商務接待工作，令來訪客戶感覺舒適、被尊重，特制定本規範。

第2條　本規範所指的商務接待包括業務往來接待、顧客投訴接待、商務公關活動接待。

第3條　行政部在接到公司上司通知或來訪預約後，應掌握來訪人員的基本情況，包括姓名、性別、職務、人數、來訪目的、日程安排等，以提前做好接待準備。

第4條　行政部根據來訪人員的基本情況，制訂接待方案，準備接待環境，通知參加接待工作的相關人員。

第5條　行政部根據情況安排接待所需車輛，保證車輛安全性能良好、車輛清潔，安排接送人員按時接待來訪人員。

第6條　行政部根據情況，提前為來訪人員購買車票或機票。

第7條　本公司行政人員應面容清潔，男性不能蓄長髮，不能染髮，在接待來訪人員時，應穿著黑色正裝。

第8條　接待來訪人員時，應語氣溫和，態度熱誠、不卑不亢。

第9條　行政部在迎接來訪人員時，要注意把握迎候時間，接待人員引薦介紹主賓時，要注意順序。

第10條　行政部接待人員在接名片時，要以恭敬的態度雙手接受，默讀一下後收入口袋中。

第11條　進電梯時，行政部接待人員應先告訴客人上幾樓，讓客人先進、先出。

第12條　座談時，應在來訪人員落座後，以雙手奉茶，先客後主人，

表2-9(續)

先上司後同事。

第13條 送客時,若送至公司門口、汽車旁,應揮手送別,待來訪人員遠去後,才可離開。

第14條 行政部在商務接待過程中,涉及機要事務、秘密文件、重要會議時,應注意保密,在接待的過程中,應嚴守本公司的商業機密,不宜攝影拍照的場合,應向來訪人員說明。

第15條 行政部接待人員應及時撰寫重要來訪資訊,將與來訪者交流中獲得的資訊匯總,提取對本公司有價值的資訊及時上交行政部經理。

第16條 本制度自發布之日起實施,解釋權歸行政部所有。

編制日期		審核日期		批准日期	
修改標記		修改處數		修改日期	

2.4.8 員工違紀處罰細則

員工違紀處罰細則如表 2-10 所示:

表 2-10 員工違紀處罰細則

制度名稱	員工違紀處罰管理制度	編　　號	
執行部門		監督部門		編修部門	

第1條 為加強本公司管理水準,督促員工自覺遵守公司的各項規章秩序,營造嚴謹有序的工作氛圍,特制定本細則。

第2條 本細則適用於企業全體員工。

第3條 有以下情形之一的,按曠工處理,月底由行政部門統計並執行扣罰。當月累計曠工3日以下的,曠工1日扣除平均日薪的3倍,當月累計曠工3日以上的,作自動離職處理。

1. 工作時間外出辦事人員,未按規定辦理外出手續的。
2. 未經部門經理批准而休息的。
3. 超出批假天數,未辦理續假手續或續假未得批准的。
4. 遲到60分鐘以上的。

總經理行政規範化管理

表2-10(續)

第4條 上班遲到、早退60分鐘以內未請假者,將酌情按次扣罰1小時時薪以內之罰款。

第5條 員工如有以下情形之一的,處口頭警告並罰100元。

1. 不愛護企業財物,損壞生產設備,未造成嚴重後果的。
2. 上班未按規定穿著制服的。
3. 上班時間擅離職守、玩遊戲、看雜誌的。

第6條 有以下情形之一的員工,記小過並扣罰250元。

1. 妨礙他人工作、破壞環境衛生的。
2. 進出門崗,無故拒絕保安檢查的。
3. 捏造虛假資訊騙取休假的。

第7條 員工有以下情形之一的,記大過並扣罰500元。

1. 無故不參加公司會議的。
2. 不服從上級主管指揮、調度的。
3. 在上班期間飲酒的。

第8條 以下情況一經查實,公司保留追究員工法律責任的權利。

1. 對本公司員工、客戶、來訪人員實施暴力或有重大侮辱行為的。
2. 故意洩露本公司商業機密,使公司蒙受損失的。
3. 出言不遜,對公司員工進行恐嚇、威脅的。

第9條 本公司原有規定與細則規定相抵觸時,均以本規定為準。

第10條 本細則自發布之日起實施,解釋權歸行政部所有。

編制日期		審核日期		批准日期	
修改標記		修改處數		修改日期	

第 3 章 印章證照管理業務·流程·標準·制度

3.1 印章證照管理業務模型

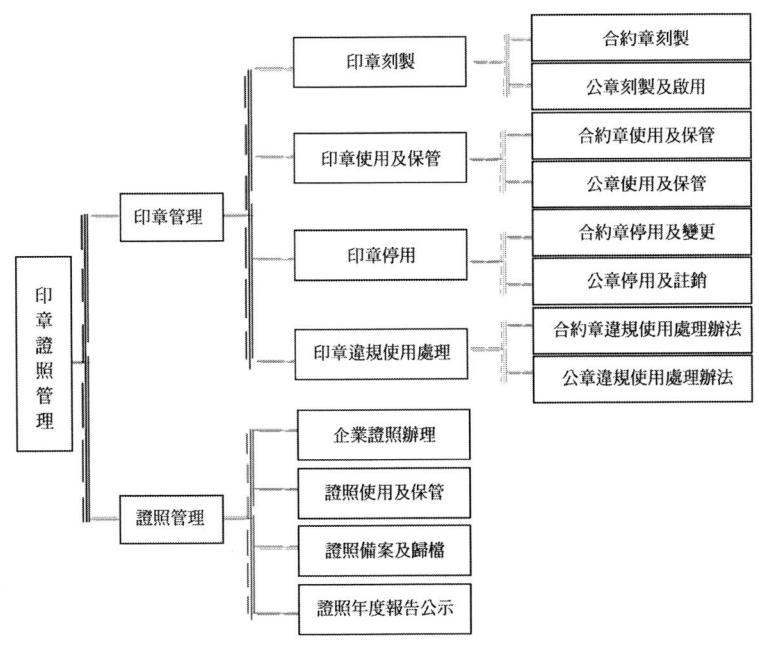

3.1.1 印章證照管理業務工作導圖

　　一張邏輯清晰、內容詳細的印章證照管理業務工作導圖有助於明確印章證照管理工作的關鍵事項，提高行政辦公管理工作效率，確保印章和證照的使用安全，降低經營管理風險。圖 3-1 為印章證照管理業務工作導圖。

```
                              ┌─ 印章刻製 ──┬─ 合約章刻製
                              │            └─ 公章刻製及啟用
                              │
                              ├─ 印章使用及保管 ─┬─ 合約章使用及保管
                              │                └─ 公章使用及保管
              ┌─ 印章管理 ────┤
              │               ├─ 印章停用 ──┬─ 合約章停用及變更
              │               │            └─ 公章停用及註銷
印章證照管理 ─┤               │
              │               └─ 印章違規使用處理 ─┬─ 合約章違規使用處理辦法
              │                                   └─ 公章違規使用處理辦法
              │
              │               ┌─ 企業證照辦理
              │               ├─ 證照使用及保管
              └─ 證照管理 ────┤
                              ├─ 證照備案及歸檔
                              └─ 證照年度報告公示
```

圖 3-1 印章證照管理業務工作導圖

總經理行政規範化管理

3.1.2 印章證照管理主要工作職責

行政部在執行印章證照管理工作時，應明確相關事項的職責分工，實現印章證照管理的規範化、標準化、清晰化，以提高企業管理水準與管理效率。表 3-1 為印章證照管理工作職責說明表。

表 3-1 印章證照管理工作職責說明表

工作職責	職責具體說明
印章刻製	1.對各部門提交的「印章刻製申請表」及時匯總、審批 2.根據當地的印章刻製管理規定準備相關資料，提交印章刻製申請書 3.領取並驗收印章，及時發現新印章存在的問題
印章使用及保管	1.嚴格執行印章使用管理制度，按企業規定用印 2.對部門提交的用印申請進行及時審核 3.在履行審批手續後方能用印，使用印章時應檢查是否有部門主管簽字批准，對超出權限範圍的用印申請，應及時上報上級部門審批 4.做好印章使用和外借資訊的登記工作
印章停用	1.明確印章須停用的情況。 2.填寫「印章停用申請表」，發布正式停用通知 3.將印章送封存或銷毀
企業證照辦理	1.及時匯總企業證照辦理需求，與相關政府部門溝通，準備企業證照辦理所需資料 2.在規定時間內領取證照，並檢查新證照是否存在錯誤
證照使用及保管	1.及時審批員工提交的證照使用申請，確認申請人審批手續齊全 2.嚴格履行企業證照外借審查與審批手續，做好證照外借的登記工作，明確證照外借期間的權責
證照備案及歸檔	1.行政部領取新證照或收到各部門提交的證照後，應立即進行證照備案 2.做好證照原件及影本、證照使用登記表的歸檔工作
證照年度報告公示	1.在規定時間內，於指定網站提交企業證照年度報告 2.年度報告的填寫應齊全、詳實、準確，符合國家工商行政管理機關的要求

3.2 印章證照管理流程

3.2.1 主要流程設計導圖

企業行政部可根據印章的刻製、使用、銷存設計其管理流程，根據證照的辦理、使用、報告公示設計其管理流程，實現維護企業利益、杜絕發生違規行為的目的。具體流程設計導圖如圖 3-2 所示。

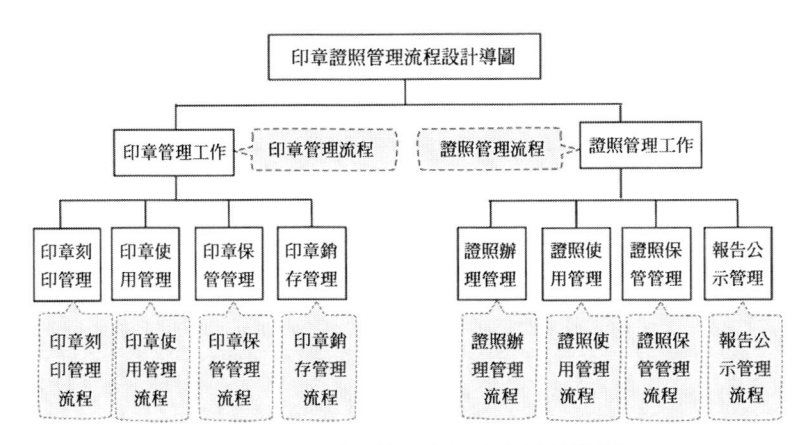

圖 3-2 印章證照管理主要流程設計導圖

總經理行政規範化管理

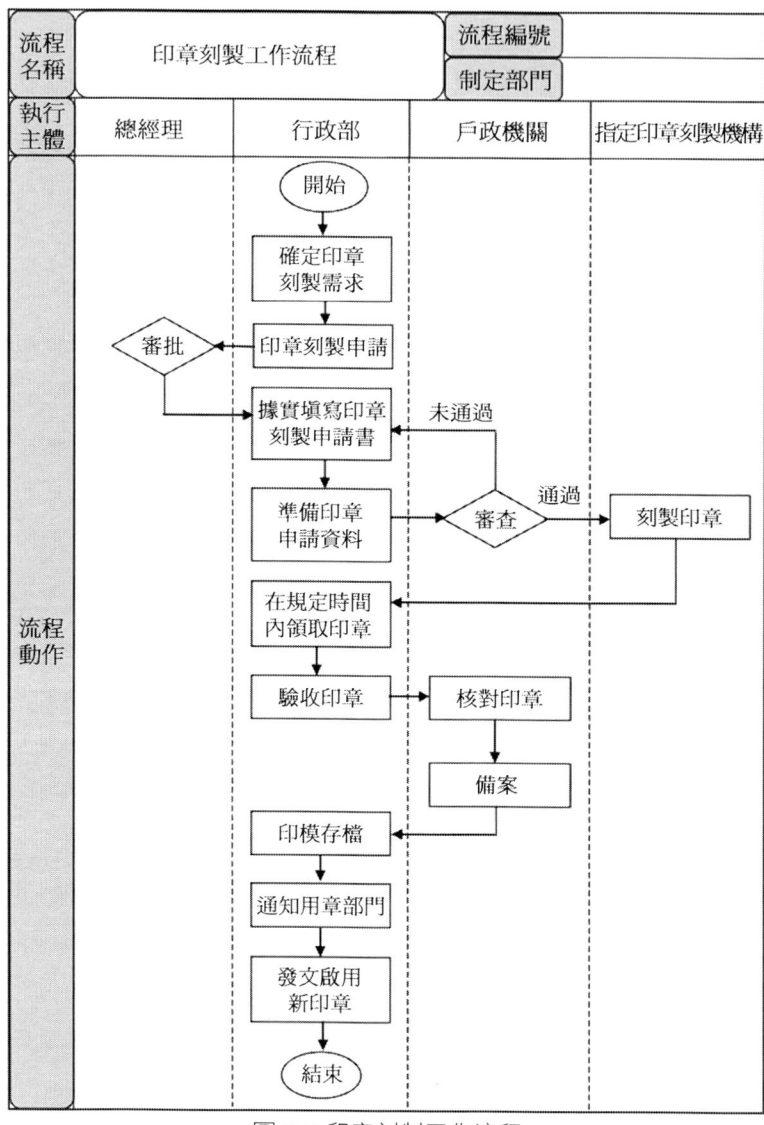

3.2.2 印章刻制工作流程

印章刻制工作流程如圖 3-3 所示：

流程名稱	印章刻製工作流程		流程編號	
			制定部門	
執行主體	總經理	行政部	戶政機關	指定印章刻製機構

流程動作：

開始 → 確定印章刻製需求 → 印章刻製申請 → 審批 → 據實填寫印章刻製申請書 → 準備印章申請資料 → 審查（未通過返回；通過） → 刻製印章 → 在規定時間內領取印章 → 驗收印章 → 核對印章 → 備案 → 印模存檔 → 通知用章部門 → 發文啟用新印章 → 結束

圖 3-3 印章刻制工作流程

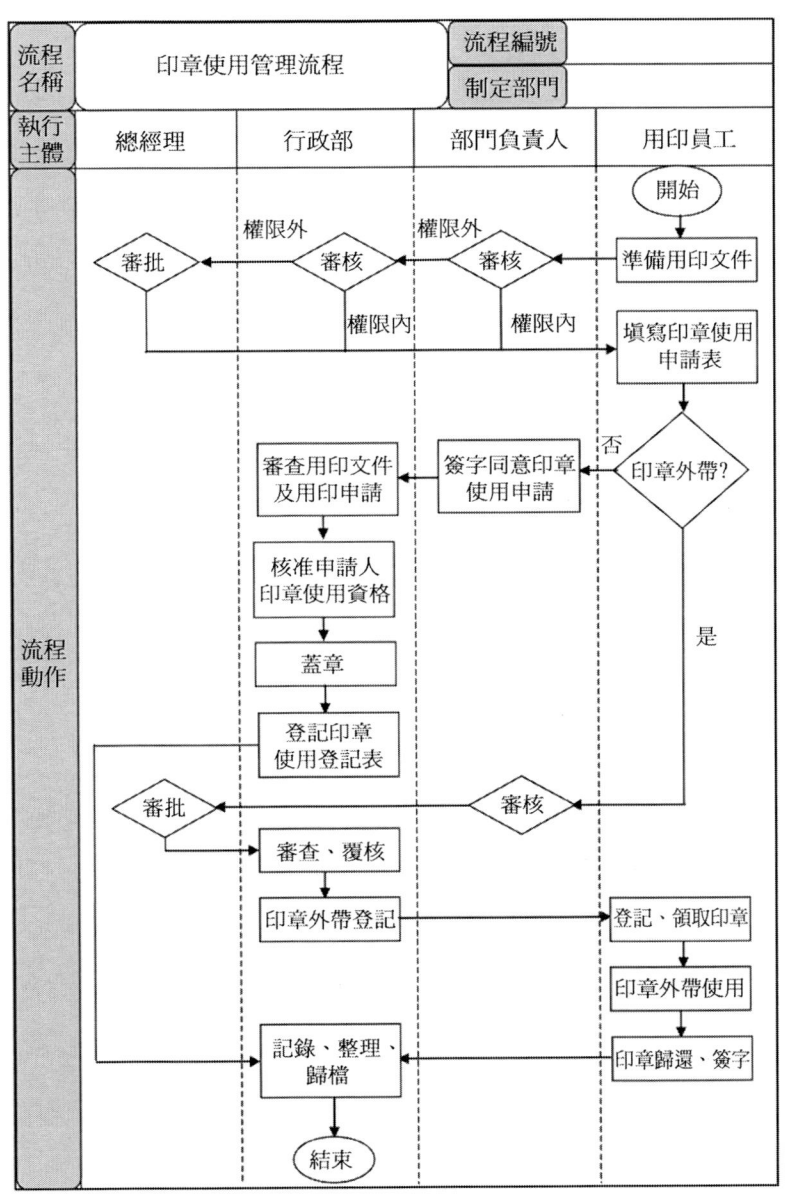

3.2.3 印章使用管理流程

印章使用管理流程如圖 3-4 所示：

圖 3-4 印章使用管理流程

總經理行政規範化管理

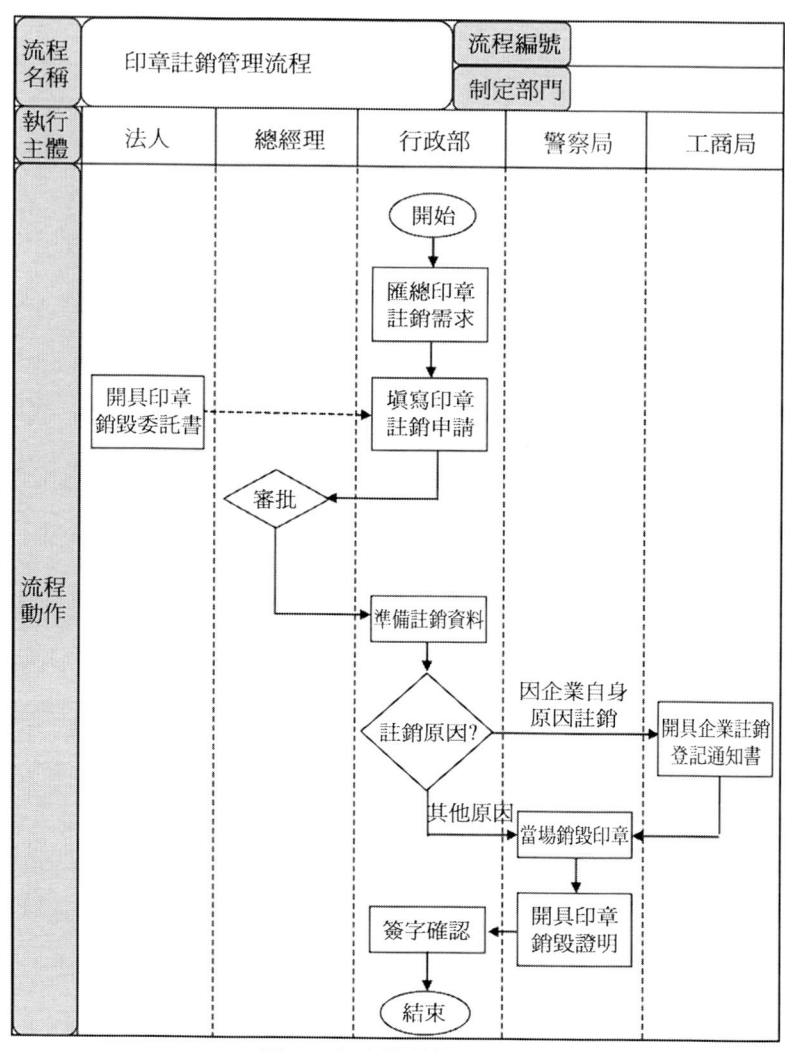

3.2.4 印章註銷管理流程

印章註銷管理流程如圖 3-5 所示：

流程名稱	印章註銷管理流程		流程編號	
			制定部門	
執行主體	法人	總經理	行政部	警察局	工商局
流程動作	開具印章銷毀委託書		開始 → 匯總印章註銷需求 → 填寫印章註銷申請 → 審批 → 準備註銷資料 → 註銷原因？（因企業自身原因註銷／其他原因）→ 簽字確認 → 結束	當場銷毀印章 → 開具印章銷毀證明	開具企業註銷登記通知書

圖 3-5 印章註銷管理流程

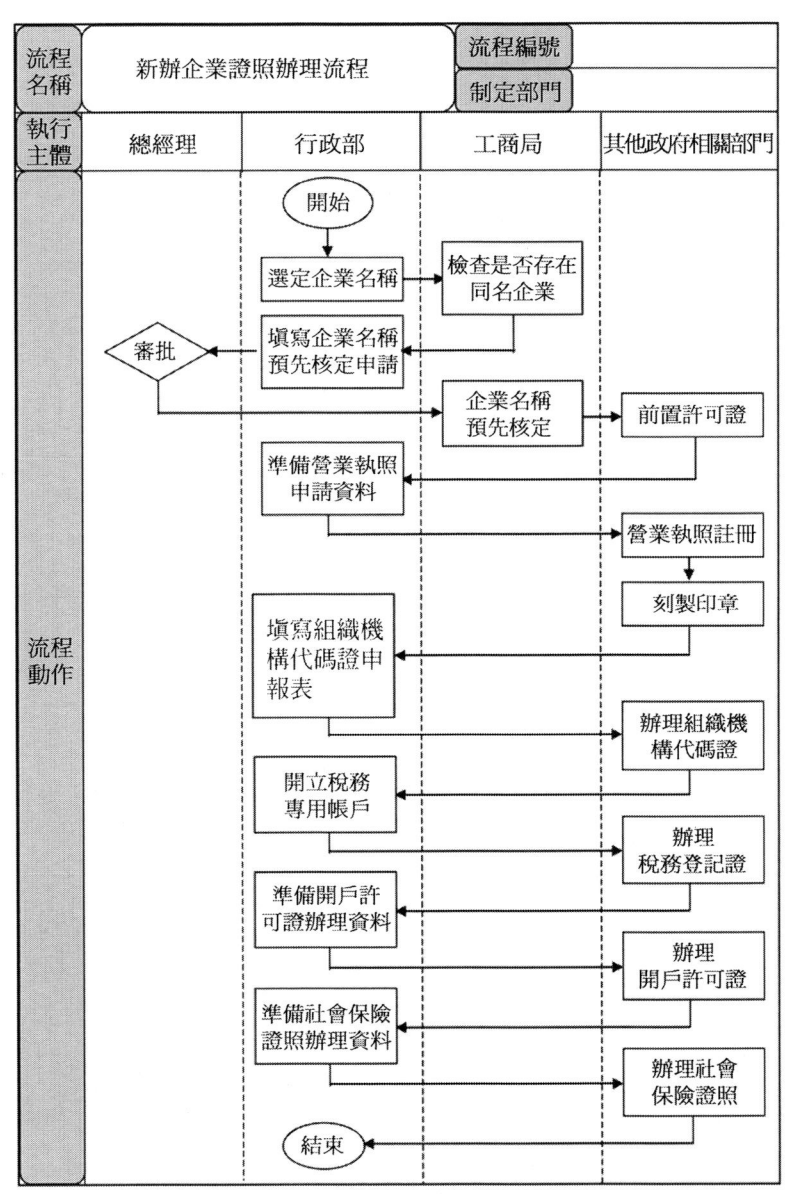

3.2.5 新辦企業證照辦理流程

新辦企業證照辦理流程如圖 3-6 所示（以中企為例）：

流程名稱	新辦企業證照辦理流程		流程編號	
			制定部門	
執行主體	總經理	行政部	工商局	其他政府相關部門
流程動作	審批	開始 → 選定企業名稱 → 填寫企業名稱預先核定申請 → 準備營業執照申請資料 → 填寫組織機構代碼證申報表 → 開立稅務專用帳戶 → 準備開戶許可證辦理資料 → 準備社會保險證照辦理資料 → 結束	檢查是否存在同名企業 → 企業名稱預先核定	前置許可證 → 營業執照註冊 → 刻製印章 → 辦理組織機構代碼證 → 辦理稅務登記證 → 辦理開戶許可證 → 辦理社會保險證照

圖 3-6 新辦企業證照辦理流程

總經理行政規範化管理

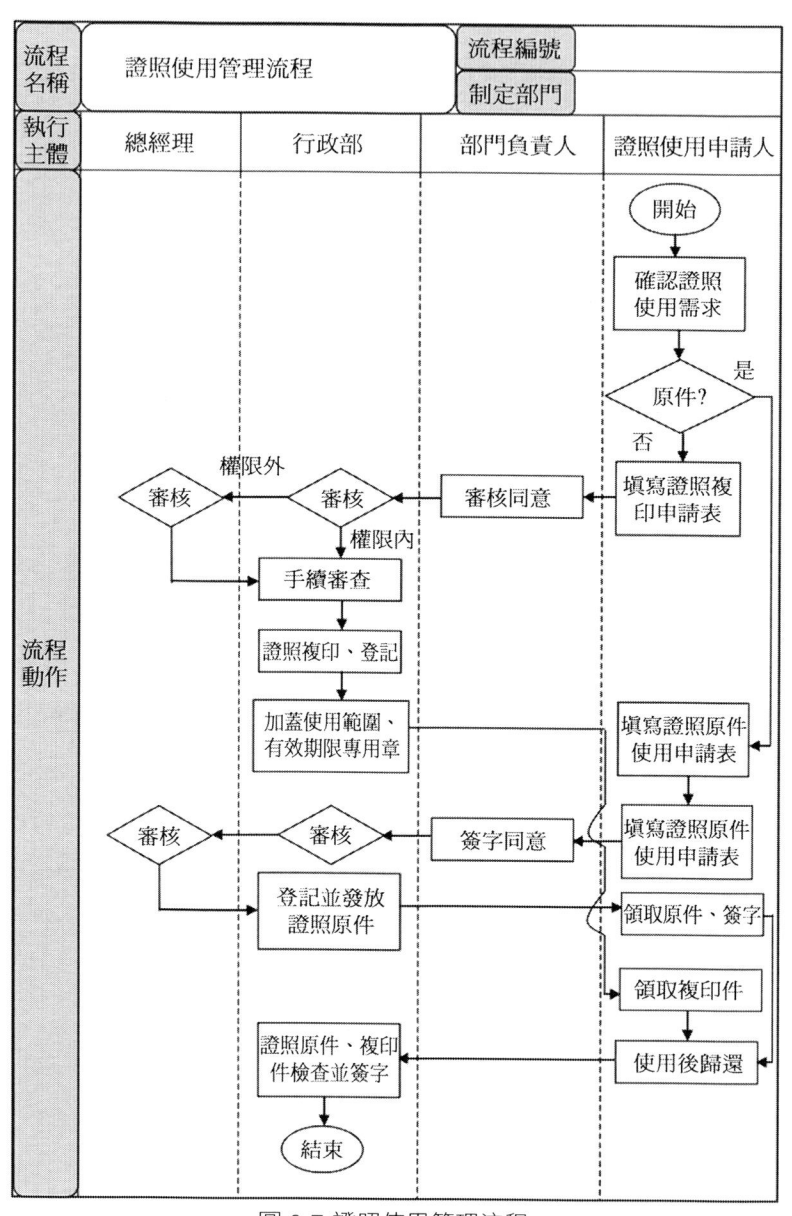

3.2.6 證照使用管理流程

證照使用管理流程如圖 3-7 所示：

流程名稱	證照使用管理流程		流程編號	
			制定部門	
執行主體	總經理	行政部	部門負責人	證照使用申請人
流程動作				開始 → 確認證照使用需求 → 原件？ → 是／否 否 → 填寫證照複印申請表 → 審核同意 → 審核（權限內／權限外）→ 手續審查 → 證照複印、登記 → 加蓋使用範圍、有效期限專用章 是 → 填寫證照原件使用申請表 → 填寫證照原件使用申請表 → 簽字同意 → 審核 → 登記並發放證照原件 → 領取原件、簽字 → 領取複印件 → 使用後歸還 → 證照原件、複印件檢查並簽字 → 結束

圖 3-7 證照使用管理流程

3.3 印章證照管理標準

3.3.1 印章證照管理業務工作標準

為達成良好的工作績效、提升日常工作效率,行政部在履行印章證照管理職責的過程中,可按下列工作標準來執行相關工作事項。具體說明如表 3-2 所示。

表 3-2 日常事務管理業務工作標準

工作事項	工作依據與規範	工作成果或目標
印章刻製	◆印章刻製管理規定	(1)企業印章刻製申請審批及時,申請書所列事項真實、無虛假 (2)企業印章刻製所需資料準確及時、全面 (3)印章刻製及時,對刻製完成的印章仔細檢查,確保印章刻製準確、無遺漏
印章使用及保管	◆印章使用規範 ◆印章管理制度	(1)嚴格展開用印員工資格審查工作 (2)印章外帶使用手續辦理及時、無遺漏 (3)明確印章使用範圍,印章使用零差錯 (4)嚴格履行印章保管工作,印章無遺失
印章停用	◆企業印章內部審批制度 ◆企業印章停用規定	(1)明確須停用印章的情況,及時填寫「印章停用申請表」 (2)對停用的印章及時發布停用聲明,並銷毀
企業證照辦理	◆證照管理制度 ◆證照辦理規定	(1)證照辦理申請表內容填寫準確、無差錯 (2)證照辦理申請資料完整、無缺失
證照使用及保管	◆證照使用審批制度 ◆證照保管規定	(1)保證證照無遺失、無破損、無違規使用等情況 (2)證照使用情況登記準確、詳實

61

總經理行政規範化管理

表3-2(續)

證照備案及歸檔	◆證照歸檔說明 ◆證照使用管理制度	(1)證照原件及影本、使用登記表歸檔合乎規範、有序，便於查找 (2)證照備案準確、及時、無差錯
證照年度報告公示	◆證照年度報告公示提交流程制度	(1)在規定時間內提交年度報告 (2)報告內容全面、真實

3.3.2 印章證照管理業務績效標準

行政部的印章證照管理工作應按照關鍵考核項目、評估指標及評估標準三個方面設定績效標準，以便為行政部所有任職人員提供業務執行依據。具體如表3-3所示。

表3-3 日常事務管理業務績效標準

工作事項	評估指標	評估標準
印章管理	印章刻製申請審批及時性	員工提交的「印章刻製申請表」應在2個工作日內審批，審批時間每超過1個工作日，當月考核扣___分
	印章使用規範性	1.未在規定權限範圍內對用印文件進行審批，未對印章使用資格進行嚴格審核，導致產生用印不規範的現象，對企業生產經營活動產生較大影響，本項不得分 2.基本符合用印文件審核的權限規定，對印章的使用資格審核存在較小的、偶然性的疏漏，未對企業生產經營活動產生較大影響，得___分 3.在權限範圍內對用印文件進行審批，對印章使用資格進行嚴格審核，保證用印規範，得___分
	印章外帶歸還規範性	1.印章保管人未對歸還的印章進行檢查，未登記印章外帶使用相關資訊，本項不得分 2.印章保管人員對歸還的印章進行檢查，印章外帶登記內容不全面或未與印章歸還人共同簽字確認，得___分 3.印章保管員確認歸還印章完好，登記印章外帶使用日期、使用次數和使用文件等資訊，與歸還人共同簽字確認，得___分

表3-3(續)

	公章停用規範性	1.不瞭解須停用公章的情況,未與政府機關聯繫公章銷毀事宜,未在「印章登記表」上據實登記,本項不得分 2.基本瞭解須停用公章的情況,但公章封存或銷毀工作不及時,未立即進行印章銷毀登記,得___分 3.明確須停用公章的情況,及時與政府機關聯繫,辦理公章的封存或銷毀工作,並在「印章登記表」上及時登記,得___分
	合約章丟失處理及時性	1.合約章丟失後,未向部門經理和行政部經理匯報,未至警察機關報案,影響企業部門工作,本項不得分 2.合約章丟失後,未對丟失現場進行保護,新合約章刻製不及時,耽誤部門工作,得___分 3.合約章丟失後立即保護現場,向行政部經理、本人所在部門經理匯報,至警察機關報案,根據企業規定重新刻製合約章,得___分
證照管理	證照辦理資料準備完整性	申請資料完整,辦理申請一次性通過。準備材料缺失___%,扣除經辦人員當月獎金___%
	證照使用審批及時性	員工提交的「證照使用申請表」應在2個工作日內審批,審批時間每超過1個工作日,扣除當月獎金___%
	證照年度報告公示	1.未能在規定時間內提交企業年度報告或報告經校驗後依然無法通過,導致企業被載入經營者異常名錄,本項不得分 2.在規定時間內上傳企業年度報告,但報告填寫內容不詳實、準確,需二次校驗方能通過,得___分 3.在規定時間內,於指定網站上傳企業年度報告,報告填寫詳細、準確,一次性通過,得___分

3.4 印章證照管理制度

3.4.1 制度解決問題導圖

企業的印章證照,在一定程度上代表了企業意志,須正確使用與保管,以免為企業帶來重大損失和法律風險。制定完善的印章證照管理制度有助於解決以下幾方面問題,如圖 3-8 所示。

- ◆印章刻製需求審查不及時
- ◆印章刻製申請表未按照當地執法機關的要求填寫
- ◆未對印章的使用情況進行登記
- ◆印章保管不妥善
- ◆不能確認印章是否符合停用條件
- ◆印鑑未到戶政事務所註銷、銷毀
- ◆企業證照辦理需求匯總不及時
- ◆證照辦理所需資料準備不齊全
- ◆新證照領取不及時
- ◆對證照使用申請的審核超出職位權限
- ◆未能嚴格執行證照使用規定
- ◆未對歸還的證照進行仔細檢查
- ◆證照使用情況登記表填寫不準確

印章證照制度要解決的問題

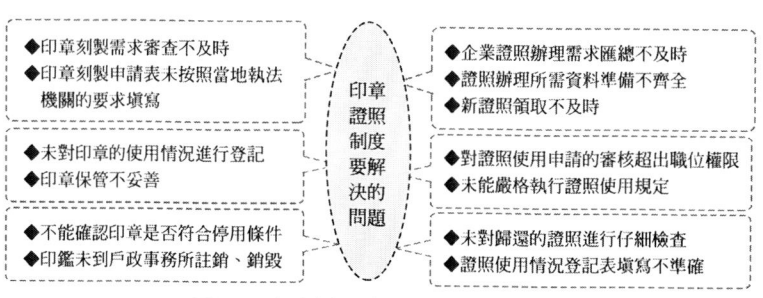

圖 3-8 印章證照制度解決問題導圖

3.4.2 企業公章管理制度

企業公章管理制度如表 3-4 所示:

表 3-4 企業公章管理制度

制度名稱	企業公章管理制度	編　　號	
執行部門		監督部門		編修部門	

第一章　總則

第1條　為規範本公司的公章管理工作,維護公司利益,杜絕違規行為的發生,特制定本制度。

第2條　公司各類公章由行政部歸口管理,各部門對所分管公章的管理和使用負全責,承擔用印後果。

第3條　本制度所指的公章包括,法人章、法人代表章、董事會章、股

表3-4(續)

東大會章、財務專用章、審計專用章、合約專用章等。

第二章 公章的刻製和啟用

第4條 有公章刻製需求的部門，應填寫「公章刻製申請表」，經部門經理簽字、行政部經理審核、總經理簽字審批通過後，可以請公司指定的事務所幫忙代刻。

第5條 刻製公章需準備營業執照副本及影本、法人代表身分證原件及影本、經辦人身分證原件及影本。

第6條 公章刻製完成後，應先到行政部及總經理辦公室備案，方可啟用。

第7條 公司（或負責人）印章遺失，由代表公司負責人切結聲明，備妥申請書、印鑑遺失切結書及登記表一式2份，申請辦理公司（或負責人）印鑑變更報備。若委託他人辦理者，另請檢具委託辦理同意書正本。合夥組織者，需檢具合夥人同意書或合夥契約書。

第8條 印章啟用應填寫「印章啟用申請表」，報總經理審批後，發布正式的啟用通知，註明啟用範圍、保管部門、審批人、啟用日期和戳記，啟印印模應用藍色印油，以示首次使用

第9條 行政部保存「印章啟用申請表」一份，同時在公司「印章登記表」中進行登記。

第三章 公章的使用及保管

第10條 本公司常用公章的使用範圍如下所示。

常用公章的使用範圍

公章名稱	使用範圍
行政公章	◆ 用於對公司內、外各類文件的簽發 ◆ 以公司名義出具證明及相關資料
法人章	◆ 用於需加蓋私章的公司法人代表授權書、人事勞動合約、招投標書和專案申報資料
合約專用章	◆ 用於除銷售合約以外的公司所有對外業務合約文件

表3-4(續)

財務專用章	◆ 用於公司對內、外的現金、銀行收付業務、外部業務、財務相關業務的證明資料
部門專用章	◆ 僅限於部門及公司內部工作聯繫使用

第11條 公司及各部門用印時,應按以下規定進行審審批、審閱和蓋印。

1.用印人須據實填寫「印章使用申請表」,經部門主管審查簽字同意後,上報行政部審批,審批通過後,方可至公章保管人員處用印,不同用印需求的用印規定具體如下。

(1) 以公司名義印發的文件,根據公文格式要求加蓋公章,由行政部根據公司負責人在「發文稿紙」上的簽字用印。

(2) 各部門送報上級的表格、名冊等,經部門經理簽字,再經行政部經理簽字批准後,由經辦人到公章保管人員處蓋章。

(3) 各部門對外訂立的經濟合約、協議等,必須經行政部經理審核,總經理簽字審批後,由經辦人到公章保管人員處蓋章。

(4) 公司員工須出具各種介紹信及證明資料時,由部門經理、行政部經理簽字批准後,由經辦人到公章保管人員處蓋章。

(5) 各類財務報表、單據須統一使用財務專用章。

(6) 各類聘任、用工合約、協議等,須由行政部統一蓋章。

2. 行政部在蓋章前應對所需蓋章的文件進行審閱,如在文件內容、手續、格式等方面發現問題,應及時請示負責人。若確認存在不符合公司規定的用印申請,行政部應拒絕蓋印。

3. 正式公章應用紅色印泥或印油,專用章可根據規定用紅色、藍色、紫色的印泥或印油。

4. 蓋出的印章應位置恰當、圖案清晰、文字端正,如文件需蓋多個印章,各印章不能交叉重疊,不能壓住正文,蓋印不能超出紙的邊界。

5. 行政部應將上交的「印章使用申請表」按月存檔。

6. 行政部應將用印時間、編號、用印單位、用印次數、經辦人姓名、用印人姓名、蓋章人姓名、用印文件等資訊在「印章使用登記表」中詳細記錄。

第12條 公章的使用要求如下所示。

表3-4(續)

1. 各類公章必須按照本部門職能和管理範圍用印，不得超越部門的職能和管理範圍用印。

2. 不得在空白表格、證書、信箋等空白件上蓋章。

3. 各類公章不得帶出公司，因特殊情況需要外出用印，必須經行政部經理批准，並填寫「公章移交登記表」。

4. 各部門應按照批准手續用印，凡不按規定辦理用印手續的，一律不得用印。

5. 一旦發生印章丟失，應立即保護現場，報告行政部經理查明情況，必要時報告警察機關協助處理，對確已丟失的印章要由代表公司負責人切結聲明，備妥申請書、印鑑遺失切結書及登記表一式2份，申請辦理公司（或負責人）印鑑變更報備。

第13條 公司公章實行雙控保管，即由董事長和總經理各指定行政部的1位員工保管，平時要放在公司保險櫃，一人掌管鑰匙，一人掌管密碼。

第14條 公章保管須有紀錄，注明公章名稱、頒發部門、枚數、收到日期、啟用日期、領取人、保管人、批准人和圖樣等資訊。

第四章 公章的銷存

第15條 有以下情形之一的，公章須停用。

1. **機構變動或機構名稱改變**。
2. **主管部門通知改變公章圖樣**。
3. **公章損壞**。
4. **公章遺失或被竊，聲明作廢**。

第16條 公章停用須填寫「公章停用申請表」，報經總經理審批後發布正式的停用通知，公章保管人將停用的公章送製發機構封存或銷毀。

第17條 行政部保存「公章停用申請表」，並在「印章登記表」上進行登記。

第五章 公章違規使用的處理辦法

第18條 未經審批，任何部門和個人不得擅自刻製公司印章，擅自私刻

表3-4(續)

印章或有意隱瞞、拒絕登記者，一經發現，必須追究其法律責任，由此造成的民事、行政、刑事責任，均由當事人本人承擔。

第19條 印章管理人員因使用公章不當而造成損失的，視情節和後果追究其相應責任。非印章管理人員違反公司印章管理制度，不當使用印章，一經發現，應與印章管理人員承擔同等的責任。

第六章 附則

第20條 本制度由行政部制定並負責解釋。

第21條 本制度報總經辦審議通過後，自頒布之日起實施。

編制日期		審核日期		批准日期	
修改標記		修改處數		修改日期	

3.4.3 合約章管理規定

合約章管理規定如表3-5所示：

表3-5 合約章管理規定

制度名稱	合約章管理制度	編　　號	
執行部門		監督部門		編修部門	

第一章 總則

第1條 為加強公司對合約章的管理，規範合約章的使用和保管，滿足公司經營活動的需要，維護公司合法權益，根據國家和公司的相關規定，特制定本規定。

第2條 本規定的權責主體主要包括以下兩個部門。

1. 行政部為合約章的歸口管理部門，掌握本公司合約章的使用情況，建立合約章使用記錄，妥善保管合約章。

2. 法律事務部協助行政部負責合約章的設計、刻製等工作，並對合約章的使用情況進行監督、檢查。

表3-5(續)

第3條 本規定涉及的合約章是指公司對外簽訂、變更、解除合約時所使用的專用章。

第二章 合約章的刻製

第4條 申請人員填寫「合約章刻製申請表」，在申請中應注明合約章用途、樣章、枚數，上報部門經理審查，審查通過後上呈行政部經理審批。

第5條 申請人員持審批通過的「合約章刻製申請表」，至行政部統一辦理，刻製合約章必須按照公司統一的規格和樣式。

第6條 刻製合約章需準備營業執照副本及影本、法人代表身分證原件及影本、經辦人身份證原件及影本。

第7條 合約章刻製後須送行政部印模備案。

第8條 公司任何部門、員工不得擅自刻製合約章，不得偽造合約章，由此給公司造成經濟損失的，依法追究有關人員的行政責任和經濟責任，情節嚴重的，移送司法機關追究刑事責任。

第三章 合約章的使用

第9條 公司對外簽訂合約所加蓋的印章均應使用合約章，不得用其他印章代理，不得在其他文件上使用合約章。

第10條 業務經辦人員代表公司與其他公司簽訂合約的，需填寫「合約章用印審批單」，經部門負責人審核、行政部經理審批後方可用印。

第11條 行政部對用印範圍和用印手續進行嚴格審查，並對用印情況進行登記。

第12條 有以下情形之一的合約，行政部不應提供合約章。

1. 未經編號的合約。
2. 缺少審核及報簽文件的合約。
3. 代簽合約但缺少授權委託書的。
4. 空白合約。

第13條 據實詳填「合約章使用登記表」，明確合約章的使用情況。

表3-5(續)

第14條 合約章不得攜帶外出使用,如因工作需要,必須帶合約章到異地使用的,經行政部經理批准後,到行政部印章管理人員處填寫「合約章外借登記表」,用後應立即歸還。

第15條 合約章外借期間,一切責任由合約章外借人承擔,如發生丟失,公司可視造成結果的嚴重程度追究外借人員的經濟責任和行政責任。

第16條 合約章外借人員歸還合約章後,合約章保管人員應確認合約章是否完好,並登記歸還日期,與「合約章外借登記表」一起存檔。

第四章 合約章的保管及變更

第17條 合約章若確認丟失,應立即向部門經理、行政部經理彙報,至警察機關報案,並根據本規定重新刻製合約章。

第18條 公司變更合約章後,應將報廢的合約章送至行政部銷毀,不得私自存用。

第19條 公司變更合約章後,應及時將章樣發函告知相關合作公司。

第20條 行政部合約章管理人員應做好「用章登記手冊」的填寫工作。

第五章 附則

第21條 本規定由行政部負責解釋、修訂。

第22條 本規定報總經理審定後,自___年___月___日起實施。

編制日期		審核日期		批准日期	
修改標記		修改處數		修改日期	

3.4.4 企業證照管理規定

企業證照管理規定如表 3-6 所示：

表 3-6 企業證照管理規定

制度名稱	企業證照管理制度	編　　號	
執行部門		監督部門		編修部門	

第一章　總則

第1條　為加強公司的證照管理工作，確保證照在企業經營管理活動中安全、有效、合法的使用，防止證照遺失並保證按時報告公示，特制定本制度。

第2條　行政部負責統籌、組織、監督、檢查本公司的證照管理工作，財務部負責部分證照的辦理工作，檔案室負責部分證照的保管工作。

第3條　本制度所指的企業證照是指政府職能部門核發給公司的證明企業合法經營的有效證件，具體分為以下三類。

基礎證照：營業執照、組織機構代碼證、稅務登記證、開戶許可證、土地使用證、房產證、社保登記證、專利證書、商標證書、貸款證、外匯管理登記證等

公司成立的重要文件：合作專案合約書、投資專案合約書、公司成立合約書、董事會任命文件、政府部門公文批覆等

資信類文件：驗資報告、審計報告、評估報告等

專業證照：衛生許可證、建設集團資質證書、安全生產許可證、專項工程設計證書、品質體系認證證書、職業健康安全管理體系認證證書、專業資格證等

企業證照種類

第二章 企業證照辦理

第4條　證照根據種類不同，辦理部門主要包括以下兩個。

總經理行政規範化管理

表3-6(續)

證照辦理部門

辦理部門	說明
行政部	營業執照、組織機構代碼證、專業證照、公司成立的重要文件由公司行政部統籌辦理
財務部	國稅登記證、地稅登記證、銀行開戶許可證、資信類文件由財務部辦理

　　第5條　行政部匯總公司證照辦理的需求，填寫「企業證照需求登記表」，並上報總經理審核。

　　第6條　行政部根據政府相關部門證照辦理規定準備資料，常用證照的辦理資料如下表所示。

公司證照辦理所需準備資料

證照	所需準備資料
公司營業執照	◆ 公司法定代表人簽署的「公司設立登記申請書」 ◆ 全體股東簽署的「指定代表或者共同委託代理人的證明」 ◆ 全體股東簽署的公司章程、股東會決議 ◆ 股東的主體資格證明或者自然人身分證明影本 ◆ 依法設立的驗資機構出具的驗資證明 ◆ 董事監事和經理的任職文件及身分證明影本 ◆ 法定代表人任職文件及身分證明影本 ◆ 辦公場所使用證明（房產證影本、房屋租賃合約） ◆ 企業名稱預先核准通知書
驗資	◆ 全體股東人名章 ◆ 全體股東身分證，法人股東提交加蓋公章的營業執照影本 ◆ 現金繳款單（用途注明投資款） ◆ 銀行列印的對帳單（銀行蓋章） ◆ 銀行詢證函（銀行蓋章） ◆ 董事、監事、法定代表人和經理的任職文件及身分證明影本 ◆ 住所使用證明（房產證影本、房屋租賃合約） ◆ 「企業名稱預先核准通知書」影本 ◆ 全體股東簽署的公司章程、股東會決議

表3-6(續)

代碼證	◆ 營業執照副本原件及影本 ◆ 股東身分證原件及影本 ◆ 經辦人身分證原件和影本 ◆ 公章 ◆ 驗資報告原件及影本
稅務登記證	◆ 營業執照副本原件及影本（2份） ◆ 組織機構代碼證副本原件及影本（2份） ◆ 股東身分證原件及影本（4份） ◆ 驗資報告原件及影本（2份） ◆ 公司章程原件及影本（2份） ◆ 住所使用證明（所有權狀或房屋登記簿謄本、租賃合約） ◆ 出租人為自然人的提供出租人身分證號碼，出租人為企業的提供出租人代碼證號碼
證照變更	◆ 證照原件及影本

　　第7條 證照的辦理必須在規定期限內完成，如因超過規定期限未辦理以致證照過期的，由經辦人員負主要責任，經辦人員的直屬上司負連帶責任；如被罰款的，所罰款項全部由經辦人及其直屬上司共同承擔。

　　第8條 行政部對新證照進行核對，及時發現證照中存在的錯誤。

　　第9條 所有證照辦理完畢後，行政部須將原件和影本存檔備用，並登記證照的有效期限、使用日期等資訊。

　　第10條 證照辦理過程中產生的費用由經辦人員憑票據辦理報銷手續。

第三章 企業證照使用及保管

　　第11條 證照使用申請人填寫「證照使用申請表」，說明證照使用的事由、使用時間、歸還日期，經部門負責人簽字同意後，上報行政部。

　　第12條 行政部對「證照使用申請表」進行審批，對超出審批許可權，須報經總經理審批的申請表進行核對後轉交總經理審批。

　　第13條 行政部根據申請人使用需求，確定是提供證照原件還是影本。

　　第14條 申請人憑經行政部或總經理審批通過的「證照使用申請表」領取證照原件或影本。

表3-6(續)

第15條 如需使用證照影本的，行政部對證照影本進行核對，並根據使用需求在證照影本上加蓋使用範圍、有效期限專用章及複印無效專用章。

第16條 證照使用人在證照原件或影本使用完畢後，應立即歸還，行政部檢查證照原件是否完好，並由使用人和經辦人共同簽字確認。

第17條 申請人應在「證照使用申請表」中規定的歸還日期內歸還證照，如因故不能按時歸還的經部門負責人批准後可申請延期，延期時間最長不超過15天。

第18條 行政部填寫「證照使用登記表」，登記證照名稱、編號、申請人姓名、使用事由、使用時間、份數、審批人姓名和經辦人姓名。

第19條 行政部將「證照使用申請表」「證照使用登記表」及時歸檔存放。

第20條 公司證照如出現丟失或損壞，應立即向行政經理匯報，由行政部登報聲明證照作廢，與發證機關聯絡，及時辦理證照掛失和補辦手續。

第21條 證照遺失的，由遺失人承擔全部責任，由此造成的損失全由遺失人承擔。

第22條 嚴禁公司任何員工擅自複印證照，不得塗改、出租、出借、偽造、轉讓、出賣企業證照，不得擅自使用公司證照進行擔保。如違反上述規定，追究當事人責任。

第三章 企業證照年度報告公示及註銷（註：本章為中企特有之規定）

第23條 根據中國國家工商總局發布的通知，從2014年3月份開始正式停止企業證照年檢，改為年度報告公示。行政部應當於每年1月1日至6月30日期間，透過「全國企業資訊信用公示系統」向工商行政管理機關報送年度報告，並向社會公示，任何單位和個人均可查詢。

第24條 行政部應嚴格執行企業證照年度報告公示報送的相關規定。

1. 行政部登錄「全國企業資訊信用公示系統」，網址為http://gsxt.saic.gov.cn，使用企業數位憑證或備案手機驗證碼登錄。

2. 登錄後填寫年度報告，並加蓋電子公章。6月30日前可自行修改年度報告內容，6月30日後經工商部門同意後方可修改。

表3-6(續)

  3. 年度報告的主要內容包括公司股東繳納出資情況、資產情況等資訊，具體內容根據「全國法規資料庫」網站條列的「公開發行公司年報應行記載事項準則」之內容為準。

  13.報送年度報告經內容校驗通過後，即可進入公示環節，若年度報告未能通過，則返回上一環節，重新進行年度報告的填寫。

  第25條　行政部如未在規定期限內公示年度報告，導致工商機關將公司載入經營異常名錄的，公司依法追究經辦人員責任。

  第26條　公司組織架構調整、業務方向調整和證照失效時，行政部可按照國家相關規定辦理註銷證照，並及時在「證照註銷申請表」中登記備案。

第四章 附則

  第27條　本制度由行政部制定，解釋權歸行政部所有。

  第28條　本制度報總經理辦公會審議通過後，自頒發之日起生效。

編制日期		審核日期		批准日期	
修改標記		修改處數		修改日期	

總經理行政規範化管理

第 4 章 文檔資料管理業務‧流程‧標準‧制度

4.1 文檔資料管理業務模型

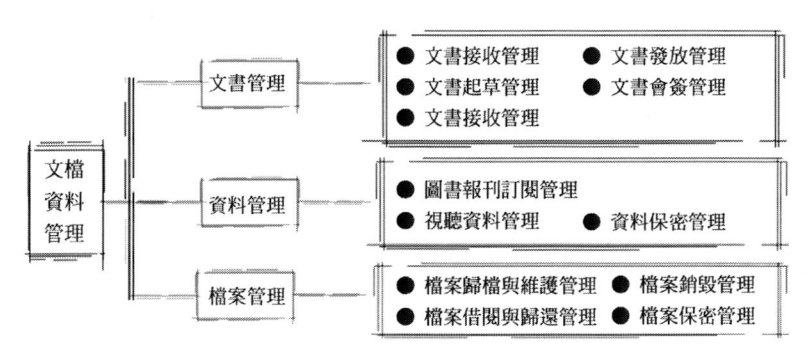

4.1.1 文檔資料管理業務工作導圖

企業文檔資料管理是企業展開經營管理工作的基礎,也是企業經營管理工作經驗得以沿襲和傳承的重要保障。文檔資料管理工作是行政部的重要工作,也是提高企業綜合競爭力的前提。表 4-1 為文檔資料管理業務工作導圖。

圖 4-1 文檔資料管理業務工作導圖

4.1.2 文檔資料管理主要工作職責

統一文檔資料工作的各項工作標準,明確相關部門及人員的職責分工,梳理關鍵步驟操作標準,有助於提高文檔資料管理工作的效率。在執行該工作的過程中,行政部相關人員主要履行的工作職責如表 4-1 所示。

表 4-1 文檔資料管理工作職責說明表

工作職責	職責具體說明
文書接收管理	1. 行政部及時清點、登記收到的文書,並提出擬辦意見 2. 將文書分發給各承辦部門傳閱,並做好催辦工作 3. 做好文書的歸檔工作

總經理行政規範化管理

表4-1(續)

文書發放管理	1.根據上級主管的要求進行擬稿，並由專人負責對擬定稿件的內容和格式進行審核 2.將核稿通過的文書投送給相關部門
文書起草管理	1.根據上級指示確定文書的起草方式和起草主題管理 2.按照企業文書起草格式和行文規則擬定文書
文書會簽管理	1.確認需要進行會簽的文書，並與各部門主管溝通進行會簽，並根據會簽內容擬定文書處理方式 2.做好會簽文書的審查與存檔工作
圖書報刊訂閱管理	1.調查企業各部門的圖書報刊訂閱需求，確定訂閱目錄 2.聯繫圖書報刊訂閱機構及時訂閱，並做好訂閱紀錄的歸檔工作
視聽資料管理	1.對視聽資料進行收集整理，及時進行視聽資料的歸檔、保管工作 2.行政部與企業各部門進行協調、溝通，做好視聽資料的開發利用
檔案歸檔與維護管理	1.及時提交檔案歸檔申請，做好檔案裝訂、編號、裝盒工作 2.定期進行檔案除塵、修補工作，保持檔案整潔、乾淨
檔案借閱與歸還管理	1.嚴格執行企業檔案借閱制度，提高檔案利用率，促進資訊傳遞和溝通 2.做好檔案歸還驗收工作，及時對檔案歸還資訊進行登記
檔案銷毀管理	1.定期對檔案價值進行鑑定，篩選出須銷毀的檔案 2.監控檔案銷毀的全過程，做好檔案銷毀登記工作，保證企業檔案安全
文書檔案資料保密管理	1.根據企業密級劃分規定，確定文書檔案資料的密級，嚴格執行企業涉密文檔資料的借閱、保管規定 2.定期編制涉密文書檔案資料的安全評估報告，及時進行密級調整 3.制定企業機密洩露應急管理措施，將洩密帶來的危害降到最低

4.2 文檔資料管理流程

4.2.1 主要流程設計導圖

文檔資料管理主要包括檔案管理工作、資料管理工作、文書管理工作。各項管理工作流程又可進一步細化為若干個子流程，如圖 4-2 所示。

檔案管理工作	● 檔案歸檔與維護管理　● 檔案銷毀流程 ● 檔案借閱與歸還管理
資料管理工作	● 報刊訂閱管理流程　● 技術資料管理流程 ● 文件資料管理流程
文書管理工作	● 文書接收管理流程　● 文書發放管理流程 ● 文書起草管理流程　● 文書會簽管理流程

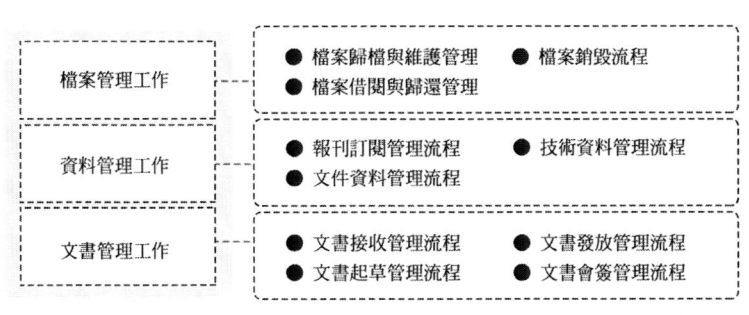

圖 4-2 文檔資料主要流程設計導圖

總經理行政規範化管理

4.2.2 內部文書接收流程

內部文書接收流程如圖 4-3 所示：

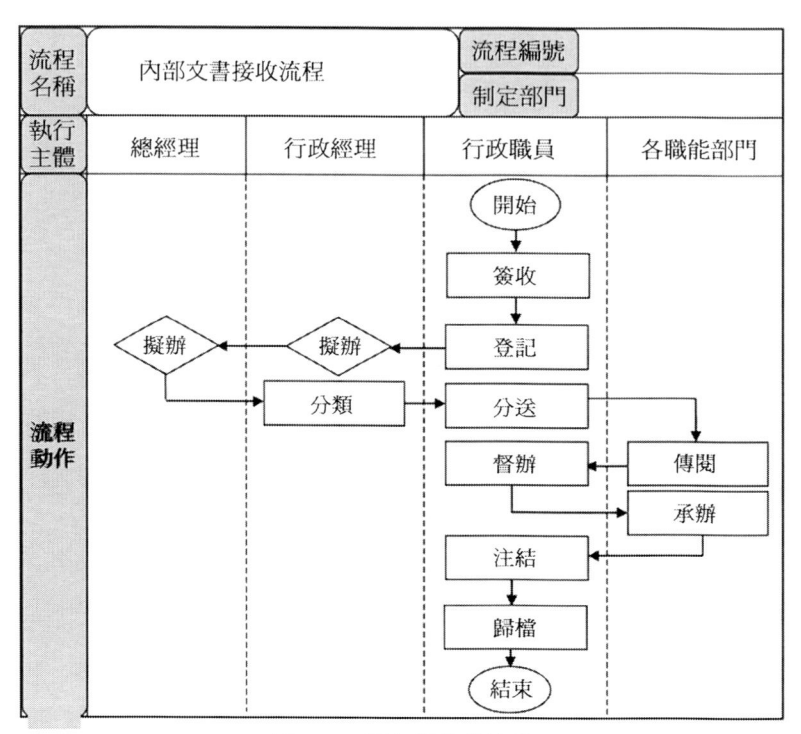

流程名稱	內部文書接收流程		流程編號	
			制定部門	
執行主體	總經理	行政經理	行政職員	各職能部門
流程動作	擬辦	擬辦 → 分類	開始 → 簽收 → 登記 → 分送 → 督辦 → 註結 → 歸檔 → 結束	傳閱 → 承辦

圖 4-3　部文書接收流程

4.2.3 內部文書發放流程

內部文書發放流程如圖 4-4 所示:

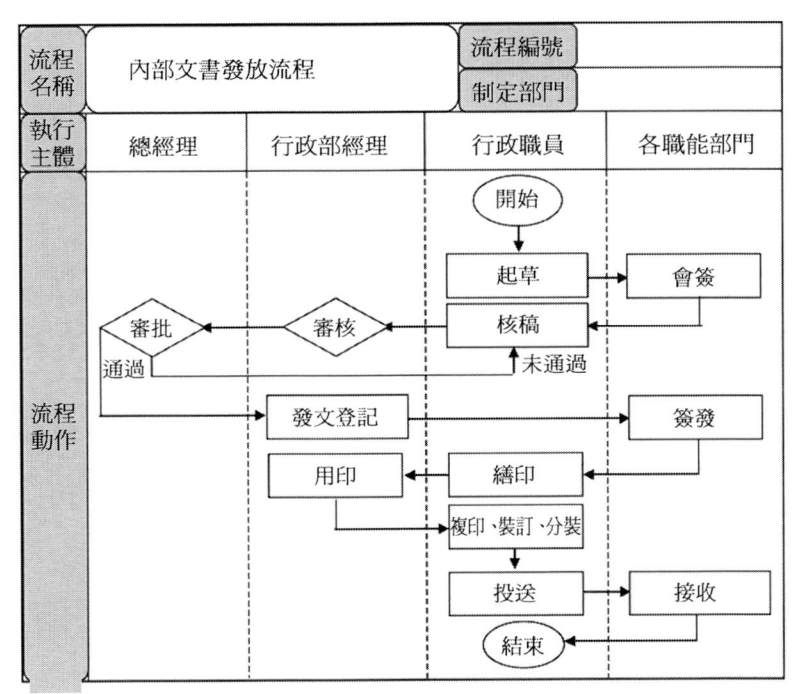

流程名稱	內部文書發放流程		流程編號	
			制定部門	
執行主體	總經理	行政部經理	行政職員	各職能部門
流程動作	審批←通過	審核	開始→起草→核稿←未通過 發文登記→繕印→複印、裝訂、分裝→投送→結束	會簽 簽發 接收
			用印	

圖 4-4　部文書發放流程

總經理行政規範化管理

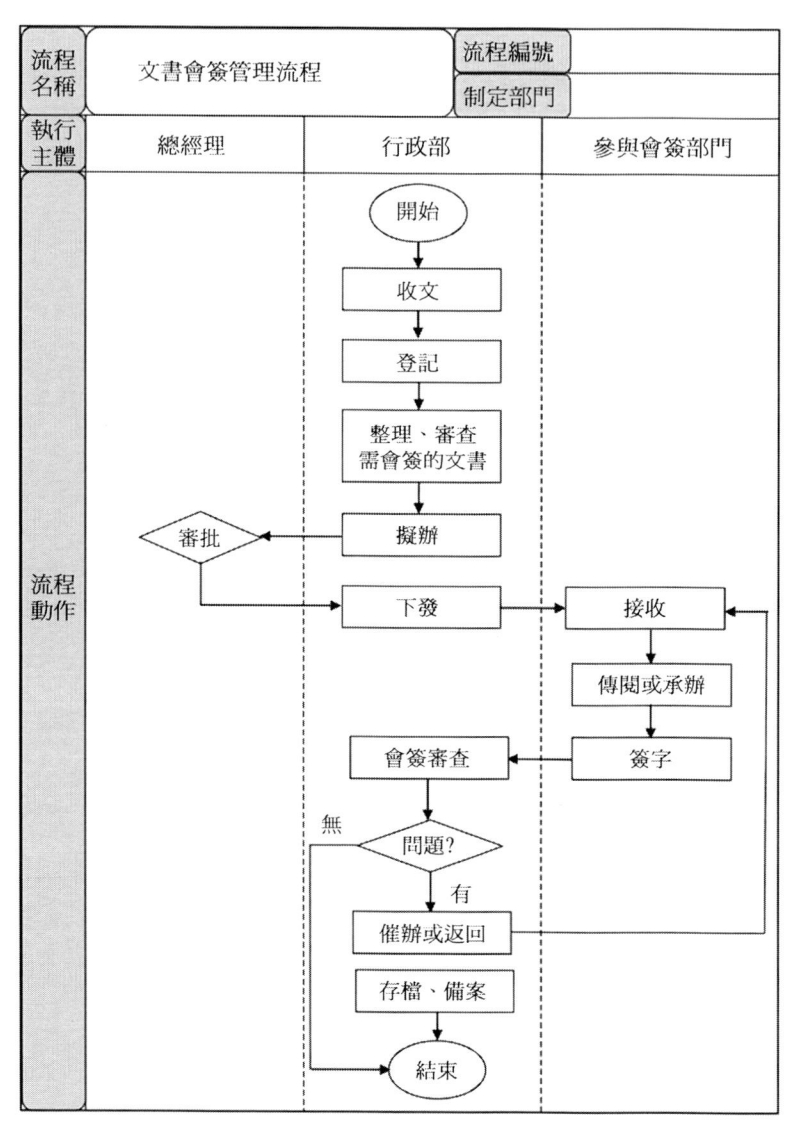

4.2.4 文書會簽管理流程

文書會簽管理流程如圖 4-5 所示：

流程名稱	文書會簽管理流程		流程編號	
			制定部門	
執行主體	總經理	行政部	參與會簽部門	
流程動作	審批	開始 → 收文 → 登記 → 整理、審查需會簽的文書 → 擬辦 → 下發 → 會簽審查 → 問題?（無/有）→ 催辦或返回 → 存檔、備案 → 結束	接收 → 傳閱或承辦 → 簽字	

圖 4-5 文書會簽管理流程

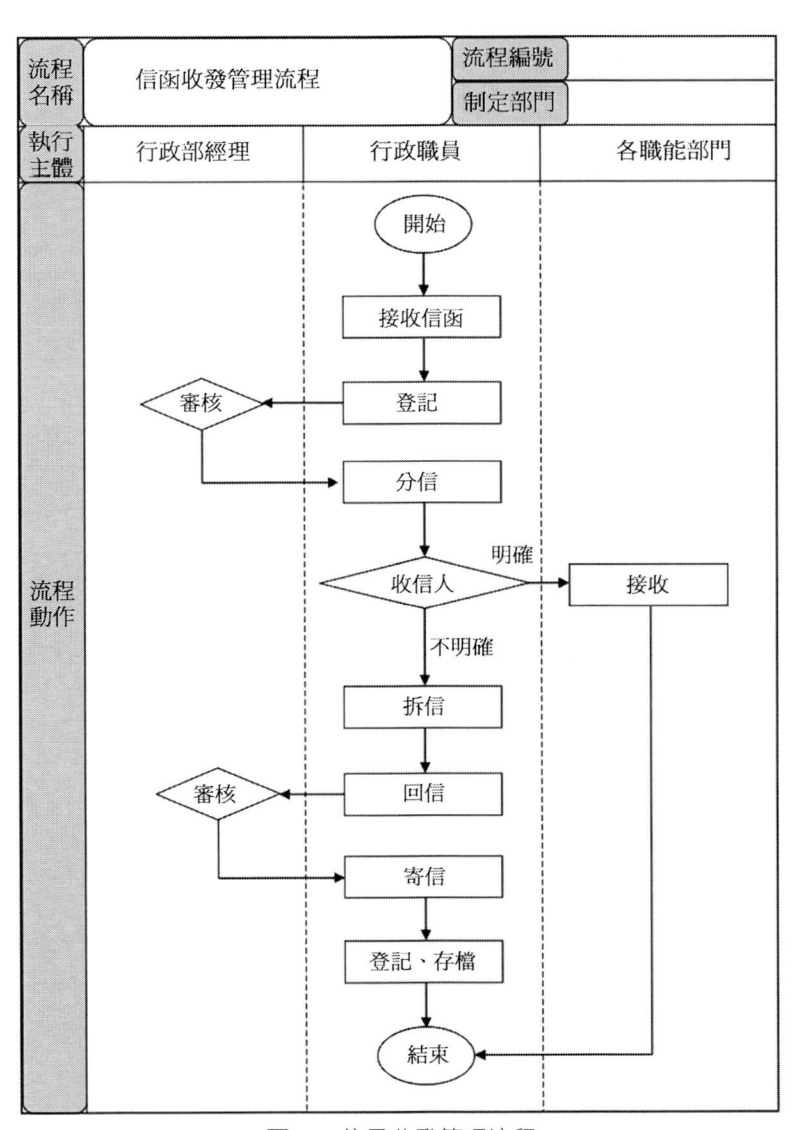

4.2.5 信函收發管理流程

信函收發管理流程如圖 4-6 所示：

流程名稱	信函收發管理流程		流程編號	
			制定部門	
執行主體	行政部經理	行政職員		各職能部門
流程動作	審核	開始 → 接收信函 → 登記 → 分信 → 收信人（明確/不明確）→ 拆信 → 回信 → 寄信 → 登記、存檔 → 結束		接收

圖 4-6 信函收發管理流程

總經理行政規範化管理

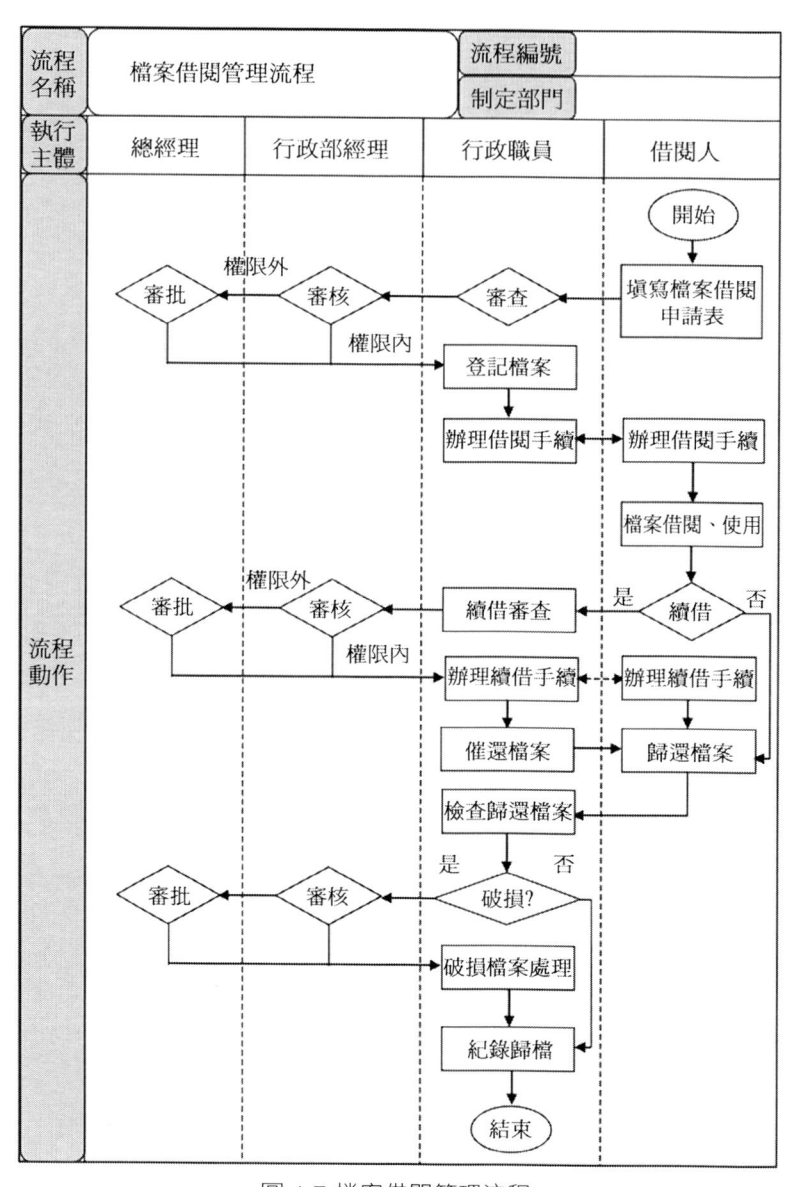

4.2.6 檔案借閱管理流程

檔案借閱管理流程如圖 4-7 所示：

圖 4-7 檔案借閱管理流程

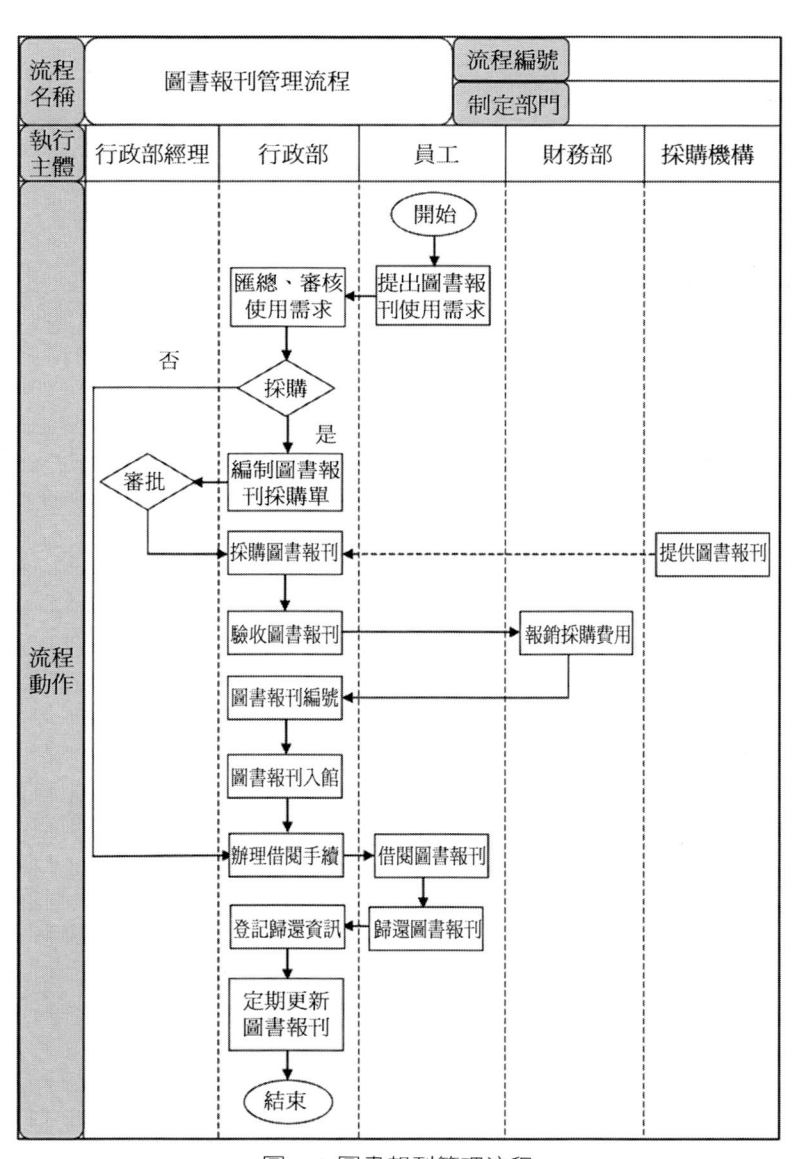

4.2.7 圖書報刊管理流程

圖書報刊管理流程如圖 4-8 所示：

流程名稱	圖書報刊管理流程		流程編號		
			制定部門		
執行主體	行政部經理	行政部	員工	財務部	採購機構
流程動作	審批	匯總、審核使用需求 → 採購? → 編制圖書報刊採購單 → 採購圖書報刊 → 驗收圖書報刊 → 圖書報刊編號 → 圖書報刊入館 → 辦理借閱手續 → 登記歸還資訊 → 定期更新圖書報刊 → 結束	開始 → 提出圖書報刊使用需求；借閱圖書報刊；歸還圖書報刊	報銷採購費用	提供圖書報刊

圖 4-8 圖書報刊管理流程

總經理行政規範化管理

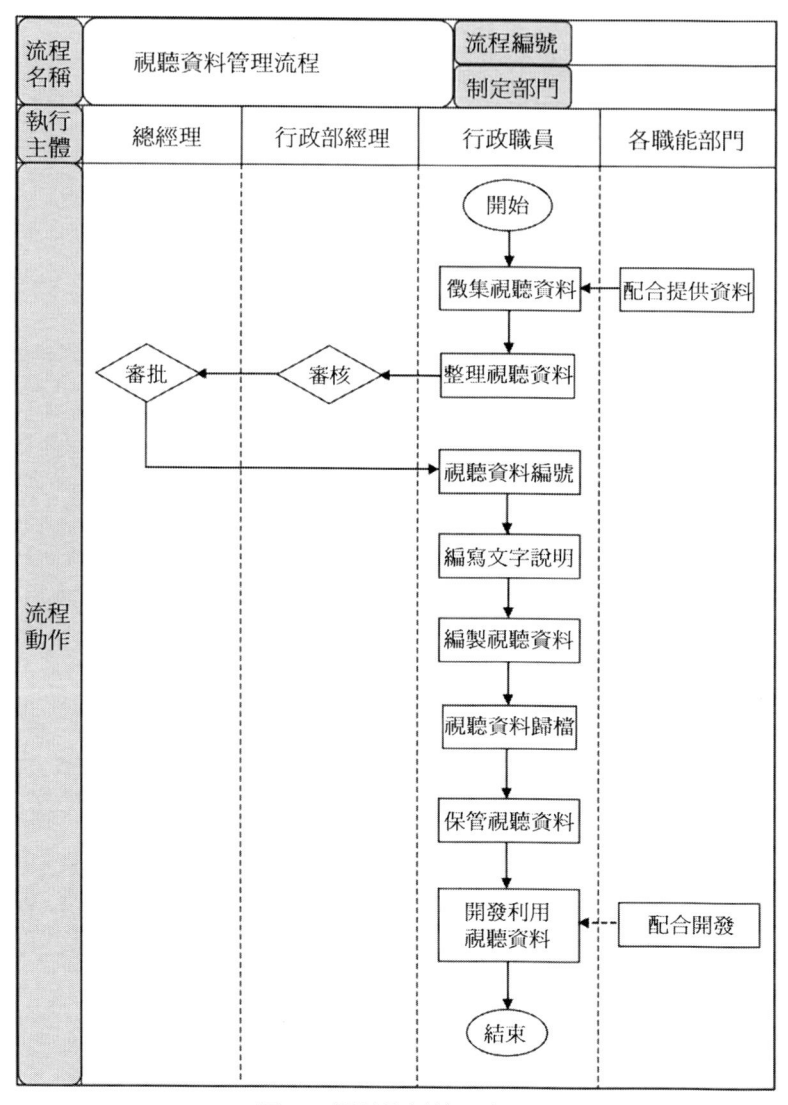

4.2.8 視聽資料管理流程

視聽資料管理流程如圖 4-9 所示：

流程名稱	視聽資料管理流程		流程編號	
			制定部門	
執行主體	總經理	行政部經理	行政職員	各職能部門
流程動作	審批	審核	開始 → 徵集視聽資料 → 整理視聽資料 → 視聽資料編號 → 編寫文字說明 → 編製視聽資料 → 視聽資料歸檔 → 保管視聽資料 → 開發利用視聽資料 → 結束	配合提供資料 配合開發

圖 4-9 視聽資料管理流程

4.2.9 檔案銷毀管理流程

檔案銷毀管理流程如圖 4-10 所示：

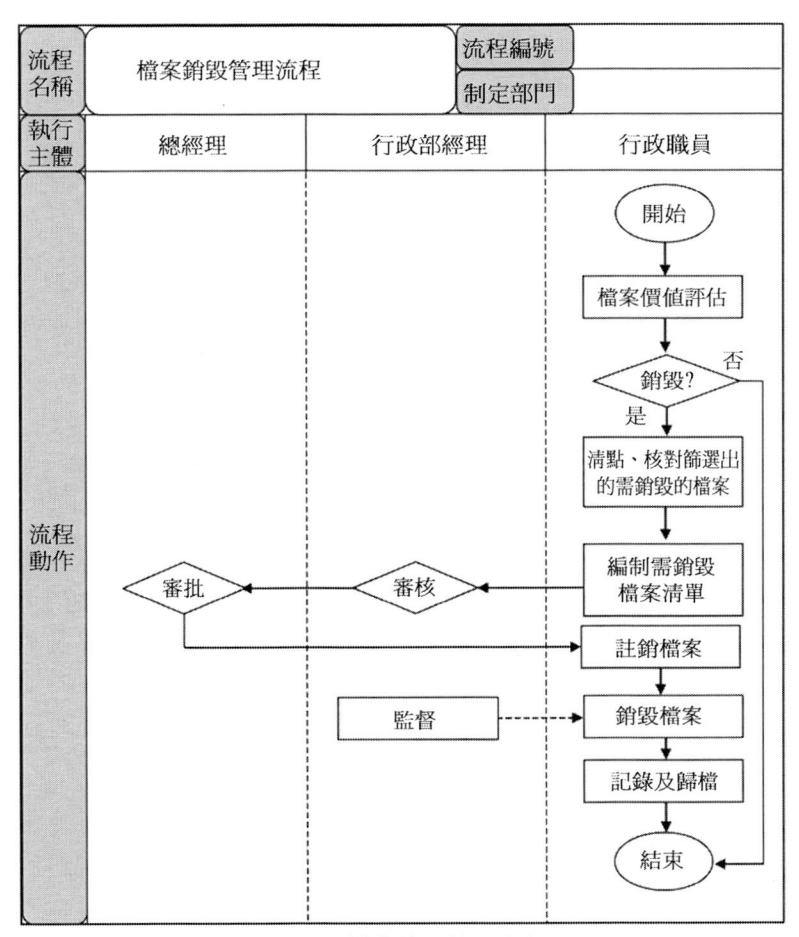

流程名稱	檔案銷毀管理流程		流程編號	
			制定部門	
執行主體	總經理	行政部經理		行政職員
流程動作	審批	審核 監督		開始 → 檔案價值評估 → 銷毀？（是／否）→ 清點、核對篩選出的需銷毀的檔案 → 編制需銷毀檔案清單 → 註銷檔案 → 銷毀檔案 → 記錄及歸檔 → 結束

圖 4-10 檔案銷毀管理流程

4.3 文檔資料管理標準

4.3.1 文檔資料管理業務工作標準

企業文檔資料具有完整性、保密性和實效性等特徵，因此，在執行該項工作時，行政部管理人員應針對關鍵工作事項確定工作標準，如表 4-2 所示。

總經理行政規範化管理

表 4-2 文檔資料管理業務工作標準

工作事項	工作依據與規範	工作成果或目標
文書接收管理	◆文書事務管理制度 ◆文書歸檔制度	(1)收文登記無失誤 (2)文書傳閱準確、符合保密管理規定 (3)文書歸檔無疏漏
文書發放管理	◆文書編寫規範與行文規則	(1)未出現因文書發放不及時導致的工作延誤 (2)文書核稿、投送零失誤
文書起草管理	◆文書起草規定 ◆企業文書管理辦法	(1)文書起草的內容、格式、行文規則符合企業要求，核稿一次通過 (2)文書在規定期限內定稿
文書會簽管理	◆文書會簽處理制度	文書會簽及時、符合企業會簽操作規範
書籍報刊訂閱管理	◆書籍報刊需求調查 ◆企業內部申請審批制度	(1) 書籍報刊需求調查表製作合理、操作簡單 (2)書籍報刊購買目錄編制準確、無誤 (3) 書籍報刊採購申請一次性通過
視聽資料管理	◆視聽資料管理規定 ◆視聽資料使用說明	(1)視聽資料收集全面、及時 (2)視聽資料整理、分類合理、清楚 (3)視聽資料的保管方式、使用方式正確，未因保管或使用不當造成視聽資料損毀

表4-2(續)

檔案歸檔與維護管理	◆檔案歸檔制度 ◆檔案維護說明	(1)檔案保存整潔、乾淨、無灰塵覆蓋 (2)檔案歸檔及時率達到100%
檔案借閱與歸還管理	◆企業內部檔案借閱規則 ◆檔案損毀處理辦法	(1)檔案借閱手續辦理及時率為100% (2)檔案借閱手續齊全，登記內容完整
檔案銷毀管理	◆檔案銷毀制度 ◆檔案管理制度	(1)檔案價值鑑定及時率為100% (2)檔案銷毀手冊內容合理，銷毀方式適宜
文檔資料保密管理	◆資料密級劃分制度 ◆檔案管理制度	(1)文檔資料密級調整準確、及時 (2)未出現文檔資料機密洩露的現象

4.3.2 文檔資料管理業務績效標準

文檔資料管理應按照文書管理、檔案管理、資料管理三個績效結果項目，設定評估指標和評估標準，作為行政部員工相關工作績效考核的依據。具體內容如表4-3所示。

表 4-3 文檔資料管理業務績效標準

工作事項	評估指標	評估標準
文書管理	收文登記及時率	員工提交的文書應在1個工作日內完成登記，登記時間每超過1個工作日，扣除當月獎金___元
	文書分送準確率	文書準確分送到承辦部門或個人手中，在考核期內未出現文書分送錯誤，得___分，美出現1次分送錯誤，扣除___分
	文書擬稿準確度	1.文書擬稿存在重大疏漏，經3次以上審核後，依然無法通過，本項不得分 2.文書擬稿基本符合準確性要求，經2次～3次(含)審核後，方可通過審核，得___分 3.文書擬稿內容真實、觀點明確、表述準確、結構嚴謹、條理清晰，一次性通過上級審核，得___分

總經理行政規範化管理

表4-3(續)

	文書會簽審查精細度	1.會簽工作存在重大失誤,不符合企業會簽要求,會簽簽字模糊,本項不得分 2.會簽工作基本符合企業要求,但各部門會簽簽字字跡潦草,難以辨認,得___分 3.經審查後的會簽工作無錯誤,符合企業的會簽要求,簽字清晰,得___分
檔案管理	檔案收集全面性	1.檔案收集全面性 = $\dfrac{\text{蒐集檔案數量}}{\text{實際產生的檔案數量}} \times 100\%$ 2.檔案收集全面性應達到___%,每降低個___百分點,扣除當月獎金___元
	檔案編號正確性	1.檔案編號正確性 = $\dfrac{\text{正確編號的檔案數量}}{\text{實際產生的檔案數量}} \times 100\%$ 2.檔案編號正確性應達到___%,每降低___個百分點,扣___分,低於___%,本項不得分
	檔案安全評估及時性	1.檔案安全評估及時性 = $\dfrac{\text{在2個工作日內完成安全評估的檔案數量}}{\text{企業檔案總量}} \times 100\%$ 2.檔案安全評估及時性應達到___%,每降低___個百分點,扣除當月獎金___元
資料管理	圖書報刊採購準確性	準確編制圖書報刊採購清單,書籍報刊名稱、數量、單價準確,無疏漏,得___分,採購清單中,每缺少一項,扣___分
	資料清理及時性	1.未及時清理資料,導致無用資料積壓,或誤清理企業重要資料,本項不得分 2.定期對企業過期資料進行清理,但未篩選無保存資料,得___分 3.對資料進行定期清理,清理的資料為過期或無需保存的資料,未出現誤清理有用資料的現象,得___分

4.4 文檔資料管理制度

4.4.1 制度解決問題導圖

文檔資料管理制度有助於解決在執行上述管理工作的過程中容易出現的以下三大方面的問題，如圖 4-11 所示。

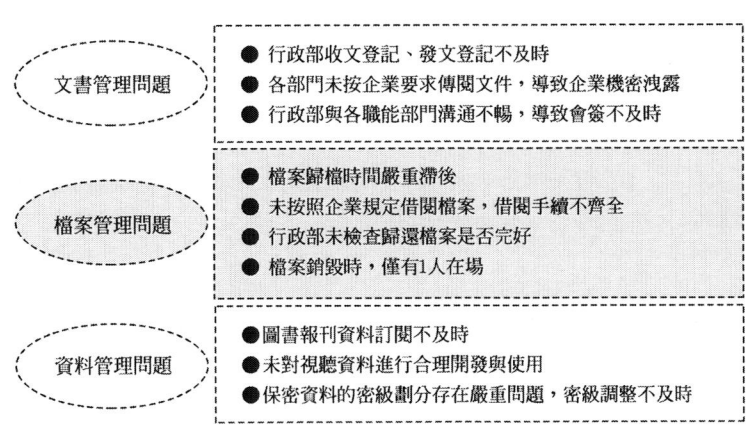

文書管理問題
- 行政部收文登記、發文登記不及時
- 各部門未按企業要求傳閱文件，導致企業機密洩露
- 行政部與各職能部門溝通不暢，導致會簽不及時

檔案管理問題
- 檔案歸檔時間嚴重滯後
- 未按照企業規定借閱檔案，借閱手續不齊全
- 行政部未檢查歸還檔案是否完好
- 檔案銷毀時，僅有1人在場

資料管理問題
- 圖書報刊資料訂閱不及時
- 未對視聽資料進行合理開發與使用
- 保密資料的密級劃分存在嚴重問題，密級調整不及時

圖 4-11 文檔資料管理制度解決問題導圖

4.4.2 文書管理制度

文書管理制度如表 4-4 所示：

表 4-4 文書管理制度

制度名稱	文書管理制度		編　　號	
執行部門		監督部門		編修部門

第一章　總則

第1條　為加強本公司的文書管理工作，嚴格文書處理程序，提高文書運轉時效，明確文書承辦要求，特制定本制度。

第2條　本制度所指的文書主要包括以下九個方面，如下表所示。

總經理行政規範化管理

表4-4(續)

文書分類	
公告	各機關就主管業務,向公眾或特定對象宣布周知時使用。其方式得張貼於機關之公布欄,或利用報刊等大眾傳播工具廣為宣布。
令	發布行政規章,法規命令,發表人事任免、遷調、獎懲時使用。
呈	對總統有所呈請或報告時使用。
咨	總統與立法院公文往復時使用。
函	各機關處理公務及民眾與機關間之申請與答覆時使用。
書函	公務未決階段需要磋商、徵詢意見或通報時使用,其性質不如函之正式。
報告	公務用報告如調查報告等;或機關所屬人員就個人事務有所陳請時用。
其他	手令或手諭、簽、箋函或便箋、聘書、證明書、證書、執照、契約書、提案、紀錄、節略、說帖等公文,依公務性質及處理方式等使用之。

第二章 收文管理

第3條 行政人員收到文件時,應立即清點、檢查,無誤後填寫送件回單,並注明收件的具體時間。

1.信函形式的公文,行政人員應注意檢查封口和郵戳,如出現開口和郵票撕毀等情況應及時查明原因。

2.機要文件的簽收,要進行信封、文件、文號、紀要編號的逐一核定,如其中一項不相符,應立即上報行政經理,並登記出錯文件的文號。

第4條 清點無誤後,應按照來文機關或部門進行分類、整理、編號,將文件登記在收文登記薄上。

第5條 行政部填寫「文書處理單」,提出擬辦意見,並將與文書相關的資料附在公文後面。

第6條 一般公文由行政人員直接分轉處理,私人信件直接送呈收信人,重要公文或涉及需多個部門會簽的公文,由行政人員擬定處理方式,經行政經理或總經理批辦後,對不同文件採取不同的處理方式。

1.分送的文件,行政部在文件右上方加蓋收文戳記、填明編號、

表4-4(續)

收文日期等。

 2. 由各部門辦理的文件，需附上具有總經理批辦意見的來文承辦卡，涉及多個承辦部門的文件，應將來文承辦卡複印後分別附在文件上。

 3. 要求退回歸檔的文件，應在文件上表明「閱後請退回歸檔」字樣。

 4. 需主管批示的文件，應附上收文承辦卡。需同時分送多位主管的文件，分送時皆要附上主管批示卡。

第7條　各部門根據分發意見傳閱文件。

 1. 傳閱文件應嚴格遵守傳閱範圍和保密規定。

 2. 閱讀文件應抓緊時間，於5日內將閱完的公文送交行政部。閱讀過程不得抄錄全文，如因工作需要須取走公文，應至行政部辦理借閱手續，避免公文丟失或洩密。

第8條　行政部在臨近辦文時限前應進行電話催辦或當面催辦，對有關部門辦理的重要文件進行定期跟蹤檢查，做好督促記錄工作。

第9條　公文辦理完畢後，在公文處理單上注明辦理日期、辦理結果。

第10條　行政部將辦理完畢的公文按不同的分類分別歸檔，以備日後查閱。

第三章　發文管理

第11條　行政部根據上級主管要求進行文件的初步編寫。

 1. 編寫的公文應符合公文寫作要求，符合國家法律法規的要求。

 2. 行政部在編寫過程中，如遇涉及其他部門的問題，應徵得相關部門主管同意並簽字確認。

 3. 草擬文稿必須從公司角度出發，做到情況屬實、觀點鮮明、條理清楚、層次分明、文字簡練、標點符號正確、書寫工整，嚴禁使用鉛筆、原子筆、紅墨水筆和彩筆書寫。

 4. 公文擬稿人應在公文首頁詳細寫明文件標題、發送範圍、印刷份數、擬稿單位與擬稿人，並簽名、蓋章、標定日期和密級。

第12條　需要會簽的文稿，應在核稿前送至會簽部門，由部門主管在公

表4-4(續)

文上進行會簽，會簽需清晰、完整、有效。

第13條 行政人員對公文內容、格式、會簽情況，進行全面審核檢查，確認無誤後的公文送報行政經理審核，總經理審批。

第14條 公文經總經理簽發後，行政部辦理文件登記、編發文號、登記發文範圍、印製數量和發出方法等。

第15條 將簽發和登記後的文件製作成正式文件，並加蓋公司印章，按照發文登記的範圍對公文進行分發、裝封、投送。

　　1.內部投送：行政部透過公司區域網、電子郵件、紙本文書等方式，將公文直接分送給單位主管和各部門，並在「發文登記表」上進行登記。

　　2.外部投送：行政部將公文透過傳真、信函、電子郵件等形式，投送至相關公司。

第四章 文書保存、借閱與銷毀

第16條 行政部應按照公文內容、名稱、時間、特徵、保存價值、相互關係等因素，進行整理歸檔，保證歸檔文書的完整，個人不得保管公司文件。

第17條 文書保存的年限分為永久、長期和短期三類，按文書檔案分類方案劃分，並進行立卷歸檔。

第18條 如需查閱已歸檔的文書，借閱人應填寫「文書借閱單」，經行政部審核通過後方可查閱。

第19條 已過保管期限或無保存價值的文書經行政經理批准後，填寫「文書銷毀清單」，並進行粉碎銷毀。

第五章 附則

第20條 本制度由行政部編制、修訂，解釋權歸行政部所有。

第21條 本制度經總經理審批後，自頒布之日起實施。

編制日期		審核日期		批准日期	
修改標記		修改處數		修改日期	

4.4.3 文書起草規定

文書起草規定如表 4-5 所示：

表 4-5 文書起草規定

制度名稱	文書起草管理制度	編　　號	
執行部門		監督部門		編修部門	

第1條　為規範文書起草工作，提高文書起草品質，更好地發揮公文的輔助作用，特制定本規定。

第2條　文書起草工作由行政部統一負責。

第3條　行政部全面、準確地領會上司意圖並做好記錄，確定公文的主題、目的和具體要求，據此確定公文的起草方式。

第4條　行政部收集起草公文所需的資料。

1.收集的範圍包括國家相關法律法規的規定、上級文件和上司談話、工作經驗、工作中積累的相關資料等。

2.收集的方式包括網路、影音製品、報紙、書刊、文件、實地調研等。

第5條　對收集到的資料進行研讀，深化理解和認識，進一步明確擬定公文的主題和主要觀點。

第6條　擬定公文提綱，提綱中包括公文標題、公文框架結構、各部分主要觀點和事實依據等，並將擬定的提綱呈送行政經理審批，按照要求進行補充和完善。

第7條　行政部根據審批通過的公文提綱，進行公文初稿的起草，並根據不同的文書種類，確定起草要求。

不同文書種類的起草要求

文書種類	起草要求
一般公文	● 突出公文主題　● 結構嚴謹完整　● 表述準確嚴密　●文字精準簡練 ● 人名、地名、時間、數字、引文準確，漢字、標點符號等符合規範要求
文件類	● 根據發文目的、行文關係和公文內容確定使用的文種　● 文件格式規範 ● 體現政策性、權威性、針對性、實效性　●語言表述嚴謹規範

表4-5(續)

演講稿類	● 符合特定場合要求，配合領導風格和特點 ● 體現口語化特徵 ● 篇幅簡短，對工作具有較強的指導性
其他類	按照主管意圖和工作需要，結合各自特點和起草要求，內容切合實際，格式符合規範，對推動工作、指導實踐有較強的促進作用

第8條 本公司文書內容一般由版頭、發文字型大小、標題、主送部門、正文、附件、發文部門、發文部門書名、成文日期、印章、印發傳達範圍、主題詞、印製單位、印發時間、印發份數組成。部分文書還應包括密級、緊急程度、簽發人等資訊。文書格式和行文規則如下所示。

第三章 企業證照使用及保管

文書構成	格式及行文規則說明
公文用紙幅面	公文用紙採用70~80GSM(g/m2)以上米色（白色）模造紙或再生紙的A4型紙，其成品幅面尺寸為：210mm×297mm
排版規格	正文用中文採楷書，英文及數字採Times New Roman字體
製版要求	版面乾淨無底色，字跡清楚無斷劃，尺寸標準，版心不歪斜，誤差不超過1mm
公文中各要素標示規則	● 整體結構（行款）：一般包括（本別、檔號及保存期限、文別、機關地址、聯絡方式、受文者郵遞區號及地址、受文者、發文日期、發文字號、密等級解密條件或保密期限、附件、主旨、說明、辦法、正本、副本、屬名或蓋章戳、分層負責決行章等） ● 本體結構（本文）：分文內容結構（引據事實—申述原因—歸結）與形式結構（令、呈、咨、函、公告、書函、簽、報告、陳情書、申請書、請願書、公示送達、開會通知單、通文書信等）

第9條 初稿擬定後，行政部對初稿進行修改完善，並呈送上級主管審核。

1. 公文內容涉及多個部門的，要將初稿送至有關部門進行會簽。

2. 行政人員確定文書編號，並將其上交行政經理進行審核，並根據建議對文書進行完善。

3. 超過行政經理審批許可權的文書，應上報總經理審批。

表4-5(續)

第10條 對文書審核的內容包括公文格式、行文方式和內容等，經審核、審批通過的文書即可定稿，進入文書簽發環節。 第11條 本規定由行政部負責制定、修訂與解釋，自發布之日起生效。						
編制日期		審核日期		批准日期	
修改標記		修改處數		修改日期	

4.4.4 檔案管理制度

檔案管理制度如表4-6所示：

表4-6 檔案管理制度

制度名稱	檔案管理制度		編　　號	
執行部門		監督部門	編修部門	

第一章　總則

第1條 為提高本公司檔案管理工作水準，充分發揮檔案作用，有效保護及利用檔案，特制定本制度。

第2條 本制度所指的檔案，是指公司從事經營、管理以及其他各項活動直接形成的，對公司有保存價值的各種文字、圖表、影音等不同形式的歷史記錄。

根據公司實際情況，檔案可劃分為行政管理、人事管理、財會檔案、生產經營管理、技術品質安全管理、基建檔案、外來文件、影音檔案、實物檔案、其他檔案等類別。

第二章 檔案歸檔與維護

第3條 各部門負責人收集本部門日常工作中形成的檔案，並編制「部門檔案登記表」，定期向行政部提交。

第3條 行政文員根據「檔案鑒定表」和「檔案登記表」，填寫「檔案歸檔申請表」，並提交行政經理審批。

第4條 行政部根據檔案的不同種類確定歸檔時間，如下表所示。

總經理行政規範化管理

表4-6(續)

檔案歸檔時間

檔案類別	歸檔時間
各類證照、批件、商標、合約、協議等原始文件和加蓋公章的文件影本	文件產生的一個工作日內辦理歸檔手續
設備檔案、產品檔案、品質標準、檢驗方法、標準操作規程、驗收文件	隨時產生隨時歸檔
員工培訓類資料、批閱文件	按月歸檔，於每月25日後至次月5日前辦理歸檔手續
計量類資料、紀錄文件	按半年歸檔，每年5月25日後至6月5日前、11月25日後至12月5日前辦理歸檔手續
供應商檔案	按年度歸檔，每年1月25日後至2月5日前辦理歸檔手續

第5條 歸檔的資料必須完整、準確、真實，複印本、正式稿件、附件必須齊全。不同形式的檔案資料應遵循以下歸檔要求。

檔案資料的歸檔要求

檔案資料形式	歸檔要求
一般檔案	一份原件
重要檔案	兩份原件、兩份複印件
影音檔案	原版聲像紀錄，在清晰、完整的特殊情況下可將複製檔案歸檔
實物檔案	原件歸檔，並保持其完好無損

第6條 行政部將所整理的檔進行組合固定，使用裝訂繩或訂書機裝訂。

第7條 行政部按照一定標準，對裝訂好的檔案進行分類、排序，並對檔案進行編號。

第8條 行政部對歸檔的原件和影印本加蓋藍色檔案歸檔專用章。

第9條 行政部對所有歸檔文件建立檢索目錄，便於今後查閱和統計。

第10條 將整理好的檔案按照編號順序裝入檔案盒中，並在檔案盒內附

表4-6(續)

「檔案備考表」，記錄檔案缺損、修改、補充、轉移和銷毀等情況。

第11條 行政部對檔案及檔案盒進行定期除塵、維護，對破損檔案及時修理、托襯、裱糊，確保檔案完整性。

第三章 檔案借閱與歸還

第12條 檔案借閱人向行政部提交「檔案借閱登記表」，寫明借閱時間、借閱內容和借閱目的，由行政經理對借閱登記表進行審批。

第13條 行政人員根據審批通過的「檔案借閱登記表」，取出相應的借閱檔案，並在「檔案調出登記表」中登記檔案名稱、類別、編號、取出日期等資訊。

第14條 行政部人員通知借閱人領取檔案，並在「檔案借閱登記表」上填寫借閱檔案名稱、借閱日期、歸還日期、審批人、經辦人等資訊。

第15條 借閱人應愛護檔案，保持清潔，並對檔案內容嚴格保密，不得洩露檔案內容，如有檔案遺失情況應及時向部門主管、行政經理匯報，公司視情節輕重追究借閱人責任。

第16條 借閱人如需延長借閱時間，應及時與行政部說明原因，填寫「檔案續借申請表」，經行政經理審核通過後方能借閱。

第17條 行政部通知借閱人按時歸還即將到歸還期的檔案。

第18條 對歸還的檔案進行檢查，如確認無誤則由雙方簽字確認，如檔案有缺失或破損，應將相關情況登記後，及時向行政經理匯報，並根據行政經理審批的處理方式，對借閱人進行處理。

第19條 將歸還或修復的檔案歸檔，並做好「檔案借閱登記表」「檔案續借登記表」的保存工作。

第四章 檔案銷毀管理

第20條 行政部定期對檔案的保存價值進行鑑定，對經鑑定為無保存價值的檔案編制「檔案銷毀分析報告」。

第21條 根據需銷毀檔案的內容、密級，編制「檔案銷毀手冊」，在手

表4-6(續)

冊中說明檔案名稱、編號、類別、行程時間、銷毀原因和銷毀方式，並將手冊提交行政經理審核，總經理審批。

第22條 在行政經理的監督下，由兩名或以上的行政人員根據銷毀處理方式對檔案進行銷毀，常用的銷毀處理方式包括焚燒、碎片和化漿等。

第23條 行政部在「檔案銷毀紀錄」上填寫檔案銷毀的時間、地點、銷毀負責人、監督人等資訊，並簽字歸檔。

第五章 附則

第24條 本制度由行政部負責制定與修訂，其解釋權歸行政部所有。
第25條 本制度報行政總監審核通過後，自＿＿年＿＿月＿＿日起生效。

編制日期		審核日期		批准日期	
修改標記		修改處數		修改日期	

4.4.5 文檔資料保密管理辦法

文檔資料保密管理辦法如表4-7所示：

表4-7 文檔資料保密管理辦法

制度名稱	文件資料保密管理制度	編　　號	
執行部門		監督部門		編修部門	

第一章　總則

第1條 為合理、安全地利用公司文書檔案，避免洩露企業機密，特制定本制度。

第2條 本制度適用於公司所管理、使用保密文書檔案的員工。

第二章 文書檔案密級確定

第3條 行政部根據文書檔案的具體內容，在相關部門的配合下劃分文書檔案密級，編制「文書檔案密級建議書」，提交行政經理審核，總經理審批。

表4-7(續)

第4條 文書檔案分為A、B、C三個保密級別,保密級別的劃分依據如下所示。

文書檔案保密級別分類

密級	說明
A級	● 直接影響公司權益和利益的決策性文書方案 ● 與客戶、供應商相關的文書檔案 ● 專利技術檔案 ● 技術圖紙
B級	● 與公司發展規劃、經營情況相關的文書檔案 ● 財務資料 ● 統計資料 ● 重要會議紀錄 ● 公司對外往來中簽訂的各類文書方案
C級	● 公司主體基本資質、產品資質 ● 公司人事檔案 ● 員工薪酬報表 ● 未進入市場或尚未公開的各類資訊 ● 除A級、B級外公司須保密的文件

第5條 ,將文書檔案按照密級高低排序,編制「文書檔案密級明細表」,在該表中明確檔案名稱、類別、編號和密級等。

第6條 行政部根據文書檔案的密級,到公司指定影印機構對文書檔案進行複印、備份。

第7條 行政部將文書檔案及其影本按照類別、編號、密級歸檔,並存放至指定的安全位置。

第三章 保密文書檔案的借閱及保管

第8條 申請人向行政部提出保密文書檔案的借閱申請,填寫「保密文書檔案借閱申請表」,經部門總監查後,上報行政總監審批。

1.部門經理可借閱A級保密文書檔案。

2.部門主管、技術人員可借閱B級、C級保密文書檔案。

第9條 A級、B級保密文書檔案在借閱時不得複印拍照,借閱時不得離

表4-7(續)

開行政部，C級保密文書檔案借閱時間不能超過3天。

第10條　如因工作需要需複印保密文書檔案，須經總經理審批，在指定之影印機構複印，複印的文書檔案使用完畢後應立即銷毀。

第11條　嚴禁攜帶保密文書檔案遊覽、參觀、探親、訪友、出入公共場所。

第12條　保密文書檔案的影本在銷毀時，至少有2人在場，並填寫「保密文書檔案銷毀紀錄」。

第13條　行政部對歸還的保密文書檔案進行仔細檢驗，如無損毀、缺失，由雙方簽字確認，如發生損毀、缺失，行政人員立即上報上級主管，根據主管批覆對借閱人進行懲處。

第14條　借閱人歸還C級保密文書檔案時，應在「保密文書檔案借閱登記表」中詳細填寫歸還時間、申請人、經辦人等資訊，並做好文書檔案的歸檔工作。

第15條　一旦出現洩密事故，責任人員應於第一時間上報部門經理、行政經理、總經理。

第16條　行政部負責調查洩密原因、總結檢討，避免類似事故再次發生，並追究相關責任人員的經濟責任及法律責任。

第四章 文書檔案密級調整

第17條　行政部對已洩密和未洩密的文書檔案進行定期審查、整理。

第18條　需解密和降級的文書檔案應填寫「文書檔案密級調整表」，提交行政經理審批，按照密級確定程序重新辦理。

第五章 附則

第19條　本辦法由行政部負責制定、修訂，其解釋權歸行政部所有。

第20條　本辦法報行政總監審核通過後，自頒布之日起生效。

編制日期		審核日期		批准日期	
修改標記		修改處數		修改日期	

第 5 章 辦公資產管理業務·流程·標準·制度

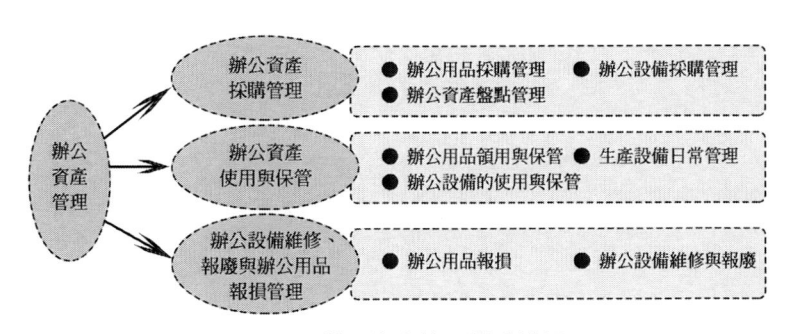

5.1 辦公資產管理業務模型

5.1.1 辦公資產管理業務工作導圖

企業辦公資產管理與企業日常辦公活動息息相關,細化辦公資產管理事項有助於合理控制辦公資產的採購、使用、消耗和費用支出等環節,降低企業的辦公費用和經營成本。圖 5-1 為辦公資產管理業務導圖。

圖 5-1 辦公資產管理業務導圖

5.1.2 辦公資產管理主要工作職責

明確辦公資產管理的主要工作職責,梳理、規範辦公資產管理的各項日常操作步驟,有助於對辦公資產進行合理化、規範化的控制,提高辦公效率,確保企業各項生產經營活動的順利開展。表 5-1 為行政部在辦公資產管理方面的主要職責分工說明。

總經理行政規範化管理

表 5-1 辦公資產管理工作職責說明表

工作職責	職責具體說明
辦公資產採購管理	1.行政部及時審核各部門的辦公用品需求、辦公設備需求 2.行政部與財務部配合做好辦公資產的盤點工作，並根據盤點結果，確定需採購的辦公資產數量、種類 3.選擇信譽良好、價格合理的供應商，並與其進行詢價，節約辦公資產的採購成本 4.對採購的辦公資產數量、品質進行嚴格驗收，並做好辦公資產入庫登記 5.及時與財務部溝通，辦理辦公資產採購費用報銷相關事宜
辦公資產使用與保管	1.審核各部門或員工提交的辦公資產使用申請，並核實造成辦公資產損耗的原因，明確責任人，嚴格履行辦公資產領用手續 2.及時向申請人或部門發放辦公用品、辦公設備 3.對各部門辦公資產的使用情況、保養情況進行定期檢查和監督 4.做好辦公資產相關文件、表格等檔案資料的編號、歸檔工作 5.做好對生產設備、車輛的日常管理工作
辦公設備維修、報廢與辦公用品報損管理	1.匯總、統計各部門辦公設備的維修申請，到各部門檢查辦公設備的損壞情況，確定維修、維護、保養的責任 2.選擇辦公設備維修單位，做好與這些單位的溝通、協調工作，明確維修時間和維修作業內容，及時檢查維修情況 3.審核各部門提交的辦公資產報廢申請是否屬實，將需報廢的辦公設備送至指定機構或地點進行報廢 4.做好辦公設備報廢紀錄和維修紀錄的歸檔工作

5.2 辦公資產管理流程

5.2.1 主要流程設計導圖

企業辦公資產管理流程可按照總分結構進行設計，其子流程應能體現辦公資產管理的各項職能，圖 5-2 為辦公資產管理主要流程設計導圖。

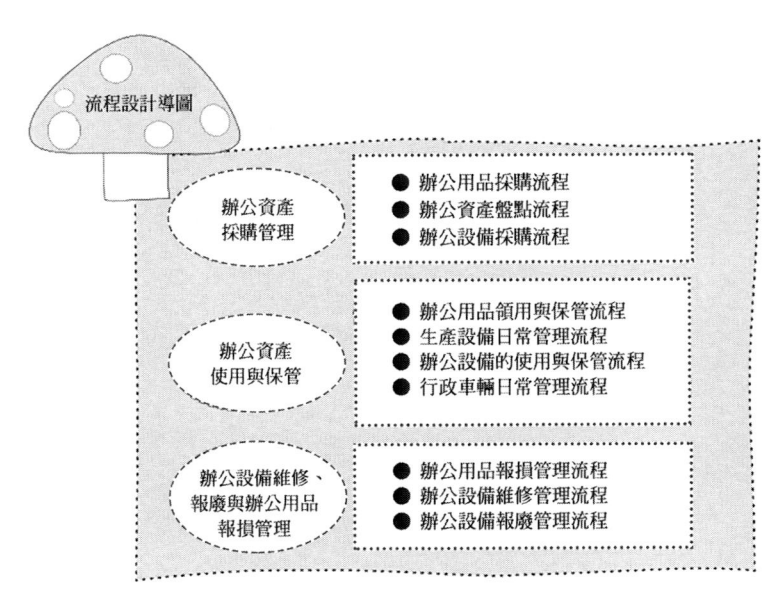

流程設計導圖

辦公資產採購管理
- 辦公用品採購流程
- 辦公資產盤點流程
- 辦公設備採購流程

辦公資產使用與保管
- 辦公用品領用與保管流程
- 生產設備日常管理流程
- 辦公設備的使用與保管流程
- 行政車輛日常管理流程

辦公設備維修、報廢與辦公用品報損管理
- 辦公用品報損管理流程
- 辦公設備維修管理流程
- 辦公設備報廢管理流程

圖 5-2 辦公資產管理主要流程設計導圖

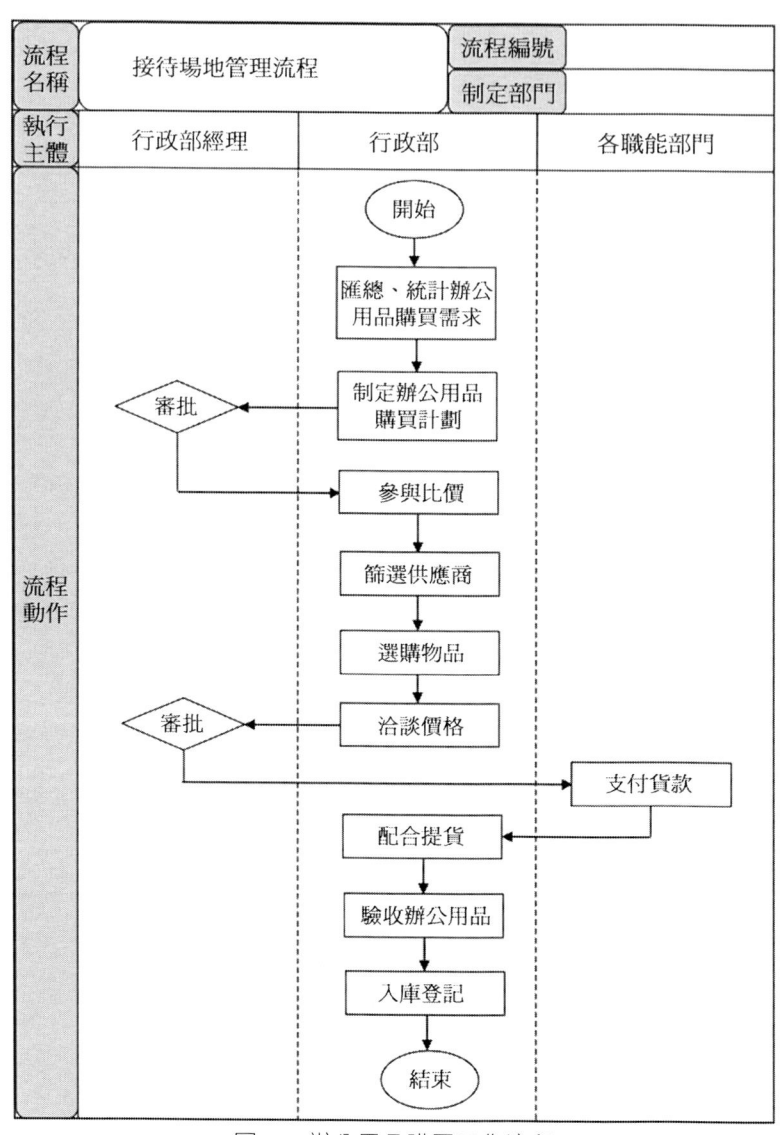

5.2.2 辦公用品購買工作流程

辦公用品購買工作流程如圖 5-3 所示：

流程名稱	接待場地管理流程		流程編號	
			制定部門	
執行主體	行政部經理	行政部		各職能部門
流程動作	審批 ← 審批 ←	開始 → 匯總、統計辦公用品購買需求 → 制定辦公用品購買計劃 → 參與比價 → 篩選供應商 → 選購物品 → 洽談價格 → 配合提貨 → 驗收辦公用品 → 入庫登記 → 結束		支付貨款

圖 5-3 辦公用品購買工作流程

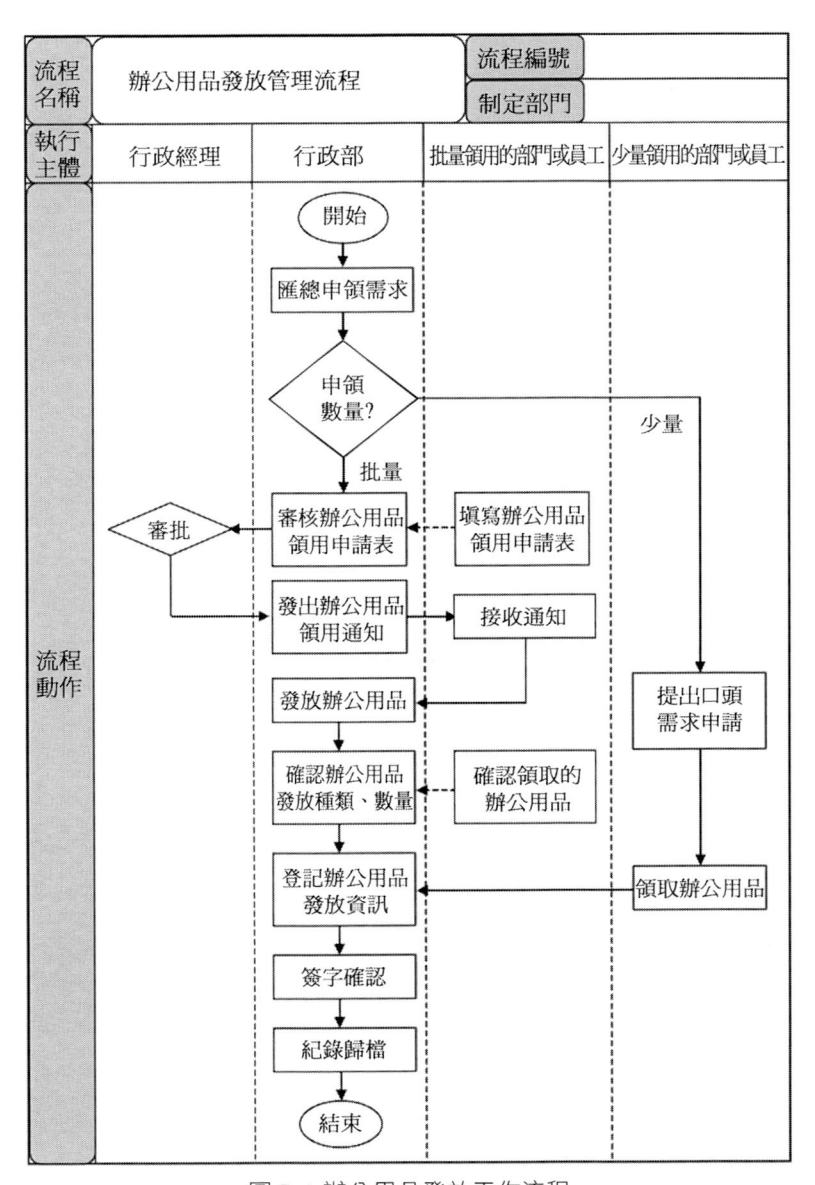

5.2.3 辦公用品發放工作流程

辦公用品發放工作流程如圖 5-4 所示:

流程名稱	辦公用品發放管理流程		流程編號	
			制定部門	
執行主體	行政經理	行政部	批量領用的部門或員工	少量領用的部門或員工
流程動作	審批	開始 → 匯總申領需求 → 申領數量? (批量) → 審核辦公用品領用申請表 → 發出辦公用品領用通知 → 發放辦公用品 → 確認辦公用品發放種類、數量 → 登記辦公用品發放資訊 → 簽字確認 → 紀錄歸檔 → 結束	填寫辦公用品領用申請表 → 接收通知 → 確認領取的辦公用品	(少量) → 提出口頭需求申請 → 領取辦公用品

圖 5-4 辦公用品發放工作流程

總經理行政規範化管理

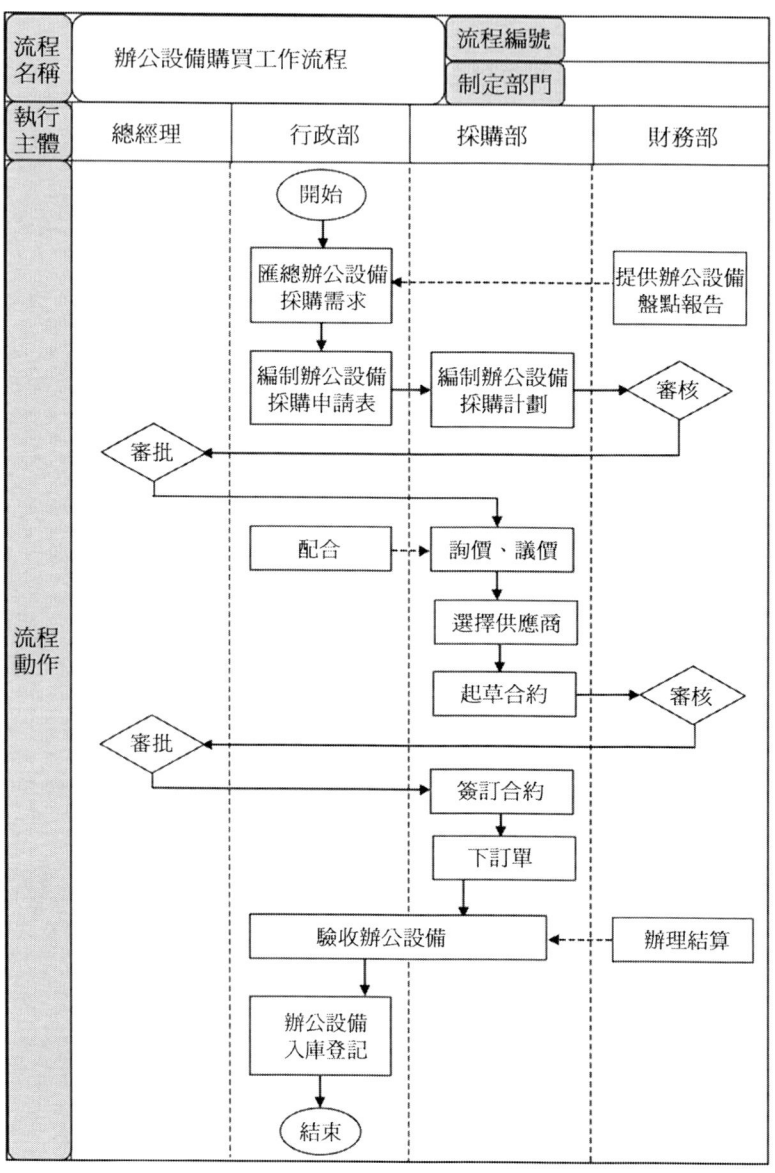

5.2.4 辦公設備購買工作流程

辦公設備購買工作流程如圖 5-5 所示：

流程名稱	辦公設備購買工作流程		流程編號	
			制定部門	
執行主體	總經理	行政部	採購部	財務部

流程動作：

- 開始
- 匯總辦公設備採購需求 ← 提供辦公設備盤點報告（財務部）
- 編制辦公設備採購申請表 → 編制辦公設備採購計劃 → 審核
- 審批（總經理）
- 配合 ↔ 詢價、議價
- 選擇供應商
- 起草合約 → 審核
- 審批（總經理）
- 簽訂合約
- 下訂單
- 驗收辦公設備 ← 辦理結算（財務部）
- 辦公設備入庫登記
- 結束

圖 5-5 辦公設備購買工作流程

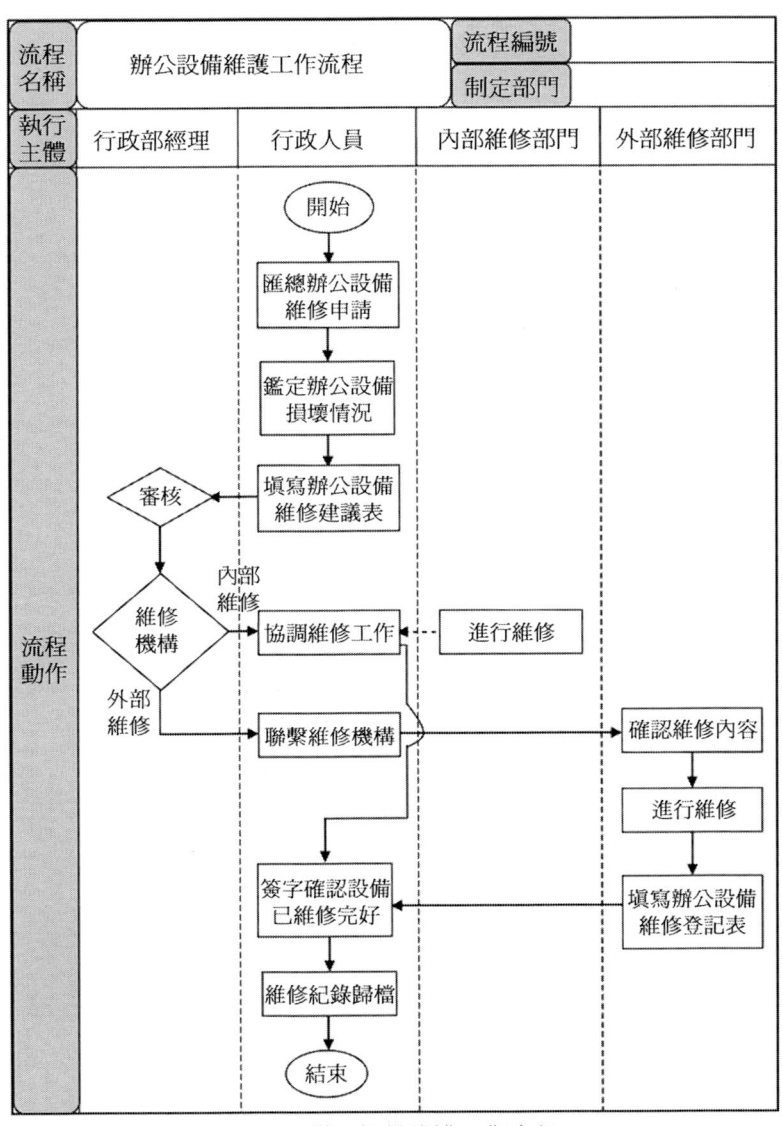

5.2.5 辦公設備維護工作流程

辦公設備維護工作流程如圖 5-6 所示：

流程名稱	辦公設備維護工作流程		流程編號	
			制定部門	
執行主體	行政部經理	行政人員	內部維修部門	外部維修部門

流程動作：

- 開始
- 匯總辦公設備維修申請（行政人員）
- 鑑定辦公設備損壞情況
- 填寫辦公設備維修建議表
- 審核（行政部經理）
- 維修機構判斷：
  - 內部維修 → 協調維修工作 → 進行維修（內部維修部門）
  - 外部維修 → 聯繫維修機構 → 確認維修內容（外部維修部門）→ 進行維修 → 填寫辦公設備維修登記表
- 簽字確認設備已維修完好
- 維修紀錄歸檔
- 結束

圖 5-6 辦公設備維護工作流程

總經理行政規範化管理

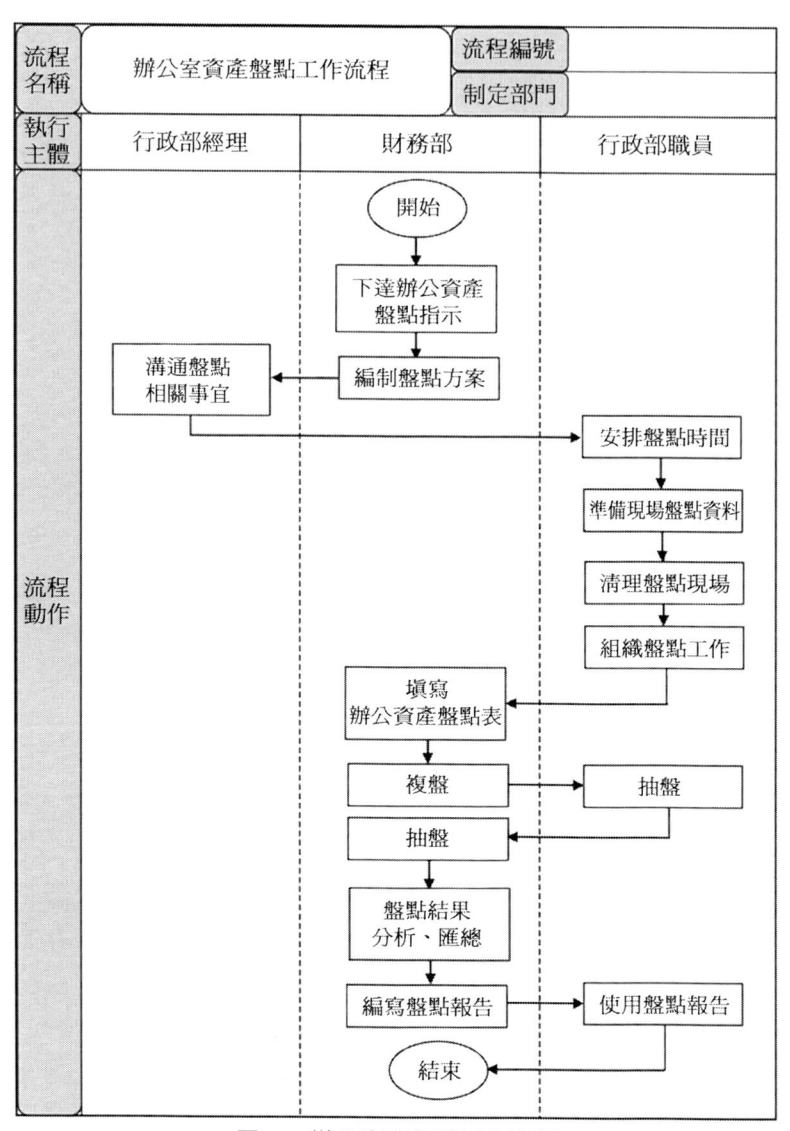

5.2.6 辦公資產盤點工作流程

辦公資產盤點工作流程如圖 5-7 所示：

流程名稱	辦公室資產盤點工作流程		流程編號	
			制定部門	
執行主體	行政部經理	財務部		行政部職員
流程動作		開始→下達辦公資產盤點指示→編制盤點方案→溝通盤點相關事宜→安排盤點時間→準備現場盤點資料→清理盤點現場→組織盤點工作→填寫辦公資產盤點表→複盤→抽盤→盤點結果分析、匯總→編寫盤點報告→使用盤點報告→結束		

圖 5-7 辦公資產盤點工作流程

5.3 辦公資產管理標準

5.3.1 辦公資產管理業務工作標準

為達成辦公資產管理的工作目標，行政部管理人員應根據企業相關工作規範或依據，執行辦公資產管理工作的關鍵事項。表 5-2 為辦公資產管理業務工作標準。

表 5-2 辦公資產管理業務工作標準

工作事項	工作依據與規範	工作成果或目標
辦公資產採購管理	◆辦公設備採購規定 ◆辦公用品採購規定 ◆辦公資產檔案管理規定 ◆企業內部採購管理制度 ◆辦公資產驗收規定	(1)辦公資產入庫登記準確率達到100%，對辦公資產數量、種類等資訊的登記無差錯 (2)辦公資產驗收細緻，及時發現採購的辦公資產存在的問題，入庫辦公資產零缺陷 (3)辦公資產供應商資訊收集準確率、及時率達到100% (4)辦公資產入庫手續齊全，無缺失
辦公資產使用與保管	◆辦公資產發放制度 ◆辦公資產領用規定 ◆辦公資產保管情況監督規定 ◆生產設備日常管理制度	(1)辦公資產使用申請表審查零差錯 (2)辦公資產發放及時率達到100% (3)對辦公資產的使用情況監督及時、到位 (4)生產設備日常管理制度擬定合理，制度內容符合實際需求 (5)辦公資產庫存盤點及時、準確

總經理行政規範化管理

表5-2(續)

辦公設備維修、報廢與辦公用品報損管理	◆辦公設備維修管理規定 ◆辦公設備報廢制度	(1)辦公資產損耗情況檢查及時率、準確率達到100% (2)辦公設備維修申請單的內容填寫真實，所列事項無虛假 (3)辦公設備的維修機構選擇正確，能夠在規定時間內完成維修工作 (4)辦公設備維修記錄單填寫及時、準確 (5)辦公設備維護情況登記表歸檔及時率為100%

5.3.2 辦公資產管理業務績效標準

辦公資產管理應按照辦公資產採購管理、辦公資產使用與保管、辦公設備維修、報廢與辦公用品報損管理等三個績效結果項目制定相應的評估指標和評估標準，便於對辦公資產管理工作執行情況進行監督、指導與考核。具體內容如表5-3所示。

表5-3 辦公資產管理業務績效標準

工作事項	評估指標	評估標準
辦公資產採購管理	辦公資產需求表審批及時率	員工或部門提交的辦公資產需求表，應在2個工作日內完成審批，審批時間每超過1個工作日，扣除當月獎金___元
	辦公資產採購完成及時率	1. 辦公資產採購完成及時率＝$\dfrac{在規定時間內完成採購的辦公資產數量}{實際需採購的辦公資產數量} \times 100\%$ 2. 辦公資產採購完成及時率應達到___%，每降低___%，扣除___分，及時率低於___%，不得分

表5-3(續)

	辦公資產市場詢價規範性	1.未選擇多家供應商進行對比,不瞭解辦公資產的市場價格,未掌握詢價技巧,本項不得分 2.選擇1～2家供應商進行對比,掌握部門辦公資產的市場價格,但缺乏良好的詢價技巧,得___分 3.至少選擇3家(含)供應商進行辦公資產價格與品質的對比,掌握辦公資產市場價格,透過良好的詢價技巧進行壓價,得___分
	辦公資產採購預算合理性、精準度	1.辦公資產採購預算不符合企業實際情況,預算與實際支出誤差超過5%,本項不得分 2.辦公資產採購預算基本與企業實際情況相符合,預算合理算與實際支出誤差控制在3%～5%以內,得___分 3.辦公資產採購預算合理,符合實際情況,且預算準確,與實際支出誤差控制在1%～3%以內,得___分
辦公資產使用與保管	辦公資產使用申請表審批及時性	1.辦公資產使用申請表審批及時性＝$\dfrac{\text{在1個工作日內審批的使用申請表數量}}{\text{各部門提交的使用申請表總量}} \times 100\%$ 2.辦公資產使用申請表審批及時性應達到99%,每降低___%,扣除當月獎金的___%
	辦公資產發放登記及時率	1.辦公資產發放登記及時率＝$\dfrac{\text{在1個工作日內完成填寫的登記數量}}{\text{實際需填寫的登記數量}} \times 100\%$ 2.辦公資產發放登記及時率達到98%,及時率每降低___%,扣除___分,及時率低於___%,不得分
	辦公資產盤點組織工作規範性	1.未根據財務部的辦公資產盤點方案對盤點工作進行合理組織、規劃,影響盤點工作的開展,本項不得分 2.能夠基本按照財務部的辦公資產盤點方案組織、規劃盤點工作,但盤點資料準備不充分,未及時對盤點現場進行清理,得___分 3.根據財務部的辦公資產盤點方案,組織盤點工作,確保盤點時間安排合理、不影響日常工作、盤點資料準備充足,盤點現場整潔、便於盤點工作的開展,得___分

表5-3(續)

辦公設備維修、報廢與辦公用品報損管理	辦公設備報廢需求審查及時率、準確率	1.辦公設備審查未在規定時間內完成,出現嚴重的工作疏漏,本項不得分 2.辦公設備審查在規定時間內完成,在審查過程中出現工作疏漏,但對企業各項工作影響較小,得＿＿分 3.辦公設備報廢審查在規定時間內完成,在審查的過程中,未出現工作疏漏,得＿＿分
	辦公設備維修申請表鑑定全面性、準確性	對辦公設備的維修申請進行全面調查,確定維修內容及責任人,對責任界定的準確率為100%,準確率每降低＿＿%,扣除責任人當月獎金的＿＿%

5.4 辦公資產管理制度

5.4.1 制度解決問題導圖

辦公資產管理制度主要解決在辦公資產採購管理、辦公資產使用與保管、辦公設備維修、報廢與辦公用品報損管理過程中產生的以下若干方面問題,如圖 5-8 所示。

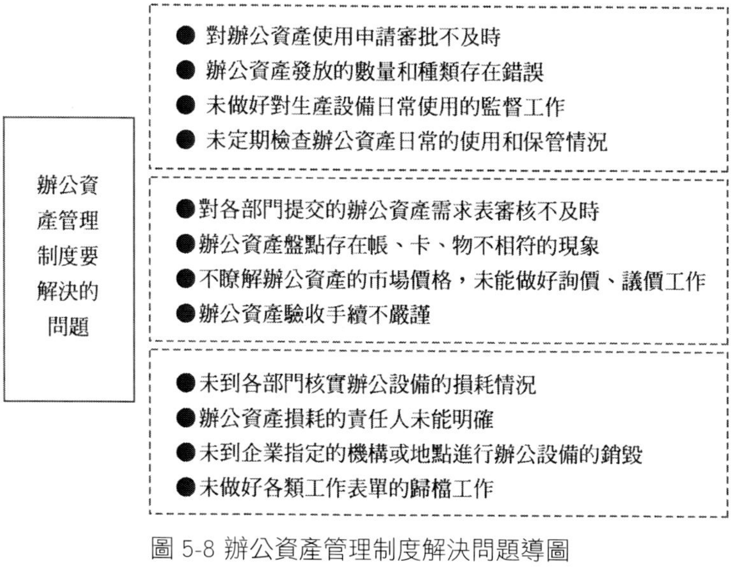

辦公資產管理制度要解決的問題:

- 對辦公資產使用申請審批不及時
- 辦公資產發放的數量和種類存在錯誤
- 未做好對生產設備日常使用的監督工作
- 未定期檢查辦公資產日常的使用和保管情況

- 對各部門提交的辦公資產需求表審核不及時
- 辦公資產盤點存在帳、卡、物不相符的現象
- 不瞭解辦公資產的市場價格,未能做好詢價、議價工作
- 辦公資產驗收手續不嚴謹

- 未到各部門核實辦公設備的損耗情況
- 辦公資產損耗的責任人未能明確
- 未到企業指定的機構或地點進行辦公設備的銷毀
- 未做好各類工作表單的歸檔工作

圖 5-8 辦公資產管理制度解決問題導圖

5.4.2 辦公用品管理制度

辦公用品管理制度如表 5-4 所示：

表 5-4 辦公用品管理制度

制度名稱	辦公用品管理制度		編　　號	
執行部門		監督部門	編修部門	

第一章　總則

第1條　為加強本公司辦公用品管理，宣導健康優質、綠色環保、勤儉節約的現代辦公方式，特制定本制度。

第2條　本公司辦公用品統一歸行政部門管理，財務部負責辦公用品購買費用的報銷工作。

第3條　本制度所指的辦公用品主要包括非消耗性辦公用品和消耗性辦公用品，如下表所示。

辦公用品分類

分類	具體說明
非消耗性辦公用品	計算機、電話機、釘書機、打洞機、剪刀、白板等
消耗性辦公用品	筆記本、簽字筆、圓珠筆、鉛筆、橡皮、膠水、複寫紙、釘書釘、筆芯、公司印刷品、墨水匣、複印紙、傳真紙、水性筆、白板筆等

第二章　辦公用品採購

第4條　本公司各部門於每月25日之前填寫「辦公用品需求單」，經部門經理簽字審批後，上報行政部審核。行政部統計各部門辦公用品需求，並盤點辦公用品庫存，統計需採購的辦公用品類別、數量。

第5條　行政部根據採購需求統計結果填寫「辦公用品需求單」，提交行政經理審批。

第6條　行政部按照行政經理審批確認的辦公用品採購清單，對各類辦公用品進行市場調查，並確定至少3家供應商，對供應商的價格進行對比分析。

表5-4(續)

第7條　行政部根據供應商的報價統計費用預算，編制詳細的辦公用品費用預算表，上交行政經理及財務部審核。費用預算表的內容包括辦公用品名稱、單價、數量、總額等。

第8條　行政部根據公司日常辦公需要，對消耗性辦公用品進行批量購買，提高供給效率。

第9條　行政部做好供應商資訊建檔工作，編制出常用辦公用品的價格表，把握常用辦公用品的價格行情，控制辦公用品的採購成本。

第10條　行政部篩選信譽良好、價格合理的供應商，根據各供應商信譽、品質、報價，結合企業採購預算，與供應商洽談價格。

第11條　行政部根據洽談結果，確定候選供應商，並將候選供應商及報價提交行政經理審批。

第12條　行政部制訂「辦公用品採購計劃」，採購計劃應包括供應商資訊調查、採購時間、採購人員、採購方式和採購預算等。

第13條　各部門所需的辦公用品，需經行政部統一購買，其他部門不得擅自購買。如涉及部門專業辦公用品的採購，由行政部和使用部門的人員共同採購。

第14條　行政部對採購的辦公用品進行驗收，驗收內容包括辦公用品數量、品質。如發現品質不合格的辦公用品，應及時與供應商聯繫，按公司要求進行退、換貨處理。

第15條　行政部清點完畢後填寫「辦公用品入庫登記表」，經行政經理審批通過後，開具「辦公用品入庫憑證」。

第16條　行政部根據實際情況計算需報銷的費用，至財務部處理報銷事宜。

第三章 辦公用品領用與保管

第17條　各部門或員工提交「辦公用品領用申請」，行政部在半個工作日內對提交的申請進行審批，確認辦公用品發放的數量、類別和領用人。

第18條　為了降低資金占用，按照「用多少、領多少、以舊換新」的原則，根據實際情況進行限量領取。不同類型辦公用品的領用週期如下表所示。

表5-4(續)

辦公用品領用時間	
辦公用品類別	領用週期
固定資產類辦公用品	由行政部統一配備，最短領用週期為1年
非消耗性辦公用品	最短領用週期為半年
消耗性辦公用品	隨時損壞或用盡隨時領取，領取時需上交舊的辦公用品

　　第19條　對因個人工作失誤、非正常使用而對辦公用品造成的重大異常損耗，由責任人承擔賠償責任。

　　第20條　行政部填寫「辦公用品領用登記表」，登記已實際發放辦公用品的領用時間、經辦人、領用人、領用部門等資訊。

　　第21條　新入職員工，在入職當天發放配套的辦公用品，包括中性筆、筆記本、資料夾等，如在入職後一個月內辭職，必須將領取的辦公用品全部退回。

　　第22條　將辦公用品領用登記表歸檔保存。

　　第23條　行政部對辦公用品的使用、保養情況進行定期監督、調查。

第四章　辦公用品的報損管理

　　第24條　各部門提交「辦公用品損毀申請表」，行政部調查報廢申請情況是否屬實。

　　第25條　登記已作廢處理的辦公用品名稱、編號、報廢日期、處理方式等。

第五章　附則

　　第26條　本制度報行政總監審批後，自發布之日起生效實施。

　　第27條　本制度執行後，公司既有的類似制度或與之相抵觸的制度即行廢止。

編制日期		審核日期		批准日期	
修改標記		修改處數		修改日期	

總經理行政規範化管理

5.4.3 辦公設備管理制度

辦公設備管理制度如表 5-5 所示：

表 5-5 辦公設備管理制度

制度名稱	辦公設備管理制度		編　　號	
執行部門		監督部門		編修部門

第一章　總則

第1條　為保證辦公設備的正常運轉，提高辦公設備的工作效率和延長辦公設備的使用壽命，特制定本制度。

第2條　行政部、採購部、財務部在辦公設備管理中的職責如下。

1. 行政部負責匯總辦公設備採購需求，編制採購申請表，與採購部配合進行辦公設備的採購，並統籌管理辦公設備的使用與保管、維修與報廢等工作。

2. 採購部負責根據行政部提交的辦公設備採購申請編制採購計劃，組織辦公設備採購。

3. 財務部負責對採購部提交的辦公設備採購計劃、採購合約進行審核，並及時執行採購費用結算工作。同時，負責反映和監督辦公設備的增減變動情況，做好辦公設備的總分類核算和明細分類核算。按照公司規定，進行計提折舊，對辦公設備進行定期清查。

第二章　企業證照辦理

第3條　各部門於每月20日前填寫「辦公設備需求申請」，經部門經理審核通過後，上報行政部審批。

第4條　行政部於1個工作日內匯總各部門提交的設備需求申請，並根據財務部提供的「辦公設備盤點報告」，編制「辦公設備採購申請」，編制完成後立即向採購部提交。

第5條　辦公設備由行政部統一購買，各部門不得私自購買。

第6條　採購部根據行政部提交的「辦公設備採購申請」，編制「辦公設備採購計劃」，並及時上報財務部審核。財務部核准需要採購的辦公設備數量、單價和總預算，審核通過後上呈總經理審批。

表5-5(續)

  第7條 總預算價格為25000元以上的採購申請需總經理簽字批准,總預算價格為25000元以下的採購申請由行政經理簽字批准。

  第8條 採購部建立辦公設備供應商資源庫,瞭解辦公設備的價格,掌握向供應商詢價、議價的技巧,選擇供應商,並起草辦公設備採購合約,將採購合約上報財務部審核、總經理審批。

  第9條 採購部待辦公設備採購合約審批通過後,與供應商簽訂合約,並根據「辦公設備採購計劃」下訂單購買。

  第10條 行政部和採購部對採購的辦公設備進行驗收,檢查辦公設備的數量、種類,記錄多購或少購的情況,並進行處理。

  第11條 行政部將辦公設備的實際入庫數量、入庫時間、入庫經辦人、入庫辦公設備種類等資訊,在「辦公設備入庫登記表」中進行詳細登記。

  第12條 行政部做好「辦公設備採購申請表」和「辦公設備入庫登記表」的歸檔工作。

第三章 辦公設備的使用與保管

  第13條 各部門填寫「辦公設備使用登記表」,經部門經理簽字批准後,向行政部提交。

  第14條 辦公設備在使用過程中,應遵守以下規定。

辦公設備使用規定

辦公設備	使用規定
電腦	● 電腦使用人員設密碼管理,密碼屬公司機密,未經批准不得向任何人洩露
	● 嚴禁在電腦上從事與本職工作無關的事項,嚴禁使用電腦玩遊戲
	● 對於聯網的電腦,任何人在未經批准的情況下,不得從網路複製軟體或檔案文件
	● 定期對電腦內的資料進行整理,做好備份並刪除不需要的檔案,保證電腦運行速度
電話	● 每次通話應簡潔扼要,以免耗時占線、浪費資金
	● 禁止撥打私人電話

表5-5(續)

印表機、影印機	● 列印或者影印完成後，必須及時取走文件，防止失密 ● 為確保影印機的安全運轉，每天開機的時間不宜過長
傳真機	● 傳真機放置於行政部辦公室，其他部門若需使用時至此處使用 ● 不得使用傳真傳送個人資料，機密文件需經上司批准
投影機	● 投影機僅用於公司、部門會議以及培訓
對講機	● 對講機主要用於安全護衛部 ● 在上班期間，不得使用對講機聊天

第15條 行政部做好對歸還之辦公設備的驗收工作，如驗收無誤則與使用人共同簽字確認；如驗收有誤，立即向行政經理匯報。

第16條 行政部對各部門辦公設備使用時間、數量、名稱、種類等資訊進行登記，並做好各類登記表及申請表的歸檔工作。

第17條 行政部對公司所有辦公設備進行分類編號，並建立辦公設備管理台帳，每半年盤點清查一次，做到帳物相符。

第18條 公司按照「誰使用，誰管理」的原則，對辦公設備進行日常管理，在規定的使用年限期間，因個人原因造成辦公設備毀損、丟失、被盜等，所造成的經濟損失由個人承擔。

第四章 辦公設備的維修

第19條 行政部匯總各部門辦公設備的維護申請後，到各部門檢查辦公設備運行情況，統計辦公設備損壞情況，確定維護責任。

1. 在使用期內，經鑑定屬於人為因素造成損壞的，由責任人承擔相關費用。

2. 由於借用、私自轉借造成損壞而無法確認責任人時，由領用人承擔維修責任。

3. 部門公用辦公設備損壞而無法確認責任人時，由部門負責人承擔責任。

第20條 行政部根據鑑定結果填寫「辦公設備維修申請單」，申請單的內容包括維修設備名稱、編號、所屬部門、維修責任、原因和責任人等，並

表5-5(續)

提交行政經理審批。

第21條 行政部根據辦公設備損壞情況，選擇維修機構，包括內部維修和外部維修等，並向其說明維修內容和維修時間。

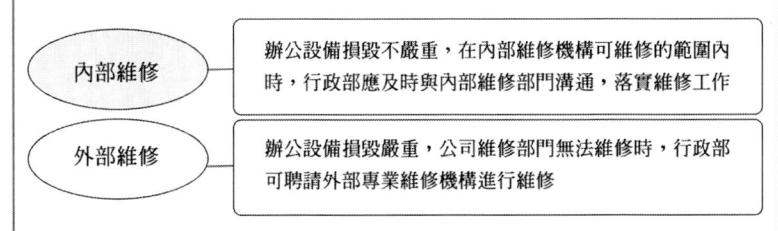

內部維修	辦公設備損毀不嚴重，在內部維修機構可維修的範圍內時，行政部應及時與內部維修部門溝通，落實維修工作
外部維修	辦公設備損毀嚴重，公司維修部門無法維修時，行政部可聘請外部專業維修機構進行維修

維修方式與機構選擇

第22條 辦公設備維修結束後，行政部應及時檢查維修情況。

1.如檢查通過，則由維修人員與行政部共同在維修記錄單上簽字確認，記錄維修時間。

2.如維修未通過，則通知維修機構返修。

第23條 對各項維修紀錄進行編號、存檔。

第24條 各部門填寫「辦公設備報廢申請表」，行政部確認並核對需報廢辦公設備的名稱、編號，並將檢查後的申請表提交行政經理審核、總經理審批。

第25條 行政部將經審批通過的需報廢的辦公設備送往相關機構或地點進行報廢，並向財務部辦理註銷手續。

第26條 做好辦公設備報廢相關資料的歸檔工作。

第五章 附則

第27條 本規定由行政部制定與解釋，其修訂權歸本公司所有。

第28條 本規定報總經理審定後，自___年___月___日起實施。

編制日期		審核日期		批准日期	
修改標記		修改處數		修改日期	

總經理行政規範化管理

5.4.4 生產設備日常管理制度

生產設備日常管理制度如表 5-6 所示：

表 5-6 生產設備日常管理制度

制度名稱	生產設備日常管理制度	編　　號	
執行部門		監督部門	編修部門

第1條　為加強本公司生產設備的管理，規範、安全地使用和維護生產設備，特制定本制度。

第2條　本制度所指生產設備是指在企業中直接參加生產過程或直接為生產服務的機器設備，包括機械設備、動力設備、實驗檢驗設備等。

第3條　行政部在生產部的配合下，對生產設備進行統一編號，並做好資料的歸檔工作。

第4條　行政部落實生產設備歸口管理責任部門及日常維護保養的負責人。本公司的生產設備實行三級日常保養制度，日常維護保養的責任部門包括生產部、設備部。

　1. 一級保養：一級保養的負責人為生產設備操作者，操作工人在班前班後應認真檢查、擦拭設備，進行注油保養，使生產設備保持潤滑、清潔，並做好設備保養點檢記錄，班中設備發生故障，要及時排除，並認真做好交接班記錄。

　2. 二級保養：二級保養的負責人以設備操作者為主，維護工人為輔，每季度進行一次。設備操作者在維護工人的指導、協助下對設備進行局部解體和檢查，清洗所規定的部位，疏通油路，更換油線油氈，調整設備各部位，配合間隙，緊固設備各個部位。

　3. 三級保養：三級保養的負責人以維修工人為主，設備操作者為輔，每年進行一次。對設備進行部分解體，檢查修理，更換和修復磨損件，局部恢復精密度，潤滑系統清洗、換油，汽電系統檢查修理。

第5條　行政部需協助財務部做好生產設備的盤點工作。與生產部門及時溝通，在盤點前檢查生產部盤點卡、物資盤點表等是否準備齊全，是否已做好生產現場的清理工作。

表5-6(續)

第6條 行政部需協助人力資源部做好新、舊員工的設備操作培訓工作。培訓內容如下所示。

三好
- 管好設備：設備有專人保管，未經批准，不能使用和改動設備
- 用好設備：認真貫徹操作規程，不超負荷使用設備
- 修好設備：要求操作工人配合維修工人及時排除設備故障

四會
- 會使用：操作者必須有設備相關的操作資格證件，使用前應學會設備操作規程，經過考核合格後，方能獨立操作
- 會維護：學習和執行維護、潤滑規定，保持設備清潔完好
- 會檢查：瞭解設備結構、性能和易損零件，懂得設備的正常與異常的基本知識，協同維修工進行檢查並找出問題
- 會排除故障：熟悉設備特點，懂得拆裝注意事項，會做一般的調整，協同維修工人排除故障

「三好」「四會」工作具體內容

第7條 對於焊機、吊車、堆高機、電梯作業人員等國家法律法規明確規定需取得作業資格證件的，行政部定期抽查作業人員是否持證上工。

第8條 生產部向維修部提交生產設備維修申請後，如維修部無法維修，則需在半個工作日內，填寫「外部維修申請」，由維修部經理簽字審核後，交由行政部審批。

第9條 審批通過後，行政部及時與公司指定外部維修商聯繫，溝通維修時間、維修內容等資訊，避免對生產部的日常工作造成影響。

第10條 行政部應指定1～2人在維修現場監督外部維修商的維修工作，禁止維修人員私自拍照，避免公司機密外洩。

第11條 行政部參與設備安全事故的調查與處理工作。如因一線操作人員操作不當，導致設備發生事故的，根據事故嚴重程度，追究操作人員及其直屬上司的經濟責任。

設備事故分類

設備事故分類	說明
一般事故	● 因設備事故造成產線或公司停水、停電4小時以內

總經理行政規範化管理

表5-6(續)

	● 無人身傷亡
	● 設備損傷較輕（一般2個班次以內即可修復）
	● 直接經濟損失在2500～10000元
重大事故	● 因設備事故造成產線或公司停水（電）3天以內
	● 有人受傷且需以工傷名義休假5個工作日以上
	● 設備損傷嚴重（一般需大修方可恢復生產）
	● 直接經濟損失在10000～100000元
特大事故	● 因設備事故造成產線或公司停水（電）3天以上
	● 3人（含）以上人身損傷或有1人以上死亡
	● 直接經濟損失在100000元以上，或導致設備報廢

第12條 本制度由行政部制定，解釋權歸行政部所有。

第13條 本制度報總經理審批通過後，自頒發之日起生效。

編制日期		審核日期		批准日期	
修改標記		修改處數		修改日期	

第 6 章 行政會議管理業務·流程·標準·制度

6.1 行政會議管理業務模型

行政會議管理工作主要包括會議準備、會場管理、會議服務、會議善後四大項。各項工作的具體內容如圖 6-1 所示。

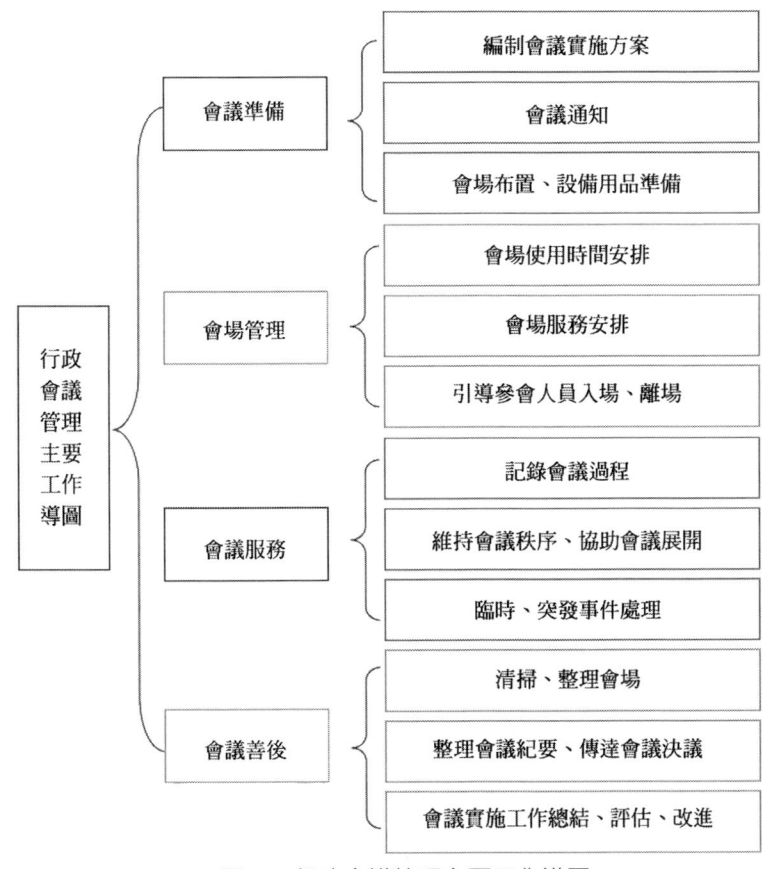

```
行政會議管理主要工作導圖
├─ 會議準備
│   ├─ 編制會議實施方案
│   ├─ 會議通知
│   └─ 會場布置、設備用品準備
├─ 會場管理
│   ├─ 會場使用時間安排
│   ├─ 會場服務安排
│   └─ 引導參會人員入場、離場
├─ 會議服務
│   ├─ 記錄會議過程
│   ├─ 維持會議秩序、協助會議展開
│   └─ 臨時、突發事件處理
└─ 會議善後
    ├─ 清掃、整理會場
    ├─ 整理會議紀要、傳達會議決議
    └─ 會議實施工作總結、評估、改進
```

圖 6-1 行政會議管理主要工作導圖

總經理行政規範化管理

6.1.2 行政會議管理業務工作職責

行政會議管理業務工作主要由企業行政部負責,同時需要會議申辦部門的協調與配合。具體的工作職責說明如表 6-1 所示。

表 6-1 行政會議管理業務工作職責說明表

工作職責	職責具體說明
會議準備	1.接收會議申請,擬訂會議計劃,發布會議通知 2.確定會議名稱、主題、主持人、與會人員、會議時間、地點、議程、預算等事項 3.會場布置、設備用品準備,會議紀錄與會場服務安排
會議室及設備日常管理	1.合理安排會議室的使用,杜絕私自占用會議室的情況出現 2.定期檢查各會議室的設備、設施擺放、使用情況,並進行記錄與維護 3.定期養護會議室的綠植、盆花,定期澆水、施肥和更換 4.會議結束後,對會議室及設備進行交接,檢測設備、桌椅是否完好
會場管理	1.會議開始前,進行會場設備、用品檢查,保持會場整潔 2.維持會議紀律,組織與會人員入場、入座、離場
會議服務	1.維持會議秩序、協助會議開展、會議進程順利進行 2.安排攝影、錄影,發放會議資料,記錄會議過程 3.會議過程中突發性、臨時性事件的應變處理
會議善後	1.打掃、整理會場,清點設備、用品 2.整理會議紀錄,編制會議紀要,傳達會議決議 3.追蹤、督促會議決議的執行情況,對會議實施工作進行評價總結,改進會務工作

6.2 行政會議管理流程

6.2.1 主要流程設計導圖

為確保會議整體工作的流暢性與高效性，企業需要從會議準備、會議實施、會議善後等方面進行相關事項的工作流程設計。會議管理工作具體包括以下流程，如圖 6-2 所示。

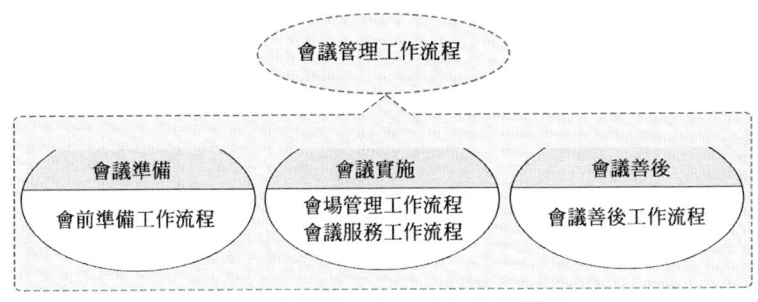

圖 6-2 會議管理主要流程設計導圖

總經理行政規範化管理

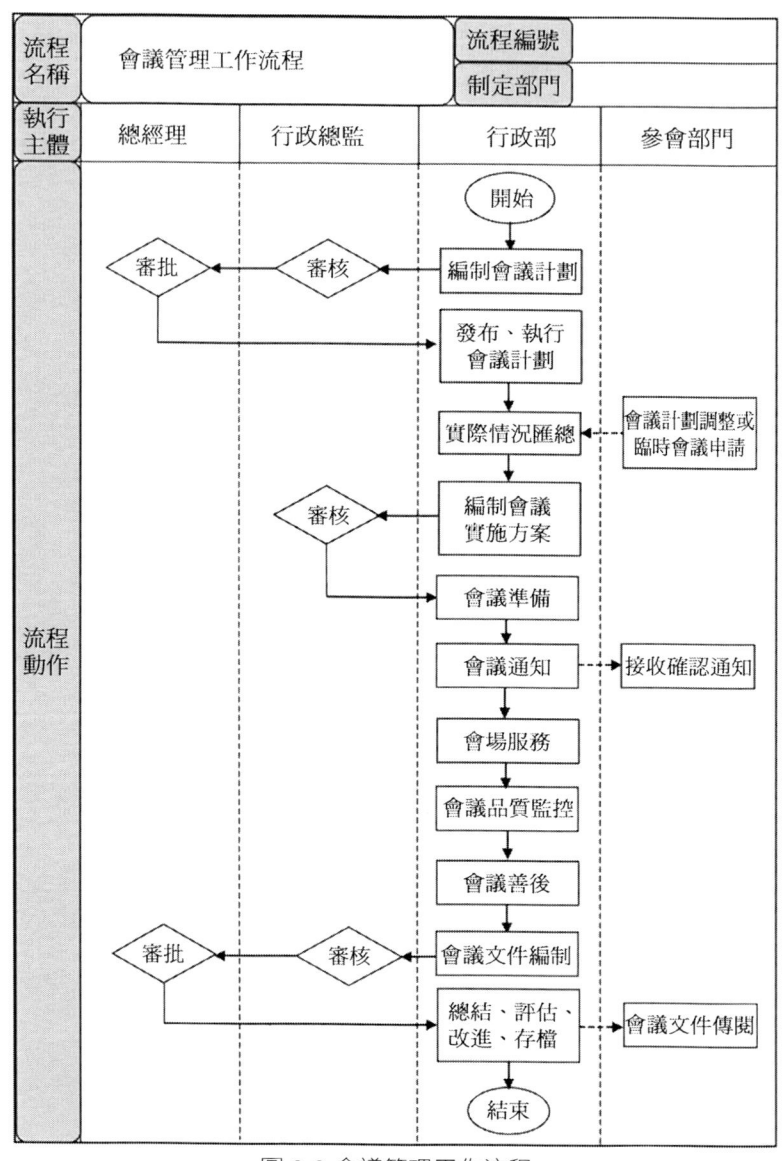

6.2.2 會議管理工作流程

會議管理工作流程如圖 6-3 所示：

流程名稱	會議管理工作流程		流程編號	
			制定部門	
執行主體	總經理	行政總監	行政部	參會部門
流程動作				

```
行政部：開始 → 編制會議計劃 → 審核（行政總監）→ 審批（總經理）
→ 發布、執行會議計劃
→ 實際情況匯總 ←→ 會議計劃調整或臨時會議申請（參會部門）
→ 編制會議實施方案 → 審核（行政總監）
→ 會議準備
→ 會議通知 → 接收確認通知（參會部門）
→ 會場服務
→ 會議品質監控
→ 會議善後
→ 會議文件編制 → 審核（行政總監）→ 審批（總經理）
→ 總結、評估、改進、存檔 → 會議文件傳閱（參會部門）
→ 結束
```

圖 6-3 會議管理工作流程

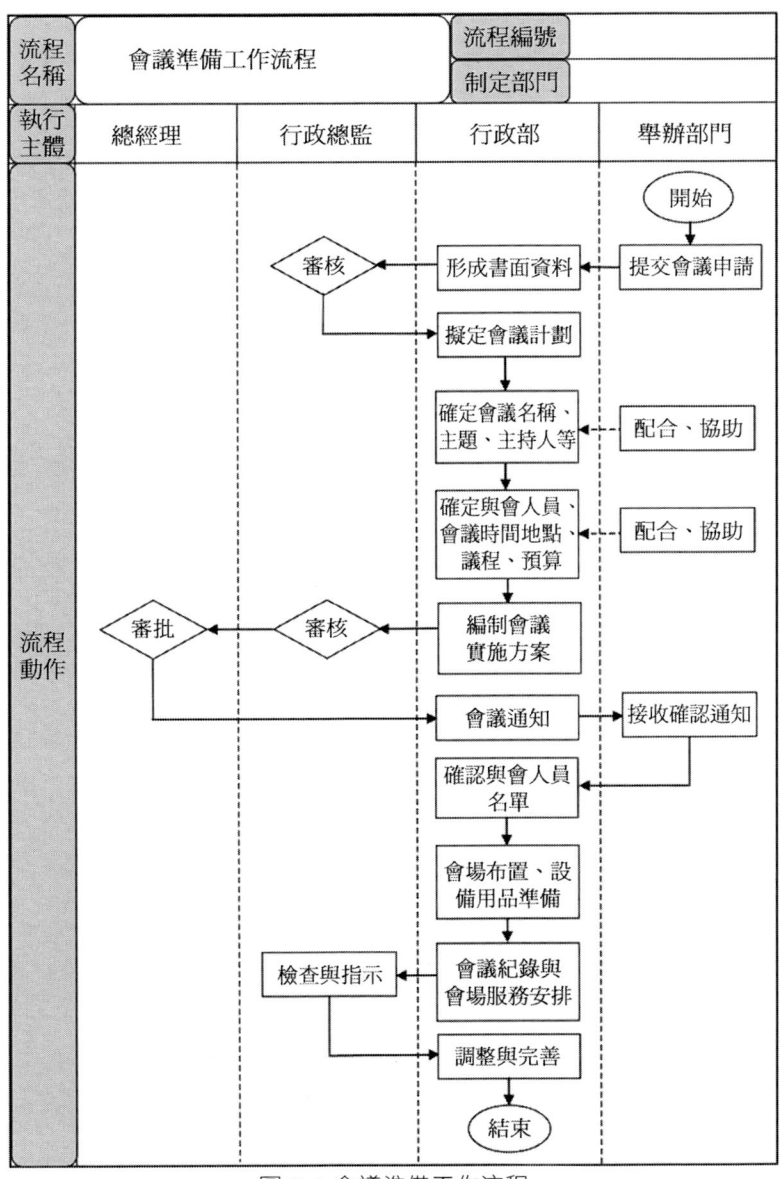

6.2.3 會議準備工作流程

會議準備工作流程如圖 6-4 所示:

圖 6-4 會議準備工作流程

總經理行政規範化管理

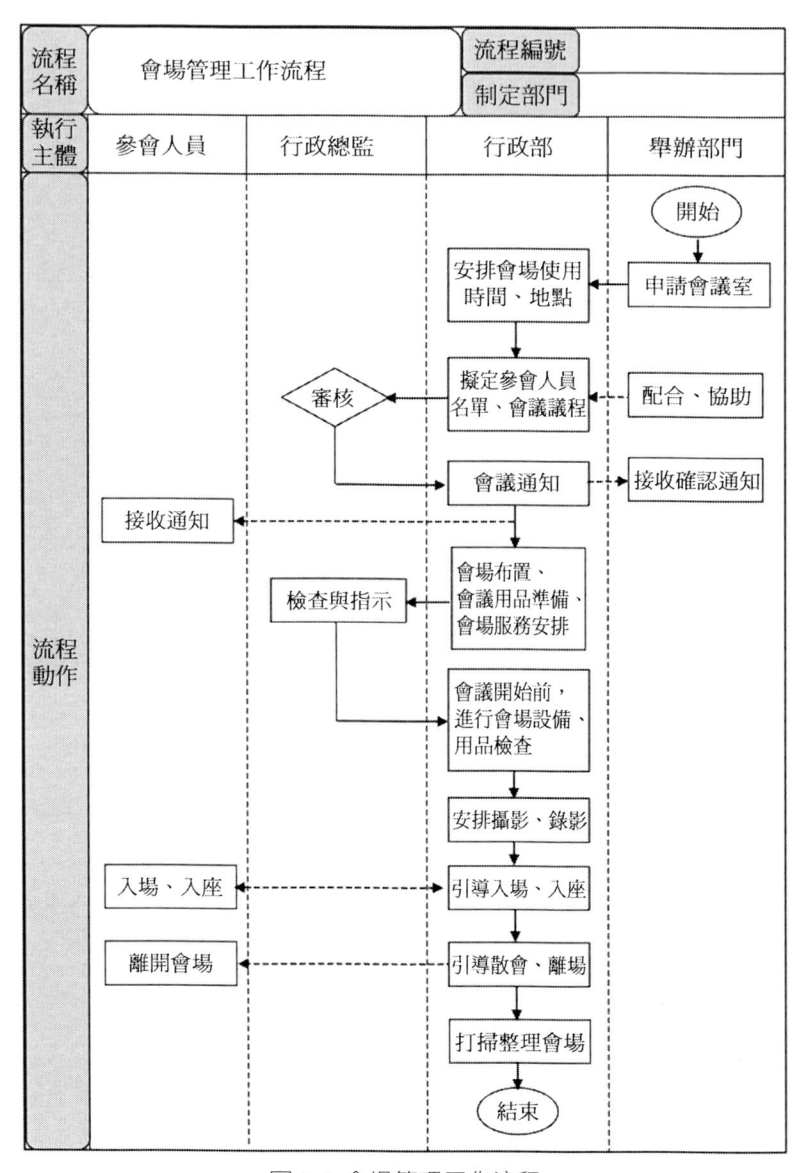

6.2.4 會場管理工作流程

會場管理工作流程如圖 6-5 所示：

流程名稱	會場管理工作流程		流程編號	
			制定部門	
執行主體	參會人員	行政總監	行政部	舉辦部門
流程動作	接收通知 入場、入座 離開會場	審核 檢查與指示	安排會場使用時間、地點 擬定參會人員名單、會議議程 會議通知 會場布置、會議用品準備、會場服務安排 會議開始前，進行會場設備、用品檢查 安排攝影、錄影 引導入場、入座 引導散會、離場 打掃整理會場 結束	開始 申請會議室 配合、協助 接收確認通知

圖 6-5 會場管理工作流程

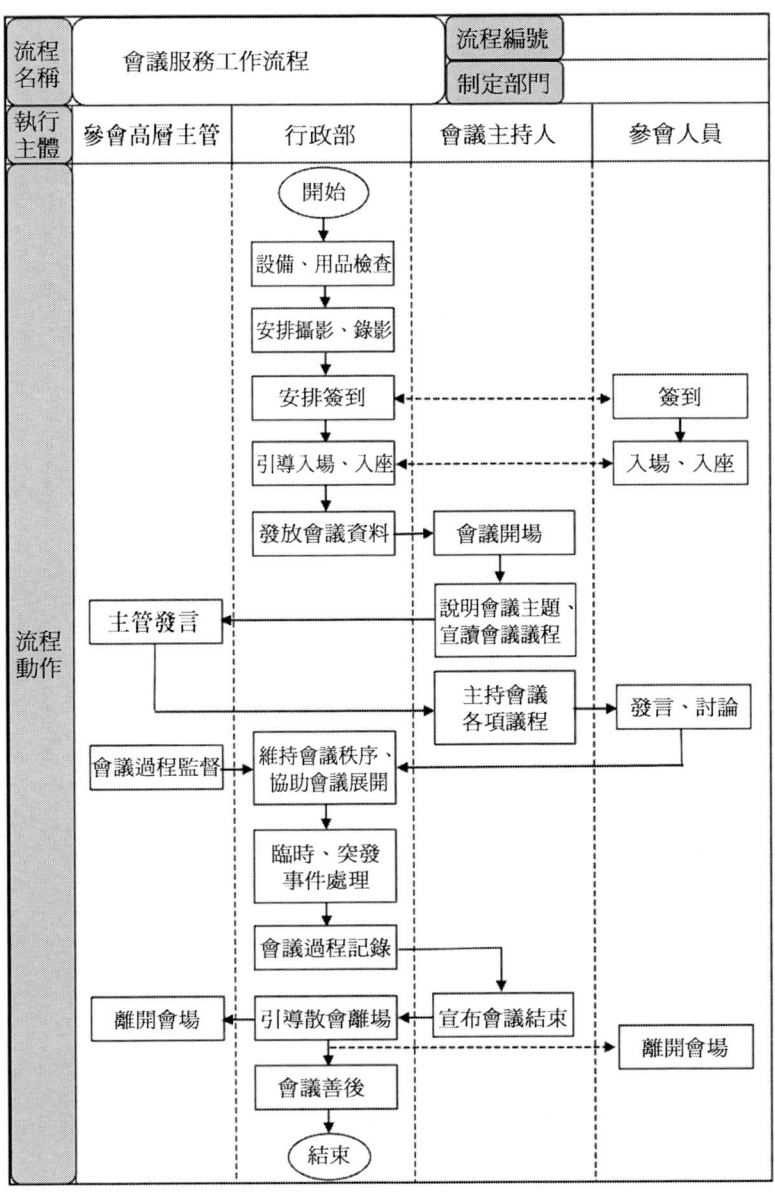

6.2.5 會議服務工作流程

會議服務工作流程如圖 6-6 所示：

流程名稱	會議服務工作流程		流程編號	
			制定部門	
執行主體	參會高層主管	行政部	會議主持人	參會人員
流程動作	主管發言 會議過程監督 離開會場	開始 → 設備、用品檢查 → 安排攝影、錄影 → 安排簽到 → 引導入場、入座 → 發放會議資料 → 維持會議秩序、協助會議展開 → 臨時、突發事件處理 → 會議過程記錄 → 引導散會離場 → 會議善後 → 結束	會議開場 → 說明會議主題、宣讀會議議程 → 主持會議各項議程 → 宣布會議結束	簽到 → 入場、入座 → 發言、討論 → 離開會場

圖 6-6 會議服務工作流程

總經理行政規範化管理

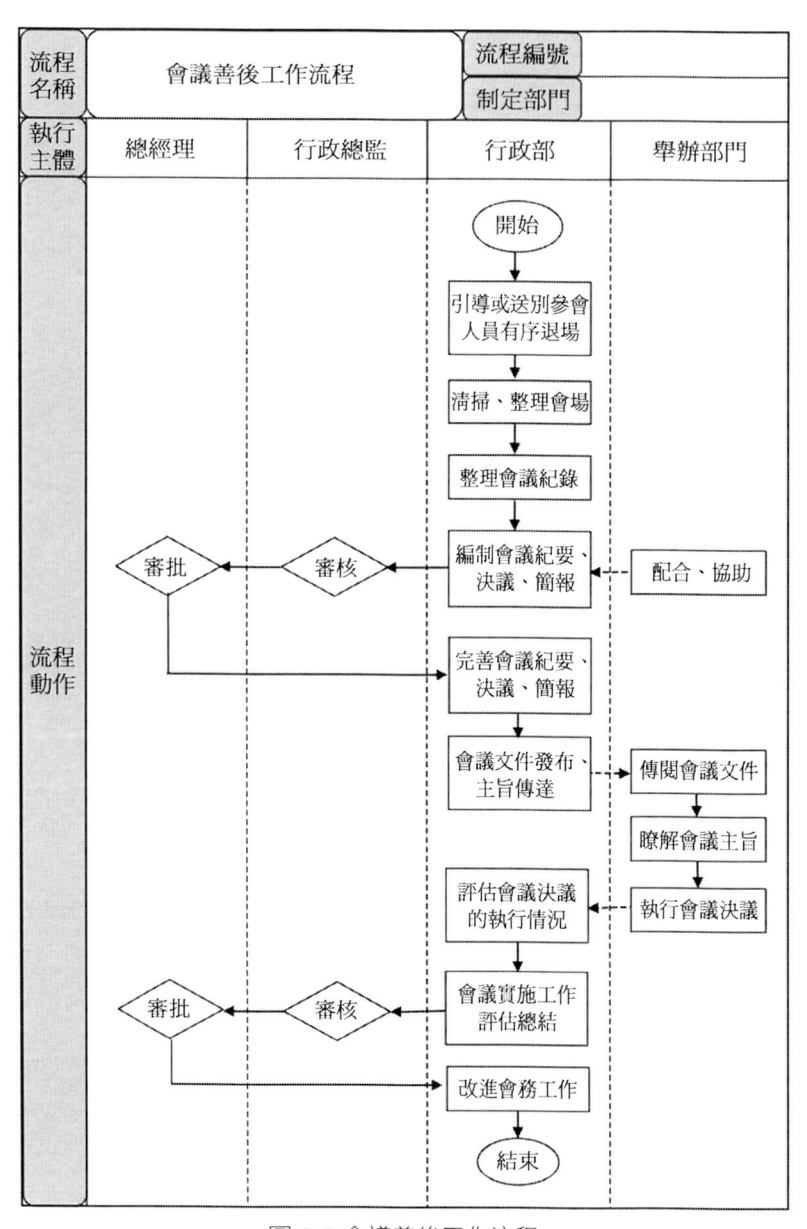

6.2.6 會議善後工作流程

會議善後工作流程如圖 6-7 所示：

圖 6-7 會議善後工作流程

6.3 行政會議管理標準

6.3.1 行政會議管理業務工作標準

行政會議管理業務工作應遵循的工作規範及須達成的目標成果如表 6-2 所示。

表 6-2 行政會議管理業務工作標準

工作事項	工作依據與規範	工作成果或目標
會議準備	◆會議準備工作規範 ◆會議室使用申請規定 ◆會議準備工作流程	(1) 會議室、會議用品、會議議程等準備工作錯誤率為0 (2)會議通知發布及時率達到100%
會議室日常管理	◆會議室使用申請規定 ◆會議室管理辦法	(1)重要、緊急會議的優先率為100% (2) 會議室內設施、物品的丟失率為0
會議室設備日常維護	◆會議室設備使用規定 ◆會議室設備維護管理辦法	(1)操作不當造成的設備損壞率為0 (2)會議時設備故障率控制在＿＿%
會場管理	◆行政會議紀律規定 ◆會議室設備使用管理規定 ◆會場管理工作流程	(1)與會人員違反會議紀律的次數，目標值為0次 (2)與會人員準時到場率為100%
會議服務	◆會議服務工作說明 ◆突發事件處理辦法 ◆會議文書編制規範 ◆會議服務工作流程	(1)會議順利開展，會議延長的時間控制在10分鐘以內 (2)臨時性、突發性事件處理的及時率為100%
會議善後	◆會議文書編制規範 ◆會議決議傳達制度 ◆會議善後工作流程	(1)會議文件編制正確率為100% (2)會議決議傳達及時率為100%

總經理行政規範化管理

6.3.2 行政會議管理業務績效標準

行政會議管理業務績效結果主要從會議的準備工作情況、會議紀律的維持情況、會議文件的編制情況,以及會務工作品質評估四個方面來考查,具體的評估指標與評估標準如表6-3所示。

表6-3 行政會議管理業務績效標準

工作事項	評估指標	評估標準
會議準備	會議準備及時性、會議準備充分情況	1.會議準備工作及時性,在規定時限內完成會議的準備工作,並按照指示進行改善,準備工作及時性達到___%,每降低___百分點,扣___分;低於___%,本項不得分 2.會議準備工作的充分情況,會議準備工作無疏漏,會議順利進行,無意外情況發生,得___分;意外發生___次,扣___分
會議室的日常管理	會議室安排的合理性	會議室安排合理,遵循重要、緊急優先的原則來協調會議室的使用
會議室設備日常維護	會議設備損壞情況	會議室設備基本無操作性損壞,定期維護,會議時設備故障率控制在___%,無故障出現,得___分;出現故障___次,得___分;出現故障___次以上不得分
	會議室綠植、擺花養護情況	會議室綠植、擺花養護得當,年度養護費用控制在___元以內
會議紀律維持	參會成員違紀次數	參會人員違反會議紀律的次數為___次,每接到一次投訴,扣___分;高於___次,本項不得分
會議文件編制	會議文件編制及時率、會議文件內容準確度	1.會議文件編制及時率達到%,每降低___個百分點,扣___分;低於___%,本項不得分 2.會議文件編制準確度,目標文件符合企業文件編制要求,內容符合實際、突出主題、無錯漏,得___分;出現錯漏___次,得___分;錯漏___次以上,不得分
會務工作品質評估	會務改進目標達成率	會務改進工作目標達成率___%,每降低___百分點,扣___分;低於___%,本項不得分

6.4 行政會議管理制度

6.4.1 制度解決問題導圖

　　企業行政會議管理制度的實施過程中，最容易出現以下四種問題：參會人員違反會議紀律的問題、會議室的使用與分配不合理的問題、會議文書編制不規範的問題以及會議善後工作中出現的問題。具體的制度問題解決導圖如圖 6-8 所示。

違反會議紀律問題
- ◆無故遲到、早退　　◆會議期間抽菸
- ◆無故曠會　　　　　◆會議期間接打電話、玩手機

會議室的使用與分配問題
- ◆未提前申請會議室　◆未準備好會議室物資
- ◆會議室的分配未遵循重要、緊急優先的原則
- ◆損壞會議室的設備設施，在座位上丟棄廢物

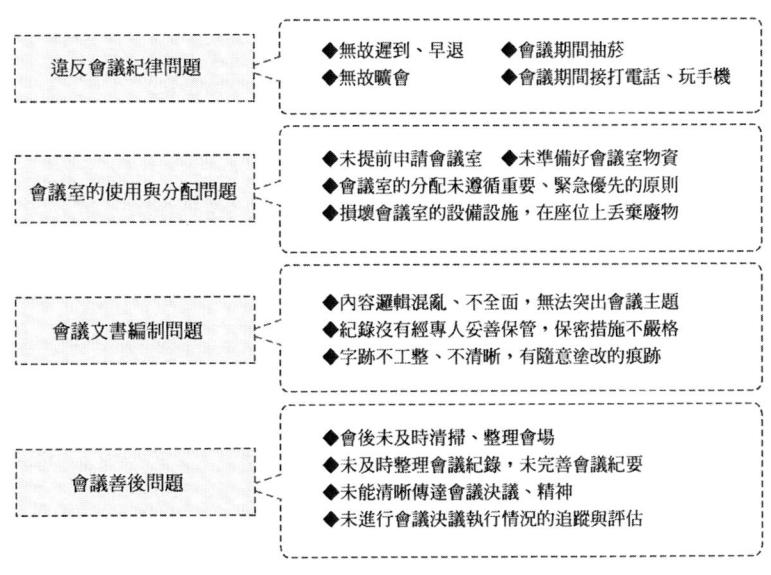

會議文書編制問題
- ◆內容邏輯混亂、不全面，無法突出會議主題
- ◆紀錄沒有經專人妥善保管，保密措施不嚴格
- ◆字跡不工整、不清晰，有隨意塗改的痕跡

會議善後問題
- ◆會後未及時清掃、整理會場
- ◆未及時整理會議紀錄，未完善會議紀要
- ◆未能清晰傳達會議決議、精神
- ◆未進行會議決議執行情況的追蹤與評估

圖 6-8 行政會議管理制度解決問題導圖

總經理行政規範化管理

6.4.2 行政會議紀律規定

行政會議紀律規定如表 6-4 所示：

表 6-4 行政會議紀律規定

制度名稱	行政會議管理制度		編　　號	
執行部門		監督部門		編修部門

第1條　目的。為嚴明會議紀律，維持會場秩序，保證會議的品質和效果，提高會議嚴肅性及紀律性，特制定本制度。

第2條　適用範圍。本制度適用於公司各種例會及專題會議。

第3條　與會人員提前10分鐘入場，不得無故遲到、早退；遲到早退者按考勤遲到或早退一次計算。

第4條　與會人員因故不能出席，須提前1個小時向會議組織部門請假，否則按遲到或缺席處理。

第5條　因故不能出席者，須提前半個工作日在行政專員處備案，否則按遲到或缺席處理。

第6條　進入會場前，與會人員應整理自己的儀表，做到衣冠整齊、精神飽滿；會議期間要求集中精神、認真聽取發言，不得交頭接耳。

第7條　會議進行期間應把手機關機或設置靜音狀態，不接打電話，不玩手機或上網；如必須接聽電話，須到會議室外接聽。

第8條　會議期間嚴禁吸煙。

第9條　開會時與會人員應坐姿端正，不隨意走動，不允許打瞌睡，不可做與會議無關的事情。

第10條　與會人員不得洩露會議機密，並妥善保管會議資料。

第11條　未經主管上司同意，不得安排他人代替參會。

第12條　違反會議紀律者，公司根據情節的輕重做出處罰。具體處罰情況如下表所示。

表6-4(續)

違反會議紀律處罰情況說明表

序號	違紀行為	處罰辦法	序號	違紀行為	處罰辦法
1	遲到早退	按考勤要求處罰	5	無故曠會	第一次按事假一天處理 第二次罰款500元，記小過一次 第三次及以上罰款1000元，記大過一次
2	會議期間打瞌睡	第一次口頭警告 第二次罰款100元，書面警告一次 第三次罰款250元，記小過一次
3	手機未關或未調到震動模式	第一次口頭警告 第二次罰款100元，書面警告一次 第三次罰款250元，記小過一次	6	會議期間抽菸	第一次罰款250元，書面警告一次 第二次罰款500元，記小過一次 第三次及以上罰款1000元，記大過一次
4	做與會議無關的事情	第一次口頭警告 第二次罰款100元，書面警告一次 第三次罰款250元，記小過一次

第13條 本制度自行政經理審核後簽字發布之日起施行。

第14條 本制度由行政部負責監督並執行。

編制日期		審核日期		批准日期	
修改標記		修改處數		修改日期	

總經理行政規範化管理

6.4.3 會議室管理辦法

會議室管理辦法如表 6-5 所示：

表 6-5 會議室管理辦法

制度名稱	會議室管理制度		編　　號	
執行部門		監督部門		編修部門

第1條　目的。為節約公司資源，提高各部門會議效率，保障會議室的正常使用狀態，行政部現面向公司內部實施本方案。

第2條　適用範圍。本辦法適用於公司會議室的管理與使用。

第3條　行政部全面負責會議室日常管理，具體包括會議室使用接收、審核及相關協調工作；會議室物資準備；會後會議室整理。

第4條　各部門負責會議室的申請並遵循本規定規範使用會議室，具體包括會議室的及時申請、會議中會議室內所有器材設備的保管與維護。

第5條　為了避免會議室使用時發生衝突，各部門如需使用會議室，須提前一天向公司行政部提出申請，填寫會議室使用登記表，以便統一安排。

第6條　臨時召開緊急會議需要使用會議室時，要及時通知公司行政部並在會後完善登記。

第7條　如遇公司緊急及重要的會議，已申請使用會議室的部門或個人，在不能調換的情況下，公司會議優先於部門會議，部門之間的會議由部門之間本著重要、緊急優先的原則協商解決。

第8條　各部門申請使用會議室時，需明確使用設備、使用時間、參加人數以及會後與行政部門檢查交接會議室的人員等。

第9條　會議室使用期間，請愛惜會議室的設備設施。具體要求如下。

1. 使用部門需保持會議室的整潔，不允許有亂丟垃圾、亂扔紙屑等現象，請不要在桌椅上寫字和塗畫。

2. 請不要改變會議室設備的位置，愛護會場設施（包括：麥克風、桌、椅、投影機、螢幕、空調設施等）。

3. 使用完畢後，務必將所有移動過的桌子、椅子、白板、設施設備等

表6-5(續)

還原。

4. 離開時關閉電源、空調,並通知行政部行政職員共同檢查交接,如會議涉及使用視訊會議系統,行政部需增加設備管理員共同參與檢查、交接。

第10條 使用完畢後,使用部門負責清潔會場,並與公司行政職員、設備管理員共同檢查交接,並將填寫好的使用登記表交行政部留檔備案。

第11條 本辦法自公布之日起執行,未盡事宜由公司行政部解釋。

編制日期		審核日期		批准日期	
修改標記		修改處數		修改日期	

6.4.4 會議文書編制規範

會議文書編制規範如表 6-6 所示:

表 6-6 會議文書編制規範

制度名稱	會議文書管理制度	編　號	
執行部門		監督部門		編修部門	

第1條 目的。為進一步加強公司會議文書管理,增強各項會議的規範性,使會議內容有案可查,會議決定更加有效地貫徹執行,特制定本規定。

第2條 適用範圍。本規範適用於公司內部各項會議過程中會議紀錄、會議紀要的編制與管理。

第3條 會議文書的形式主要有會議紀錄和會議紀要兩種。

1. 會議紀錄。各類會議由各部門指定人員進行記錄,統一使用公司印製的會議紀錄本。

2. 會議紀要。形成決議、待處理事宜、時間節點及結果的會議,在會議記錄的基礎上由指定人員整理會議紀要,列印後歸檔備案,同時保存電子文檔。

第4條 會議紀錄必須真實、完整,全面記錄會議的內容,必須準確記錄與會人的意見,不能以個人的喜好、觀點而增刪內容,或加入記錄人自己

總經理行政規範化管理

表6-6(續)

的觀點。字跡要求規範、清晰、工整，不准隨意塗改。紀錄應由專人妥善保管，注意保密。

　　第5條　會議紀要內容必須做到全面而精確，詳略得當，突出要點，圍繞會議主旨及決議來整理、提煉和概括，避免冗長拖沓，避免不必要的文辭修飾等，切忌記流水帳，以便在傳達會議精神、查閱會議資料時更精準、更高效。

　　第6條　公司行政部負責對各部門執行會議記錄、會議紀要制度的情況進行監督檢查，及時糾正貫徹執行中存在的問題。

　　第7條　本制度自公布之日起執行，未盡事宜由公司行政部解釋。

編制日期		審核日期		批准日期	
修改標記		修改處數		修改日期	

第 7 章 辦公安全管理業務·流程·標準·制度

7.1 辦公安全管理業務模型

7.1.1 辦公安全管理業務工作導圖

企業的辦公安全管理工作主要涉及安全保衛管理、安全生產管理、訊息安全管理、消防安全管理四部分。每部分涵蓋的具體工作事項如圖 7-1 所示。

工作事項	主要內容
治安保衛管理	日常保衛管理、出入安全管理、值班管理、突發情況處理
資訊安全管理	勞動保護用品發放與使用管理、安全生產操作管理、安全生產工作檢查
安全生產管理	文件資料及檔案安全管理、電腦網路安全管理、員工保密管理
消防安全管理	消防安全宣傳、消防設施器材管理、消防安全工作檢查、消防安全事故處理

圖 7-1 辦公安全管理業務工作導圖

總經理行政規範化管理

7.1.2 辦公安全管理主要工作職責

辦公安全管理工作主要由企業行政部督辦,同時需要安保部、生產部、網路技術部等部門以及企業全體員工的參與、配合。行政部在辦公安全管理方面的主要職責說明如表 7-1 所示。

表 7-1 辦公安全管理主要工作職責說明表

工作職責	職責具體說明
安全保衛管理	1. 負責企業範圍內的安全保衛工作,確保員工的人身安全與企業的財產安全 2. 進行日常安全巡檢,發現安全問題與安全隱患及時上報並提出改善建議 3. 做好突發事件的現場秩序維護和現場管理工作 4. 值班人員堅持至少每一小時巡查一次企業及廠裡的安全狀況,巡查時職位上要有人代班,做好巡查情況記錄

表 7-1(續)

工作職責	職責具體說明
安全生產管理	1.配合生產部門建立和完善企業安全生產管理體系,並加以落實 2.定期進行安全檢查,確保員工按安全生產規範進行生產,發現隱患及時整頓改善 3.組織安全生產宣傳活動,協助生產部門對員工進行生產安全培訓,杜絕安全事故
資訊安全管理	1.協助網路技術部門對企業內部資訊防護系統進行建設與維護資訊安全 2.對網路技術部上報的重要資訊做好記錄,發現洩密情況及時管理追查事故責任 3.按照企業保密規定對檔案、資料進行例行核查、管理或銷毀
消防安全管理	1.進行日常消防安全檢查、及時排除企業及廠區範圍內消防安全隱患 2.組織做好企業範圍內的消防設施、器材的日常管理,並定期進行維護工作 3.協助與配合企業所在區域內的消防部門進行消防安全宣傳工作

7.2 辦公安全管理流程

企業從整體的辦公安全管理方案中遴選出關鍵工作節點，再根據節點進行具體的工作流程設計。辦公安全管理主要流程設計導圖如圖 7-2 所示。

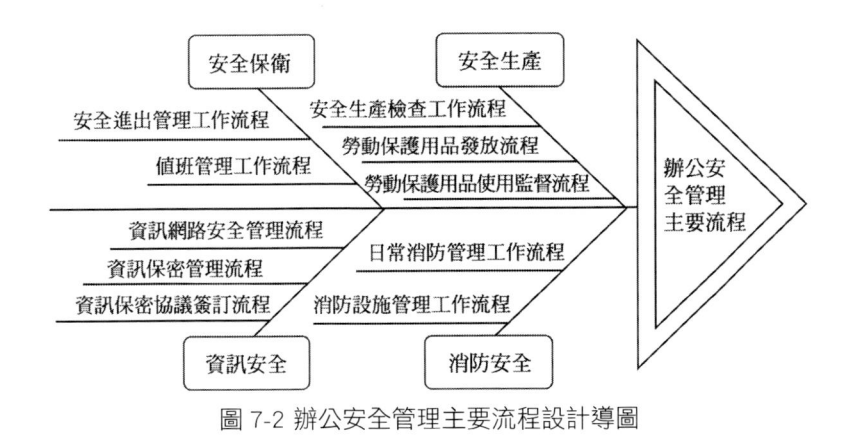

圖 7-2 辦公安全管理主要流程設計導圖

總經理行政規範化管理

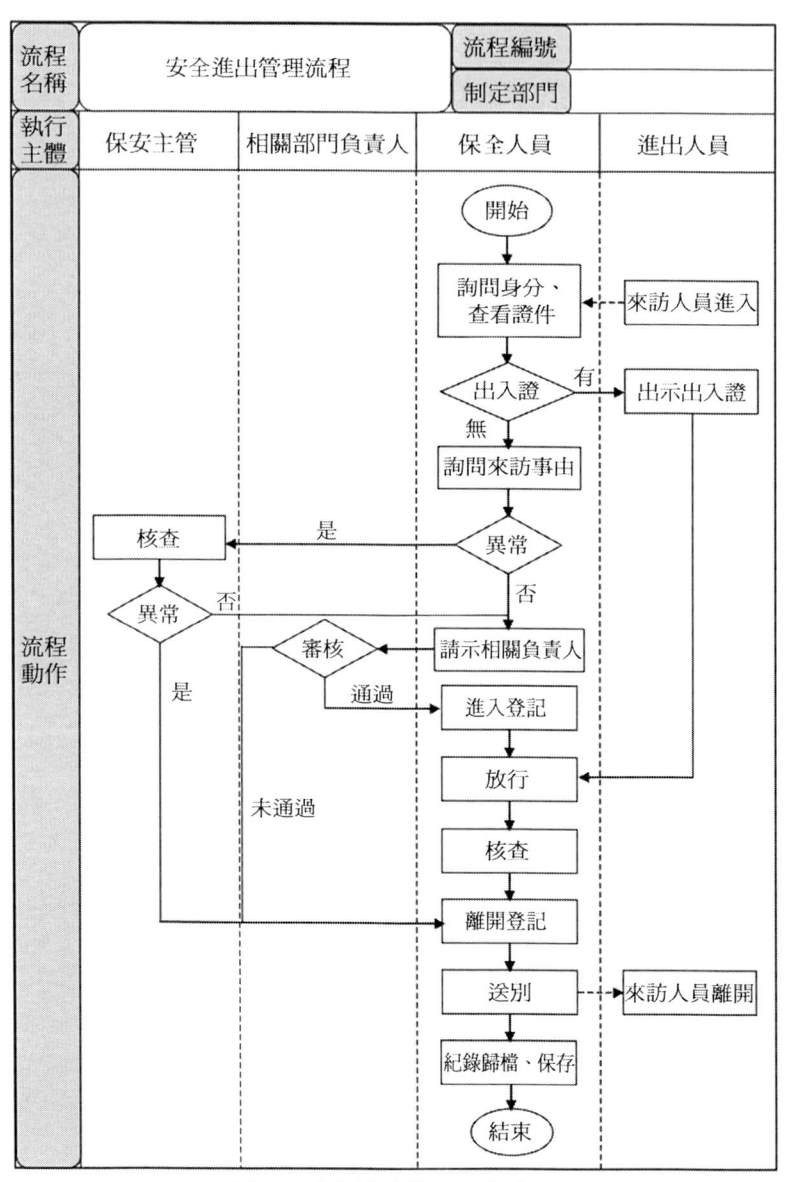

7.2.2 安全進出管理工作流程

安全進出管理工作流程如圖 7-3 所示：

圖 7-3 安全進出管理工作流程

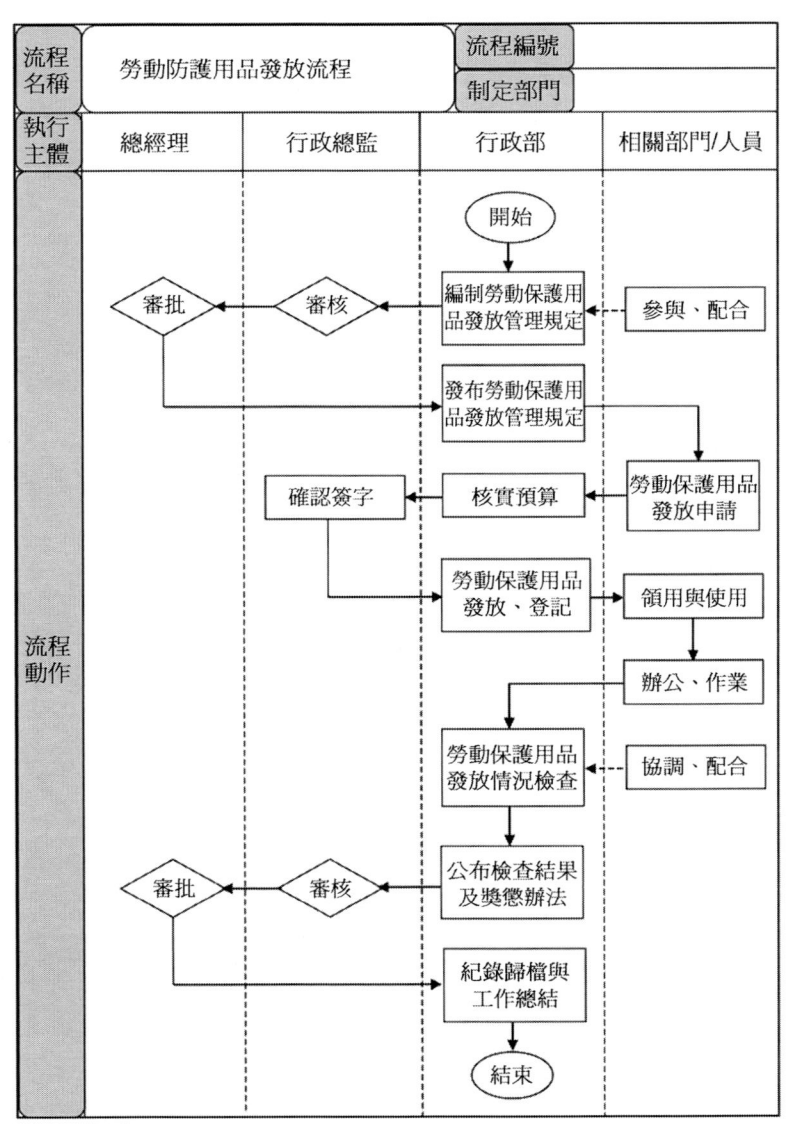

7.2.3 勞動保護用品發放流程

勞動保護用品發放流程如圖 7-4 所示：

流程名稱	勞動防護用品發放流程	流程編號	
		制定部門	
執行主體	總經理	行政總監	行政部	相關部門/人員

```
                                  ┌─開始─┐
                                     │
                                     ▼
        ┌審批┐◄──┐審核┐◄──┌編制勞動保護用品┐◄---┌參與、配合┐
        └──┬─┘    └──┬─┘    └發放管理規定──┘      └─────────┘
           │          │            │
           │          │            ▼
           └──────────┴──►┌發布勞動保護用品┐
                          └品發放管理規定─┘
                                     │
                                     ▼
                                           ┌勞動保護用品┐
                                           │發放申請　　│
                                           └──────┬───┘
                          ┌確認簽字┐◄─┌核實預算┐◄──┘
                          └────────┘   └───────┘
                                     │
                                     ▼
                          ┌勞動保護用品┐──►┌領用與使用┐
                          │發放、登記　│    └─────┬───┘
                          └──────────┘          ▼
                                         ┌辦公、作業┐
                                         └─────┬───┘
                                               ▼
                          ┌勞動保護用品　　┐◄---┌協調、配合┐
                          │發放情況檢查　　│    └─────────┘
                          └──────┬───────┘
                                 ▼
        ┌審批┐◄──┐審核┐◄──┌公布檢查結果┐
        └──┬─┘    └────┘    └及獎懲辦法─┘
           │                      │
           └──────────────────────┤
                                  ▼
                          ┌紀錄歸檔與　┐
                          │工作總結　　│
                          └──────┬───┘
                                 ▼
                              ┌結束┐
                              └────┘
```

圖 7-4 勞動保護用品發放流程

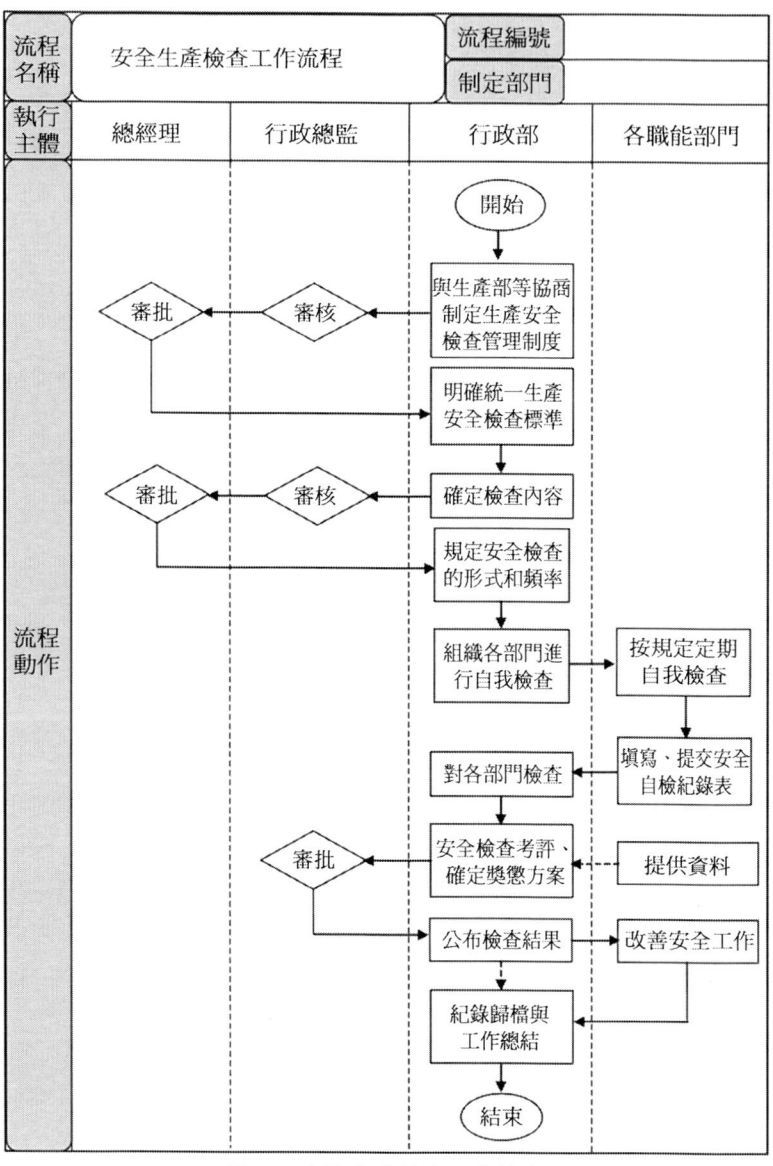

7.2.4 安全生產檢查工作流程

安全生產檢查工作流程如圖 7-5 所示：

流程名稱	安全生產檢查工作流程		流程編號	
			制定部門	
執行主體	總經理	行政總監	行政部	各職能部門
流程動作			開始 → 與生產部等協商制定生產安全檢查管理制度 → 明確統一生產安全檢查標準 → 確定檢查內容 → 規定安全檢查的形式和頻率 → 組織各部門進行自我檢查 → 對各部門檢查 → 安全檢查考評、確定獎懲方案 → 公布檢查結果 → 紀錄歸檔與工作總結 → 結束	按規定定期自我檢查 → 填寫、提交安全自檢紀錄表 → 提供資料 → 改善安全工作
	審批 ← 審核	審批 ← 審核		
	審批			

圖 7-5 安全生產檢查工作流程

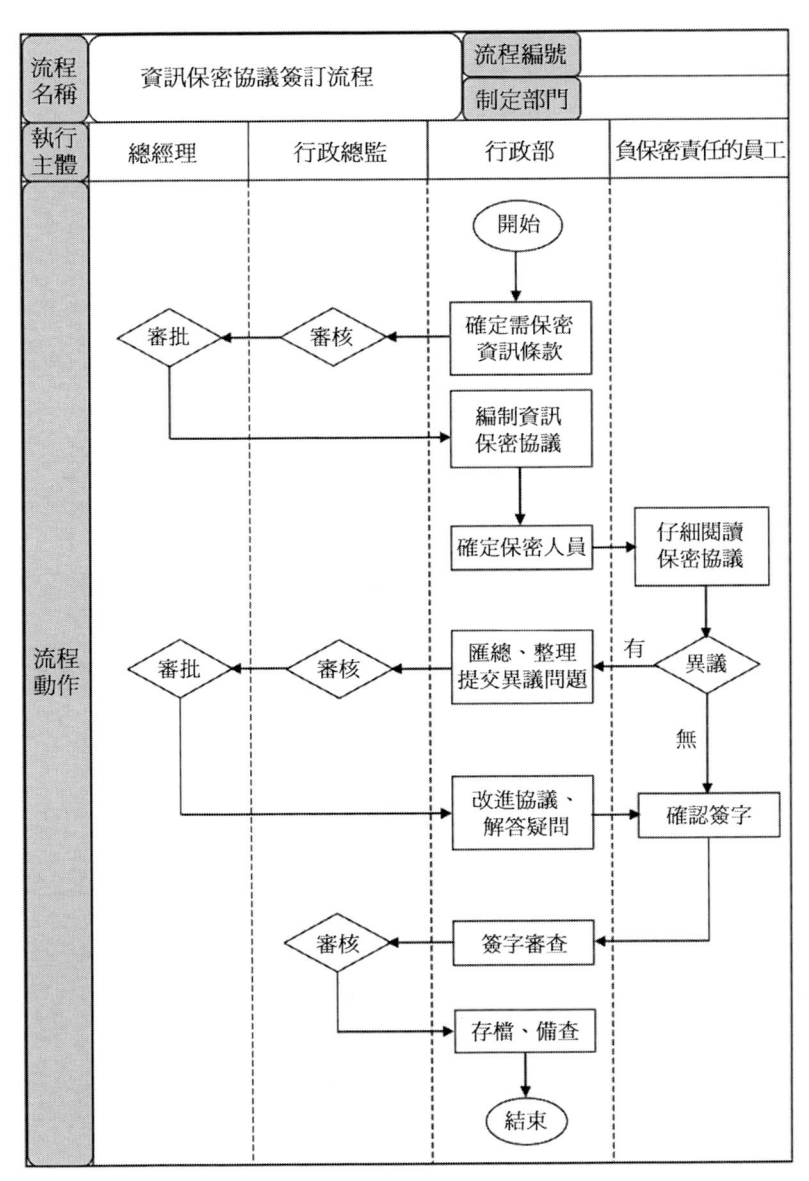

7.2.5 訊息保密協議簽訂流程

訊息保密協議簽訂流程如圖 7-6 所示：

圖 7-6 訊息保密協議簽訂流程

總經理行政規範化管理

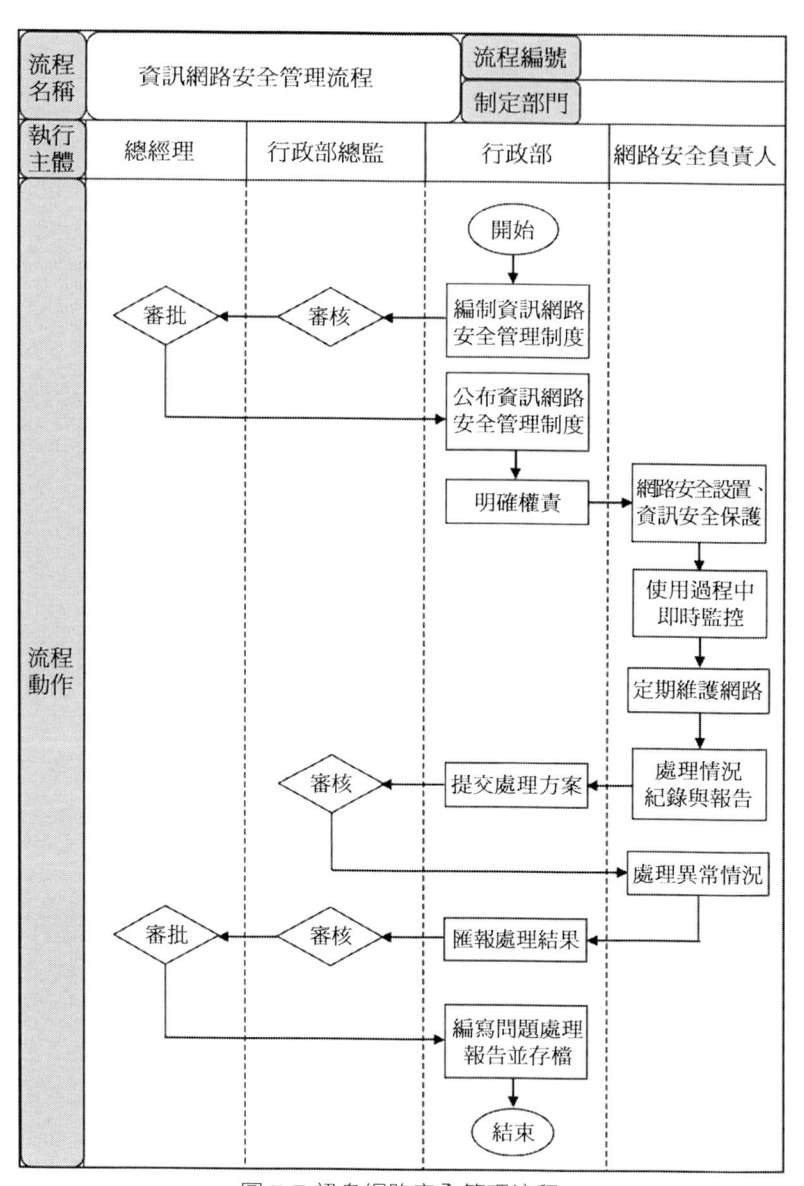

7.2.6 訊息網路安全管理流程

訊息網路安全管理流程如圖 7-7 所示：

圖 7-7 訊息網路安全管理流程

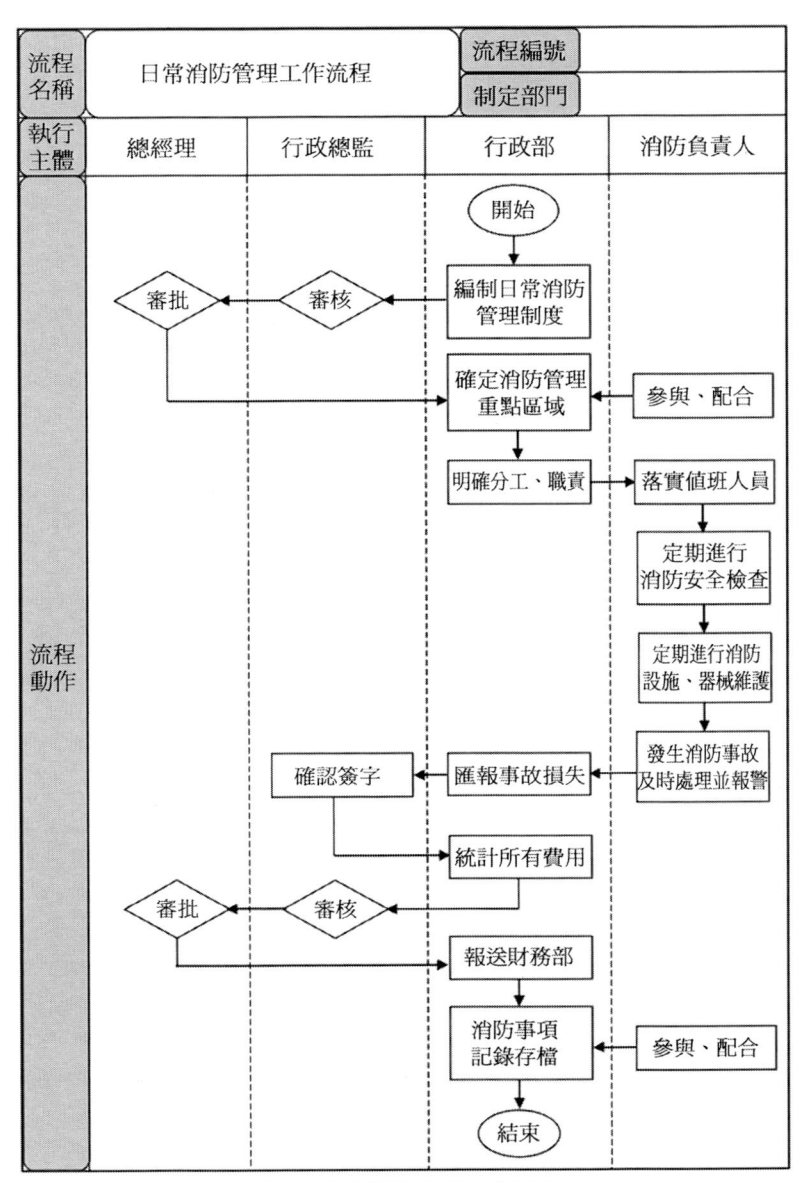

7.2.7 日常消防管理工作流程

日常消防管理工作流程如圖 7-8 所示：

圖 7-8 日常消防管理工作流程

7.3 辦公安全管理標準

7.3.1 辦公安全管理業務工作標準

辦公安全管理業務工作應遵循的工作規範及須達成的目標成果如表 7-2 所示。

表 7-2 辦公安全管理業務工作標準

工作事項	工作依據與規範	工作成果或目標
安全保衛管理	◆安全保衛管理制度 ◆治安管理條例 ◆值班管理工作細則 ◆安全進出管理工作流程	(1)布置安全保衛隱患的防範工作，重點防範部位確定遺漏處數為0處 (2)突發治安事件現場控制得當，治安管理衛管理被投訴次數為0次， (3)轄區範圍內治安異常情況處理及時率為100%
安全生產管理	◆勞動保護管理制度 ◆生產事故處理規定 ◆勞動用品發放流程 ◆安全生產檢查工作	(1)及時或不定期組織開展安全生產檢查工作，安全生產檢查及時率為100% (2)組織生產部等安全相關部門做好企業及廠區範圍內的安全隱患改善工作，安全隱患改善複查工作無錯漏之處 (3)做好員工安全生產紀律的監督檢查情況，確保員工生產違規操作次數不超過＿＿人‧次／月
資訊安全管理	◆資訊安全管理制度 ◆員工保密行為規範 ◆洩密管理辦法 ◆資訊保密協定簽訂流程 ◆資訊網路安全管理流程	(1)組織電腦管理人員做好機房設備的維護制度保養工作，機房設備維護保養率達100% (2)做好重要資訊資料的保密管理，重點保密資料外洩概率為0 (3)按照洩密管理辦法對洩密事件及時做出處理，並給出應對方案，洩密事件處理及時率為＿＿%，重大洩密事件（損失達＿＿萬元 以上或不可預估）應於第一時間及時處理

表7-2(續)

消防安全管理	◆消防安全管理制度 ◆消防事故處理規定 ◆日常消防管理工作流程 ◆消防設施配備工作流程 ◆消防設施日常檢查流程	(1)組織做好企業及廠區範圍內的消防安全管理工作，消防安全隱患處理錯漏率為0，消防安全檢查及時率為100% (2)組織做好消防安全事故應急處理的演練，確保消防事故發生時，妥當及時地處理，及時率為100%

7.3.2 辦公安全管理業務績效標準

企業透過制定詳細的業務績效標準，督促相關部門和人員積極認真地參與到辦公安全管理工作中，做到權責明確，以便及時排除安全隱患，杜絕事故發生。具體的辦公安全管理業務績效評估指標與評估標準如表 7-3 所示。

表 7-3 辦公安全管理業務績效標準

工作事項	評估指標	評估標準
治安保衛管理	防範部位確定周全性、治安保衛滿意度	1.重點防範部位確定準確、周全、無遺漏 2.治安管理被投訴的次數，目標值為___次，每接到投訴___次，扣___分；高於___次，本項不得分
勞動保護管理	勞動保護用品發放及時率、操作違規情況、勞動保護培訓效果	1.勞動保護用品發放及時率達到___%，每降低___個百分點，扣___分；低於___%，本項不得分 2. 員工違規操作的次數，目標值為___次，每超違規1次，扣___分；低於___次，本項不得分
安全生產檢查	安全生產檢查的及時率、準確性、改進度	1.安全生產檢查的及時率達___%，每降低___個百分點，扣___分；低於1%，本項不得分 2. 安全生產複查出現錯漏的情況，得___分；出現錯漏___次，得___分；錯漏___次以上，不得分

表7-3(續)

消防設施維護	消防設施故障率	消防設施、器材基本無操作性損壞，定期維護，及時更新記錄報廢情況，使用時無故障出現，得___分；出現故障___次，得___分；故障___次以上，不得分
突發事故處理	突發事故處理及時率、正確性	突發事故處理的及時率達到___%，每降低___百分點，扣___分；低於___%，本項不得分

7.4 辦公安全管理制度

7.4.1 制度解決問題導圖

企業常見的辦公安全管理問題主要有安全保衛管理問題、勞動保護管理問題、訊息安全保密問題、消防安全管理問題等。辦公安全管理制度解決問題導圖如圖 7-9 所示。

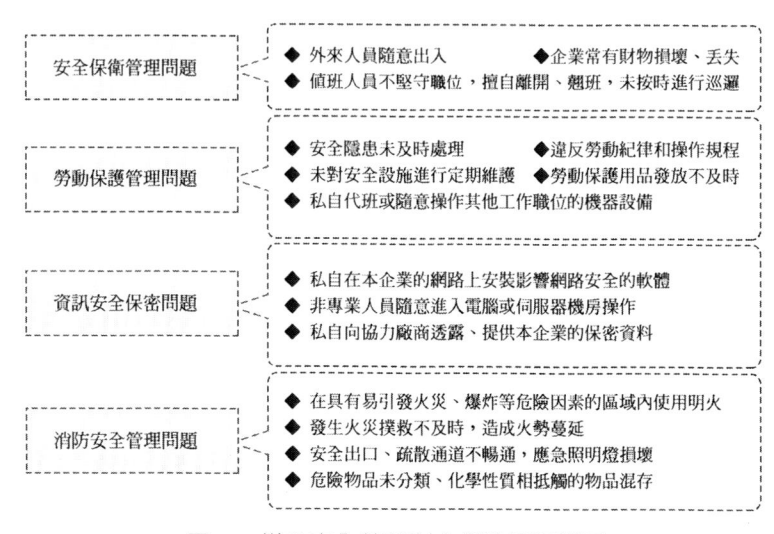

安全保衛管理問題
- ◆ 外來人員隨意出入　　◆企業常有財物損壞、丟失
- ◆ 值班人員不堅守職位，擅自離開、翹班，未按時進行巡邏

勞動保護管理問題
- ◆ 安全隱患未及時處理　　◆違反勞動紀律和操作規程
- ◆ 未對安全設施進行定期維護　◆勞動保護用品發放不及時
- ◆ 私自代班或隨意操作其他工作職位的機器設備

資訊安全保密問題
- ◆ 私自在本企業的網路上安裝影響網路安全的軟體
- ◆ 非專業人員隨意進入電腦或伺服器機房操作
- ◆ 私自向協力廠商透露、提供本企業的保密資料

消防安全管理問題
- ◆ 在具有易引發火災、爆炸等危險因素的區域內使用明火
- ◆ 發生火災撲救不及時，造成火勢蔓延
- ◆ 安全出口、疏散通道不暢通，應急照明燈損壞
- ◆ 危險物品未分類、化學性質相抵觸的物品混存

圖 7-9 辦公安全管理制度解決問題導圖

7.4.2 安全保衛管理制度

安全保衛管理制度如表 7-4 所示：

表 7-4 安全保衛管理制度

制度名稱	安全保衛管理制度	編　　號	
執行部門		監督部門	編修部門

第一章　總則

第1條　目的。為維持公司正常的工作秩序，確保公司人員和財產安全，特制定本制度。

第2條　適用範圍。本制度適用於公司行政區域內的安全保衛及來客接待管理工作。

第3條　安全保衛工作由行政部管理，公司自設保全人員或委託保全公司進行行政區域內的保全工作。

第4條　安保人員負責公司所有人員、物資的出入管理和公司行政區域內的安全監督管理，保障公司財產及員工的人身安全，保障公司正常的工作秩序。因工作失職給公司造成損失，按照合約追究保全公司或當班保全人員責任。

第二章　出入管理

第5條　員工出入辦公區，應佩戴出入識別證，對於未佩戴識別證人員，保全人員有權拒絕其出入。

第6條　員工攜帶行李、包裹、提箱、大件物品者，憑行政部開具放行單放行；攜帶一般隨身用品，由保全人員查驗後放行。

第7條　員工個人車輛應登記備案方可進出公司，保全人員對個人車輛出入應履行檢查手續，特別是麵包車及其他可載貨汽車，應開門（或開蓋）檢查。

第8條　外來人員進入公司，一律執行登記手續，填寫單位、姓名、事由、到訪部門和人員，必要時應電話聯繫，會見後由接待人員簽名方可出門離開。

第9條　外來人員約見公司高層的，保全人員在徵得該高層同意後方可辦

表7-4(續)

理進入手續；有上級幹部來訪或上司安排需要接待的重要客人，保全人員和大廳接待員應陪同引導至上司辦公室，上司不在時應在接待室安排等待，由行政部負責臨時接待。

第10條 外來車輛一般不准進入公司內部，上級幹部、警察機關、法務部門、重要客人及上司同意進入的除外。

第11條 有長期業務關係或需要經常出入公司的外部車輛應辦理臨時通行證。臨時通行證應每年更換，並將車主、車牌資訊在行政部備案，在保全室留存。

第12條 攜帶易燃易爆及危險品的人員及車輛，不明身分、衣冠不整的人員和拒絕登記的人員，推銷產品的人員及車輛，來訪人員不說明受訪部門及受訪人者一律不准進入。

第13條 下班時間、公休日、節假日除公司幹部的車輛和值班維修車輛外，其他車輛不得進出，特殊情況需要進出的必須履行檢查登記手續。

第三章 安全監督管理

第14條 保全人員應根據行政部規定的巡邏路線和時間要求進行巡邏，夜間當班的人員必須對廠區倉庫、辦公室周圍、營業部周圍、廠區和消防配電等重點部位加強巡查，每小時最少一次。

第15條 保全人員在廠區及周邊進行巡查時，應及時清除發現的易燃易爆物品，及時排除一切安全隱患，並做好相關記錄。

第16條 保全人員應對公司辦公室周邊監控系統進行定期檢查，間隔時間不大於4小時。

第17條 保全人員應對新來員工身分的真實性進行調查、核實，結合識別證進行監督管理。

第18條 如有下列情況，保全應及時處理，並報告上級部門。

1. 在廠區、工作區域或集體宿舍區聚眾鬧事、打架鬥毆、酗酒、賭博、吸毒、聚眾觀看或傳播黃色淫穢物品等。
2. 擅自處理、搬移、損毀、盜竊、破壞公司財物及公共設施者。
3. 私自啟動或關閉廠區、宿舍或公共場所用電設施或其他機器設施的。

表7-4(續)

4. 在廠區內亂寫亂貼標語，塗改、撕毀公司通知、通告或其他有效文件的。
5. 亂扔亂倒垃圾、雜物，破壞、汙染環境衛生的行為。
6. 巡查過程中發現路燈、門窗、封條等有缺損的。
7. 漫罵、對抗、攻擊正在執勤的保全、上司或紀律檢查人員的。
8. 外界人員聚眾鬧事、無端造訪上司或干擾公司正常工作秩序的，保全人員有效阻止並立即向上級報告。
9. 嚴重影響公司形象、影響正常工作、生活秩序和安全生產的其他行為。

第19條 遇搶劫、圍攻、破壞、盜竊等嚴重危害廠區安全的行為，值班保全應迅速向行政部經理報告，並立即打110電話報警。事件處理完畢後，應將事情經過詳細記錄在保全交接班紀錄本上，嚴重事件應保護好現場。

第四章 保全人員的工作守則

第20條 門衛檢查時應注意以下事項。
1. 不可觸及人身。
2. 主要檢查有無夾帶公司資料設備、工作器具等公司財物。
3. 檢查時態度要謙和有禮，避免引起被檢查人的誤會與反感，必要時婉言說明並請其諒解。
4. 嚴禁公報私仇，故意刁難。

第21條 為人正直，作風正派，以身作則，處事公正，對工作有高度的責任感，不怠忽職守。

第22條 必須按照有關規定經過專門培訓或訓練，掌握本職工作所需要的安全知識，增強事故預防和應急處置能力。

第23條 對來訪客人熱情、有禮、耐心詢問，維護公司良好形象。

第24條 值勤中不得出現擅離職守或酗酒、閒聊、睡覺等失職情況。

第25條 值班期間，要穿保全服並保持儀容整潔，嚴禁穿短褲、拖鞋上班，時刻保持良好的精神狀態，展現公司良好的形象。

第26條 自覺遵守公司各項安全生產規章制度、勞動紀律和管理制度。

第27條 應熟記公司各處水、電、燃料、開關、門鎖及消防器材的地

表7-4(續)

點,避免臨急慌亂。

第28條 應服從上級命令,切實執行任務,不得偏袒徇私、推卸責任,損害公司利益。

第29條 認真履行值班登記制度,值班發生和處理的各種情況在登記簿上進行詳細登記,交接班時移交清楚,明確責任。

第30條 委託保全公司進行保全服務的,應在合約中明確雙方的責任和義務,保全公司財產和人身安全。

第31條 公司自聘保全人員應建立嚴格的管理制度,建立與保全公司、警察機關的聯絡對接機制,確保保全工作有效實施。

第五章 附則

第32條 本制度由行政部負責制定與解釋,其解釋權歸本公司所有。

第33條 本制度報行政副總審批後,自頒發之日起執行。

編制日期		審核日期		批准日期	
修改標記		修改處數		修改日期	

7.4.3 值班管理工作細則

值班管理工作細則如表 7-5 所示:

表 7-5 值班管理工作細則

制度名稱	值班管理制度	編　號	
執行部門		監督部門		編修部門	

第1條 目的。為進一步規範公司日常值班管理工作,確保資訊暢通和重大緊急事項的及時處理,根據公司工作實況,特制定本工作細則。

第2條 適用範圍。本工作細則適用於公司日常值班、節假日值班人員。

第3條 值班人員須恪盡職守、文明執勤、禮貌待客,不允許言行粗魯、故意刁難。

第4條 上班時間不准睡覺、下棋、玩撲克牌或做其他與工作無關的事情。

表7-5(續)

第5條　不准遲到、早退，遇事先請假，上司批准後方可離該職位。

第6條　嚴禁酒後上班或工作中酗酒。

第7條　認真做好車輛進出時間登記，並按規定做好停車費結算、收取工作。

第8條　負責公司區域內的安全、防火、防盜以及公共設施、花草、樹木的安全防護工作。

第9條　查驗可疑人員、車輛是否攜帶違禁物品（公共財產、易燃易爆、腐臭汙穢、放射性等物品，國家禁止攜帶的物品）進出公司。

第10條　負責本區域內的環境、內務衛生及規定區域衛生打掃。

第11條　負責突發意外事故的處置匯報工作。

第12條　檢查無人工作場所的水、電、門、窗是否關閉，並做好記錄。

第13條　不准私自留宿親朋，閒雜人員應勸其離開。

第14條　堅持至少每個小時巡查一次公司安全狀況，巡查時職位上要有人代班，巡查情況要做好記錄。

第15條　認真處理好當班事宜，並記好值班日誌，妥善保管、處置好來文來電、重要來訪，嚴格做到事事有登記，件件有著落。

第16條　出現以下現象每人每次扣罰100元，情節嚴重者加倍處罰。

1. 值班人員不堅守職位，擅離職守、曠職。
2. 值班人員接到來文來電後，不及時準確傳達，造成貽誤工作的。
3. 值班記錄和電話記錄填寫不清楚。
4. 值班人員不按時打掃衛生或打掃不乾淨。
5. 值班人員和接班人員不按時交接班。
6. 值班人員不執行保密規定。
7. 上司交辦的臨時工作不按時辦理的。

第17條　本細則由行政部負責制定與解釋，報總經辦審議通過後，自頒發之日起生效實施。

編制日期		審核日期		批准日期	
修改標記		修改處數		修改日期	

7.4.4 勞動保護管理制度

勞動保護管理制度如表 7-6 所示：

表 7-6 勞動保護管理制度

制度名稱	勞動保護管理制度		編　　號	
執行部門		監督部門		編修部門	

第一章　總則

第1條　目的。為了加強對職工的勞動保護，促進安全生產，維護公司的生產秩序，保障職工的人身安全和公司的財產安全，結合公司實況，制定本制度。

第2條　適用範圍。本制度適用於公司所有員工。

第3條　勞動保護管理應遵循「安全第一、預防為主、綜合治理」的方針，以及「勞動保護、人人有責」「以人為本」「全面保護」的原則。

第二章 公司的勞動保護職責

第4條　公司每年組織相關部門對勞動保護進行研究和規劃，組織制訂並實施安全生產教育和培訓計劃，並落實工作責任。

第5條　公司建立年度勞動保護投入經費預算制度，保證對勞動保護的技術提升和設施建設投入。

第6條　公司建立勞動保護獎勵制度，對安全生產和職業病防治工作有貢獻的產線集體和員工個人給予一定的獎勵。

第7條　公司建立勞動保護月查制度，對生產部門進行定期檢查，及時維修有關設施，確保不發生安全生產事故和員工傷亡事故。

第8條　公司建立勞動保護知識和技術培訓制度，提高員工操作技能和防範意識。

第9條　公司每年要購置必要的勞保用品，改善勞動條件，落實勞動保護的各項制度。

第10條　公司人力資源部在徵人錄用時，應注意對女性員工的特殊保

表7-6(續)

護,規避禁忌職位,並經常督促檢查用人部門貫徹執行情況。

第三章 產線的勞動保護職責

第11條 落實產線勞動安全和安全生產的各項措施,確保勞動保護落實於生產全過程。

第12條 產線管理制度應包括勞動保護規定、定期檢修、勞保用品的使用等內容。

第13條 產線應及時發現和報告有關安全隱患,及時落實防範措施,及時處理安全事故。

第14條 產線主任對本產線的勞動保護和安全生產負主要責任。

第15條 產線應建立勞動保護和安全生產例會制度,加強對員工的安全培訓教育,並定期組織應急救援演練。

第四章 員工的勞動保護職責

第16條 員工必須服從管理和作業指導,遵守勞動紀律和操作規程。管理人員應及時制止和糾正違章指揮、強令冒險作業、違反操作規程的行為。

第17條 員工有權向公司或產線提出改善勞動保護設施和技術的意見和建議,拒絕服從違章指揮和強令冒險作業。

第18條 新入廠員工、變換工種人員以及特殊工種人員必須經過技能培訓和安全生產教育,合格後上班。

第19條 員工不得私自代班或隨意操作其他工作職位的機器設備。

第五章 勞動保護用品發放要求

第20條 發放員工個人勞動保護用品是保護勞動者安全健康的一種預防性措施,不是生活福利待遇,要按照不同工種、不同勞動條件,發給員工個人勞動保護用品。

表7-6(續)

第21條 員工個人勞動保護用品，按實際從事工作的工種（經勞資部門認可）標準發給，如果員工從事多種作業，應按其主要從事的工種發給個人勞動防護用品。

第22條 凡員工脫離直接生產工作而去學習、療養、治病、治傷、探親等連續超過六個月以上者，其勞保用品使用期限相應延長，如遇工種更換，則按新工種（職位）延長或縮短使用期限，同時按工種規定標準發給個人勞動防護用品。

第23條 若一工種工人在短期內從事另一工種，又確有防護需要時，可借用必需的防護用品，用後交回。

第24條 凡女工從事工具機工作或粉塵、焊接、油汙等工作時，加發給女工帽。

第25條 凡高空作業需用安全帶，由班組集體領用，集體保管，定時檢驗；進入施工現場所需的安全帽，由個人領用，個人保管。

第26條 對於在易燃、易爆、燒灼及有靜電發生的場所作業的工人，禁止發給使用化纖防護用品。

第27條 禁止將勞動保護用品折合現金發給個人；發放的防護用品不准轉賣或兌換物品。

第六章 附則

第28條 凡違反本制度的部門和員工，由公司依據有關規定實施處罰。

第29條 本制度自下發之日起執行，本制度修改權和解釋權歸公司所有。

編制日期		審核日期		批准日期	
修改標記		修改處數		修改日期	

7.4.5 訊息安全管理制度

訊息安全管理制度如表 7-7 所示：

表 7-7 訊息安全管理制度

制度名稱	資訊安全管理制度	編　　號	
執行部門		監督部門		編修部門	

第一章　總則

第1條　目的。為保障公司電腦網路系統的安全，促進公司各項業務的資訊化，保障公司的資訊安全，保證電腦系統的正常運行，特制定本制度。

第2條　適用範圍。本制度適用於公司所有在職員工。

第二章　辦公電腦管理

第3條　電腦的使用部門要保持清潔、安全、良好的電腦設備工作環境，禁止在電腦應用環境中放置易燃、易爆、強腐蝕、強磁性等有害計算機設備安全的物品，遵循「誰使用誰負責」的原則。

第4條　嚴格遵守電腦設備使用、開機、關機等安全操作規程和正確的使用方法。任何人不允許帶電插、拔電腦外部設備介面，電腦出現故障時應及時向行政部報告，不允許私自處理或找非本公司技術人員進行維修及操作。

第5條　非本公司技術人員對本公司的設備、系統等進行維修、維護時，必須由本公司相關技術人員現場全程監督；電腦設備若需送外維修，須經有關部門負責人批准。

第6條　員工職位異動時必須根據相關規定交接使用的電腦及電腦裡面保存的資料。

第7條　網路技術部門應對報廢設備中存有的程式、數據資料進行備份後清除，並妥善處理廢棄無用的資料和介質，防止洩密。

第8條　未經允許不准在辦公電腦上安裝其他軟體、不准使用來歷不明的載體（包括磁片、光碟、行動硬碟等）。

表7-7(續)

第9條 不得私自在公司網路上以任何形式繞過公司網路連接外部公共網，破壞公司網路防護的完整性。

第10條 掌握使用防毒軟體，防止病毒的蔓延，發現疑似病毒或防毒軟體失效或不能自動升級時，應及時報告。

第11條 使用公司規定的正版軟體，尊重智慧財產權。

第12條 不得私自安裝作業系統，特殊要求必須經網路技術部門批准。

第13條 外來電腦加入公司區域網，要符合公司的資訊安全規定。

1. 連接公司網路必須經網路技術部門批准。

2. 要安裝正版的作業系統，系統修補程式須是最新的；如長期連接公司網必須能自動安裝系統修補程式。

3. 安裝常用的防毒軟體，病毒碼必須是最新的；如長期連接公司網路，必須安裝公司指定的防毒軟體。

4. 連接公司網路前，對電腦進行本機硬碟掃毒。

第三章 虛擬權限管理

第14條 不得將自己的用戶ID轉借給他人使用，或者是使用他人的用戶ID進行操作。

第15條 用戶ID異動時必須將相關ID報相關部門進行許可權設置或者暫停處理。

第16條 使用者ID必須設置密碼，不得使用初始密碼。密碼設置應具有安全性、保密性，不應是名字、生日，或重複、順序、規律數位等容易猜測的數字和字串，並且必須定期更改密碼。

第17條 新增和修改用戶ID許可權，必須在申請審批流程由行政部存檔後執行。

第四章 機房管理制度

第18條 機房的管理由專門技術人員負責，其他工作人員未經允許不准進入。

表7-7(續)

第19條 機房內應保持整潔,嚴禁抽菸、吃喝、聊天、會客、睡覺,不准在電腦及工作台附近放置可能危及設備安全的物品。

第20條 機房內嚴禁一切與工作無關的操作,嚴禁將外來可儲存裝置帶入機房,未經允許不準將機器設備和資料帶出機房。

第21條 認真做好機房內各類記錄介質的保管工作,落實專人收集、保管。資訊載體必須安全存放、保管、防止丟失或失效。機房資料外借必須經批准並履行手續,作廢資料嚴禁外泄。

第22條 機房工作人員對機房存在的隱患及設備故障要及時報告,並與有關部門及時聯繫處理,非常情況下應立即採取應急措施並保護現場。

第23條 機房設備應由專業人員操作、使用,禁止非專業人員操作、使用,對各種設備應按規範要求操作、保養。發現故障,應及時報請維修,以免影響工作。

第24條 外來人員因工作需要進入機房時,必須聽從負責人員的安排,未經許可,不得亂動機房內設施。

第25條 中心機房處理秘密事務時,不得接待參觀人員或靠近觀看。

第五章 附則

第26條 本制度由公司行政部以及網路技術部負責解釋、補充、修改。

第27條 本制度自下發之日起生效執行。

編制日期		審核日期		批准日期	
修改標記		修改處數		修改日期	

7.4.6 員工保密行為規範

員工保密行為規範如表 7-8 所示：

表 7-8 員工保密行為規範

制度名稱	員工保密管理制度	編　　號	
執行部門		監督部門		編修部門	

第1條　目的。為了維護公司的正當利益，明確員工對公司所負有的保密義務，特制定本行為規範。

第2條　公司全體職員都有保守公司秘密的義務，保密範圍如下。

1. 公司重大決策中的保密事項。
2. 公司尚未付諸實施的經營策略、經營方向、經營規劃、經營項目及經營決策。
3. 公司內部掌握的合約、協議、意向書及可行性報告、主要會議紀錄。
4. 公司客戶檔案資料。
5. 公司所掌握的尚未進入市場或尚未公開的各類資訊。
6. 公司內部管理制度。
7. 凡與公司經濟行為有關的各種資訊。
8. 公司上級所申明其他需要保密的事項。

第3條　，屬於公司保密的文件、資料和其他物品的製作、收發、傳遞、使用、複製、摘抄、保存和銷毀，由專人執行。

第4條　對於保密的文件、資料和其他物品，必須採取以下保密措施。

1. 非經指定負責人批准，不得複製和摘抄。
2. 收發、傳遞和外出攜帶，由指定人員擔任並採取必要的安全措施。

第5條　在對外業務交往中，也應遵照保密守則，如在業務交往中需要提供公司保密事項的，應當事先經指定負責人批准。

第6條　保證不在工作範圍之外私自使用或擅自向任何協力廠商透露、提供公司的保密資料。

第7條　保證在公司任職期間，不直接或間接在其他同類企業中任職，也不得直接或間接幫助他人組建、參與組建同類企業。

表7-8(續)

第8條　保證在公司任職期間，不直接、間接或以其他形式從事或參與針對公司的競爭行為，也不得幫助或協助他人與公司競爭。

第9條　保證在公司任職期間，不直接、間接或以其他形式勸誘、招攬、拉攏本公司員工參與針對公司的競爭行為。

第10條　員工受聘期滿，公司和員工之間沒有續簽合約，員工仍有責任繼續對資料保密，直到該保密資料進入可公開領域。

第11條　員工發現公司秘密已經洩露或者可能洩露時，應當立即採取補救措施並及時報告主管負責人，不得隱瞞。

第12條　員工應對自己工作內涉及保密的內容有明確的認識，對複製涉及保密內容的資料軟體報表、文件、單據等，應嚴格按照先批准登記後執行的保密原則，對不明確其內容性質的文稿、軟體複製更應主動上報主管，得到明確批覆登記後方可複製。

第13條　未經主管批准，不得擅自帶外人進入辦公區域參觀。

第14條　外來人員需要公司有關資料時，必須在徵得公司上司批准後，方可由公司指定部門統一提供和登記，任何人不得隨意供給。

第15條　員工若將本規範第2條的保密內容以任何形式外泄，給公司造成損失，公司將追究其個人的直接責任，除按公司的人事勞動管理制度處置外，同時保留依法起訴的權利。

第16條　員工若採用非正常手段，獲取並使用或披露公司的商業秘密；員工利用公司給其在公司商業秘密上的特許權，以謀取私利或製造事端；給公司造成損失的，公司除按公司的人事勞動管理制度處置外，同時保留依法起訴的權利。

第17條　本規範由行政部負責解釋與監督。

第18條　本規範自公布之日起試行，未盡之處試行後修改補充。

編制日期		審核日期		批准日期	
修改標記		修改處數		修改日期	

總經理行政規範化管理

7.4.7 消防安全管理制度

消防安全管理制度如表 7-9 所示：

表 7-9 消防安全管理制度

制度名稱	消防安全管理制度		編　　號	
執行部門		監督部門		編修部門

第1條　目的。

為了防範火災事故的發生，確保公司安全和員工人身安全，促進公司持續健康發展，特制定本制度。

第2條　適用範圍。

本制度適用於全公司範圍內需要設置消防器材和進行消防管理的部門。

第3條　職位防火責任。

1. 各職能部門負責人是本部門防火第一責任人，對公司消防工作負責。

2. 嚴格遵守安全規程和各項防火制度，加強對火源、電源、易燃易爆物品的管理。禁止在具有易引發火災、爆炸等危險因素的區域內使用明火，明確現場負責人，在確認無火災、爆炸危險，並落實相應消防措施後方可動火施工。工作完畢要及時切斷臨時電源，熄滅火源。

3. 發現隱患及其他可能導致火險的不安全因素，要及時採取措施排除，並及時報告本部門消防安全第一負責人。

4. 各部門、班組負責對存放在本職位的消防器材進行清潔打掃。

5. 發生火災立即進行正確撲救，並立即報警。

6. 施工和設備安裝現場的消防管理責任由施工承包單位負責，公司行使監督檢查權。

第4條　防火安全檢查。

1. 定期組織相關人員對消防工作進行檢查，安排對消防關鍵時期和重點部位進行經常性的消防檢查，發現隱患，及時督促改善。

2. 各部門、班組要把消防安全檢查作為安全檢查的重點內容之一，要將消防責任落實到人，發現火險隱患，立即處理，需要上司協調時，要及時上報。

表7-9(續)

　　3. 行政部、各部門、班組要將防火檢查情況做好記錄。

　　4. 防火檢查的內容，包括但不限於下列7個方面：生產過程中有無違章情況，用火、用電有無違章情況，安全出口、疏散通道是否暢通、安全疏散標誌、應急照明是否完好，消防設施、器材和消防安全標誌是否在位、完好，消防重點部位安全管理情況，消防安全教育培訓情況和員工掌握消防知識情況，查閱有關安全制度、操作規程、應急預案是否具有合理性和可操作性。

第5條　倉庫防火安全管理規範

　　1. 庫內物資要分類，要標明物資名稱，與其性質相互抵觸或滅火方法相互抵觸的物品要分庫存放。

　　2. 庫房內不准設置行動式照明燈，不准使用電磁爐、電烙鐵等電熱器具和家用電器。

　　3. 照明燈垂直下方小於0.5公尺的範圍內，不得儲存物品

　　4. 每個倉庫應在房門入口處單獨安裝開關，保管人員離開後斷電。

　　5. 庫房內嚴禁煙火，並設有明顯標識。

　　6. 非工作人員不經批准，不得進入。

第6條　易燃易爆物品消防管理規範

　　1. 生產和管理危險物品的人員，應熟悉物品特性、防火措施和滅火方法。

　　2. 儲存易燃易爆物品的倉庫，耐火等級不得低於二級，有良好的通風散熱措施，儲存的數量以能滿足生產為準。

　　3. 儲存的危險物品應按性質分類，專庫專放，並設明顯的標識，注明品名、性質、滅火方法等，化學性質相抵觸的物品不得混存。

　　4. 生產施工區域、存放易燃易爆物品的廠房內嚴禁煙火，電器設備開關、燈具、線路要符合防火要求。工作人員不准穿釘鞋和化纖衣服，非工作人員嚴禁入內。

　　5. 嚴禁用汽油等易燃物擦洗設備機件。

　　6. 怕曬（如氧氣瓶等）物資不得露天存放。

　　7. 搬運和操作危險物品應穩裝穩卸，嚴禁用易產生火花的工具敲擊和開封。

第7條 安全用電防火管理規範。

1.安裝和維修電器設備、線路必須由專業電工按電工技術規範進行，非專業電工不准進行電工作業。

2. 倉庫的電器和線路必須按國家相關規定進行安裝。

3. 生產單位、倉庫、重點消防區域，嚴禁私設電熱器具。

4. 嚴禁使用不符合規範的保險裝置（如以銅絲代替保險絲等）。

5. 架空高壓電線不准通過建築物和危險品上方空間。

6. 電器設備操作人員必須嚴格遵守操作規程，不得擅離職守，要定時巡檢，發現問題及時報告、維修，工作結束後及時斷電。

7. 燃氣生產單位、倉庫的電器線路必須符合防爆要求。

8. 電器著火，應首先切斷電源再組織滅火，嚴禁帶電滅火。

第8條 消防培訓教育。

1. 新員工進入公司後進行三級安全教育，要把消防作為重點內容之一，學習消防法律法規和基本消防知識，經考核合格方可逐級向下分配工作。

2. 公司消防教育要與安全教育結合進行。公司人力資源部負責組織，安檢部具體實施，主要講解燃氣的基本性質、消防要求和基本防範措施、消防器材的基本原理、使用方法、注意事項等。

3. 各部門的消防教育，由各部門具體負責，培訓本部門的安全技術規程、各類消防器材的分布，熟悉其使用的對象和場所，學會正確的操作。

4. 班組的消防教育，由班組具體負責，根據工種特點，具體介紹所在職位的安全生產特點、流程、設備材料性質、易燃易爆危險性、重點部位、該職位消防器材的種類、名稱、使用方法、使用範圍。

5. 經過三級安全教育的員工，考核合格後方可進入單位試用。

6.員工調職後，要進行調職消防安全教育。

第9條 消防器材管理規範。

1. 消防器材要放置在通風乾燥、便於取用的地方。

2. 消防器材要加強日常保養和維護，不得曝曬、雨淋或放在潮濕的場所；腐蝕性強的場所要採取防護隔離等措施，易凍壞的器材冬季要有防凍措施。

表7-9(續)

　　3.對消防器材要定期檢查。外觀鏽蝕嚴重的要送消防維修站進行檢修、檢驗。乾粉滅火器（車）、1211滅火器、二氧化碳滅火器每月檢查一次，將查出的問題做好記錄。乾粉結塊、氣壓減少不能備用，要及時外送檢修。

　　4.公司辦公區、倉庫、站場等消器材由各部門負責日常管理和保養，消防器材採購部門統一負責定期檢驗。

　　5.防火防爆重點要害部位，要根據實際需要配置防火設施和滅火器材。

　　6.任何部門和個人不得損壞或擅自挪用、拆除、停用消防設施、器材，不得埋壓、圈占消防栓，不得占用防火間距，不得堵塞消防通道。

　第10條　火災事故報告調查處理。

　　1.首先發現火災（火警）的人，應按照程序向上司及時報警，說明著火物質、火警規模大小，啓動應急救援預案。必要時要向119報警，尋求消防隊增援。報警人員要在確保自身安全的前提下，做到邊報警邊撲救，將火撲滅在萌芽或起始狀態。

　　2.火災造成損失規模較大的事故，要保護好現場，經警方或消防部門同意後，方能清理現場。

　　3.調查處理火警、火災事故，應按事故「四不放過」的原則，查明原因，落實責任，制定防範措施，處理事故責任人。

　　4.發生火警、火災事故，應將調查結果和處理意見、損失情況登記備案，重大火災事故要按有關規定上報主管部門。

　第11條　消防獎懲。

　　1.對國家消防法規、指示不及時傳達，違反防火安全制度，對本部門存在的火險不及時改善，造成火警或火災後果的，追究有關人員的責任。

　　2.違反動火、用火管理制度，在禁火區內動火作業，未按規定辦理動火審批手續的按相關規定處罰。

　　3.因違反操作規程或安全規程造成火災，要根據火災的性質及損失情況，按相關規定處罰。

　　4.其他違反消防管理制度的情況，給予相應處罰。

　　5.及時發現、報告火險隱患，使隱患得以及時控制，避免火災事故發生的，予以獎勵。

表7-9(續)

6. 在火災事故中救人、救物及處理事故過程中表現突出的,予以獎勵表彰。	
7. 對消防工作提出合理化建議,得到實施並取得明顯效果的,予以獎勵。	
第12條 本制度由行政部負責解釋。	
第13條 本制度自下發之日起執行。	

編制日期		審核日期		批准日期	
修改標記		修改處數		修改日期	

第 8 章 環境衛生管理業務·流程·標準·制度

8.1 環境衛生管理業務模型

8.1.1 環境衛生管理業務工作導圖

企業環境衛生管理的範圍既包括室內環境衛生管理與室外環境衛生管理，也包括個人辦公區環境衛生管理與公共區域環境衛生管理。具體業務工作主要包括三大部分，即辦公環境管理、環境綠化管理、清潔衛生管理。各部分的工作內容如圖 8-1 所示。

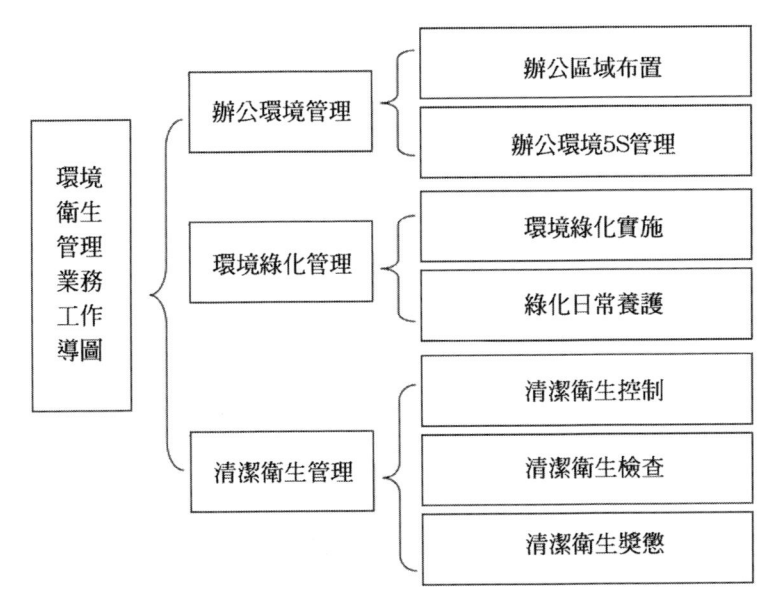

圖 8-1 環境衛生管理業務工作導圖

8.1.2 環境衛生管理主要工作職責

環境衛生管理工作主要由企業行政部負責，同時需要相關衛生、綠化負責人的參與、配合。具體的工作職責說明如表 8-1 所示。

總經理行政規範化管理

表 8-1 環境衛生管理主要工作職責說明表

工作職責	職責具體說明
辦公環境管理	1.組織員工做好桌面整理工作，將辦公桌面各種資料、工具、文件、配件等擺放整齊 2.組織完成企業辦公環境的日常維護，負責資料、刊物的借閱與設備管理工作 3.愛護花草等綠色植物，保護企業辦公區域的綠色植物、盆栽等健康生長
環境綠化管理	1.按照企業環境綠化的基本要求，做好年度綠化計劃，並組織人員認真落實 2.督促員工做到定期除草、施肥、澆水及病蟲害防治工作，確保綠植的成活率 3.定期檢查檢修設施、設備，做到無丟失，無人為損壞致使設施、設備提前報廢
清潔衛生管理	1.組織做好企業轄區內樓道、馬路、天台、公共場地、公共設施、停車場等區域內的清潔工作 2.組織清潔人員嚴格按照衛生標準進行清潔工作，並妥善保管清潔用品和工具 3.按相關制度嚴格執行清潔衛生檢查、獎懲工作

8.2 環境衛生管理流程

8.2.1 主要流程設計導圖

企業可透過梳理行政部環境衛生管理的主要業務事項，針對關鍵工作事項和需要流程化規定的事項，設計出相應的流程予以規範。具體流程設計思路，可參考圖 8-2。

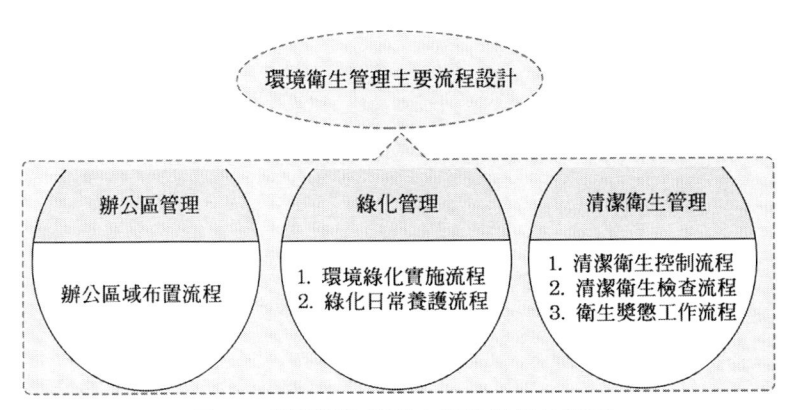

圖 8-2 環境衛生管理主要流程設計導圖

總經理行政規範化管理

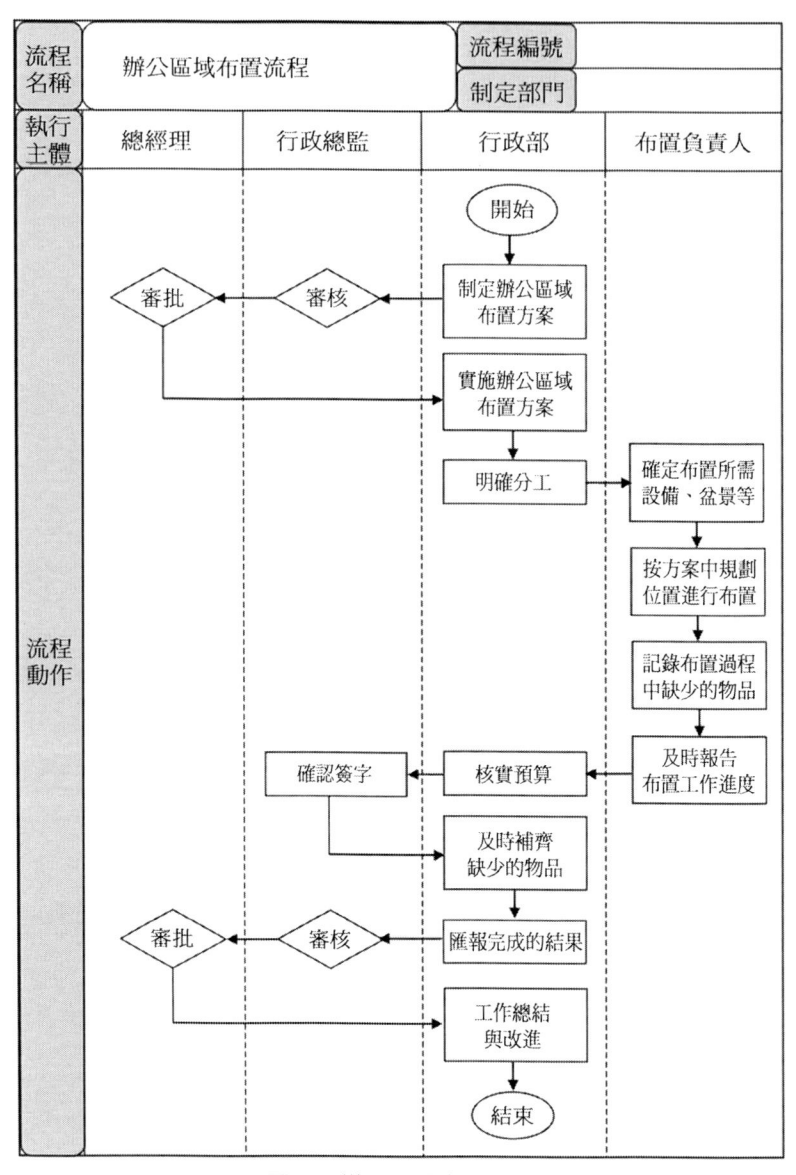

8.2.2 辦公區域布置流程

辦公區域布置流程如圖 8-3 所示：

流程名稱	辦公區域布置流程		流程編號	
			制定部門	
執行主體	總經理	行政總監	行政部	布置負責人
流程動作	審批 ← 審核 ←		開始 → 制定辦公區域布置方案 → 實施辦公區域布置方案 → 明確分工 → 核實預算 → 及時補齊缺少的物品 → 匯報完成的結果 → 工作總結與改進 → 結束	確定布置所需設備、盆景等 → 按方案中規劃位置進行布置 → 記錄布置過程中缺少的物品 → 及時報告布置工作進度
	審批 ← 審核 ← 確認簽字 ←			

圖 8-3 辦公區域布置流程

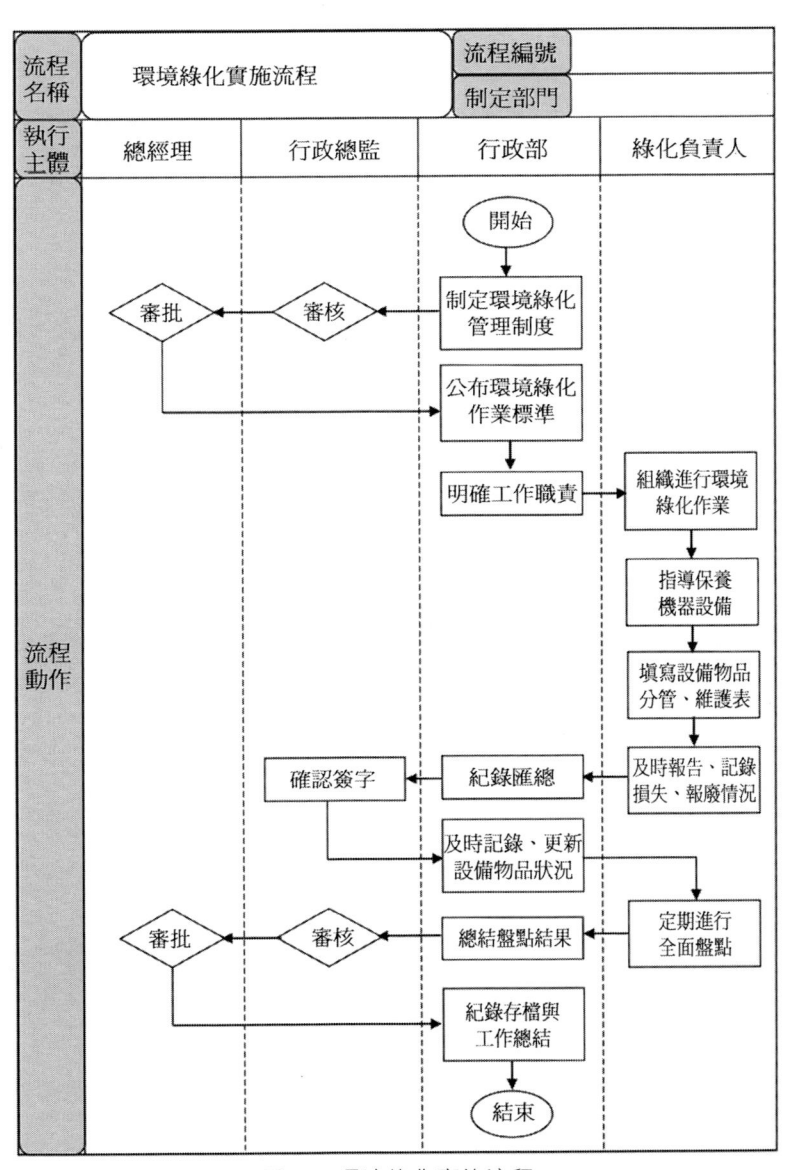

8.2.3 環境綠化實施流程

環境綠化實施流程如圖 8-4 所示：

流程名稱	環境綠化實施流程		流程編號	
			制定部門	
執行主體	總經理	行政總監	行政部	綠化負責人
流程動作	審批 ← 審核 ←		開始 ↓ 制定環境綠化管理制度 ↓ 公布環境綠化作業標準 ↓ 明確工作職責 →	組織進行環境綠化作業 ↓ 指導保養機器設備 ↓ 填寫設備物品分管、維護表 ↓ 及時報告、記錄損失、報廢情況
		確認簽字 ←	紀錄匯總 ←	
			及時記錄、更新設備物品狀況	
	審批 ← 審核 ←		總結盤點結果 ←	定期進行全面盤點
			紀錄存檔與工作總結 ↓ 結束	

圖 8-4 環境綠化實施流程

總經理行政規範化管理

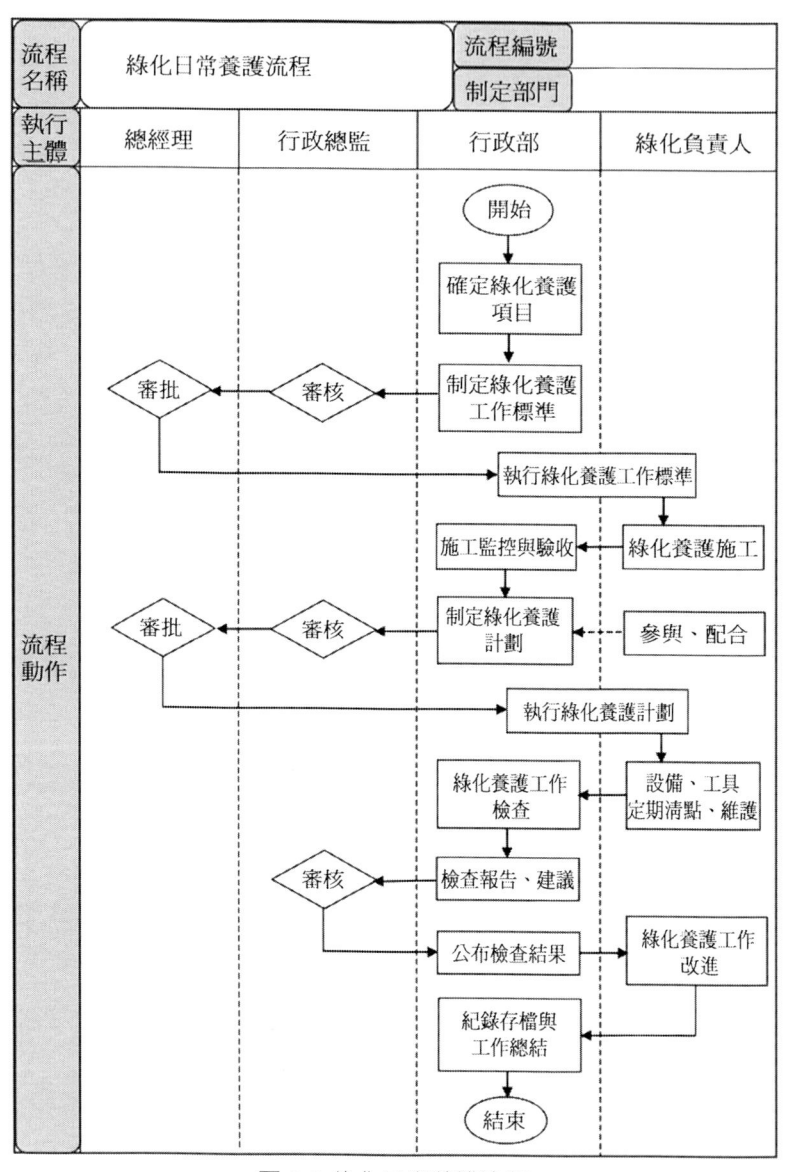

8.2.4 綠化日常養護流程

綠化日常養護流程如圖 8-5 所示：

圖 8-5 綠化日常養護流程

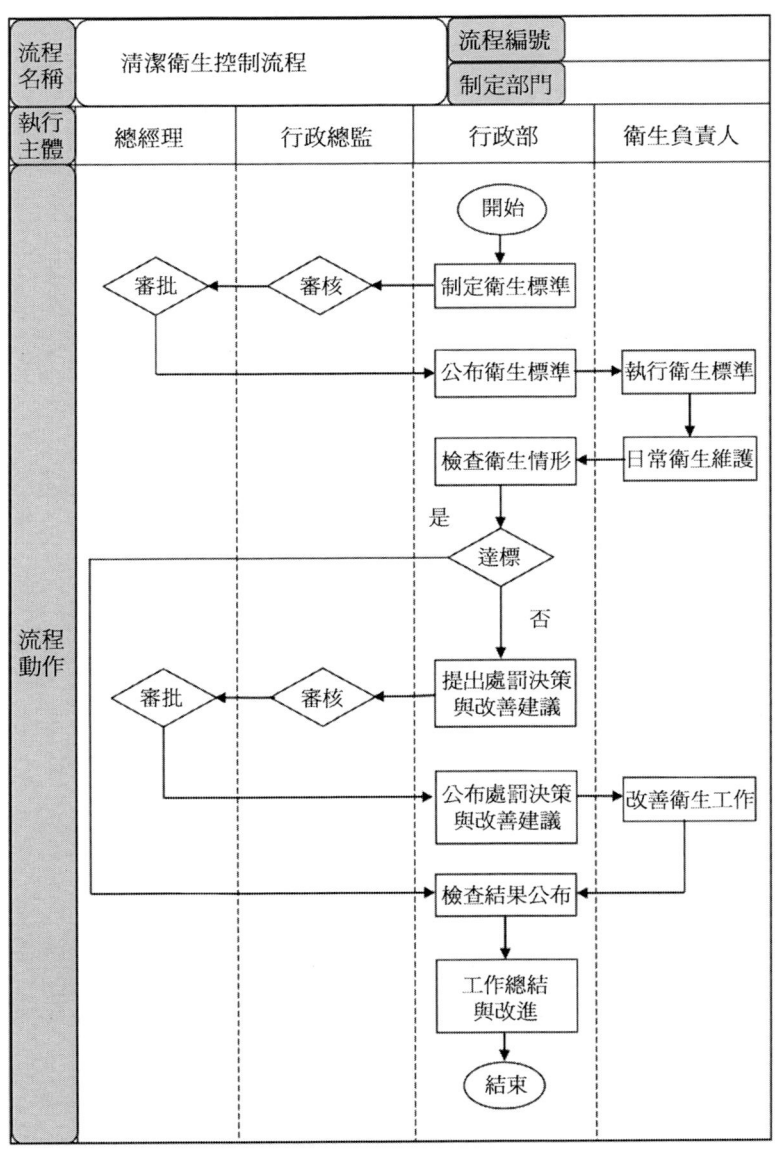

8.2.5 清潔衛生控制流程

清潔衛生控制流程如圖 8-6 所示：

流程名稱	清潔衛生控制流程		流程編號	
			制定部門	
執行主體	總經理	行政總監	行政部	衛生負責人

流程動作：

開始 → 制定衛生標準 → 審核 → 審批

公布衛生標準 → 執行衛生標準 → 日常衛生維護

檢查衛生情形 → 達標
- 是 → （返回）
- 否 → 提出處罰決策與改善建議 → 審核 → 審批

公布處罰決策與改善建議 → 改善衛生工作

檢查結果公布 → 工作總結與改進 → 結束

圖 8-6 清潔衛生控制流程

總經理行政規範化管理

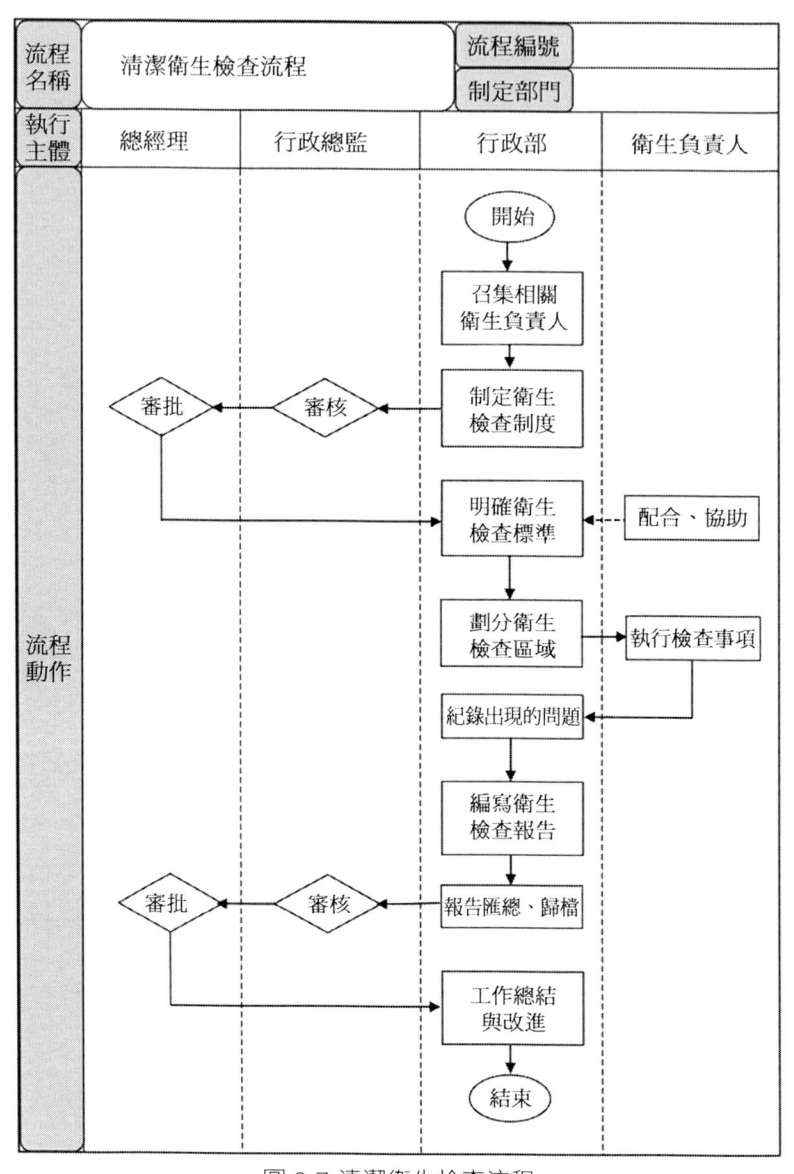

8.2.6 清潔衛生檢查流程

清潔衛生檢查流程如圖 8-7 所示：

流程名稱	清潔衛生檢查流程		流程編號	
			制定部門	
執行主體	總經理	行政總監	行政部	衛生負責人
流程動作	審批←審核←		開始→召集相關衛生負責人→制定衛生檢查制度→明確衛生檢查標準→劃分衛生檢查區域→紀錄出現的問題→編寫衛生檢查報告→報告匯總、歸檔→工作總結與改進→結束	配合、協助　執行檢查事項
	審批←審核←			

圖 8-7 清潔衛生檢查流程

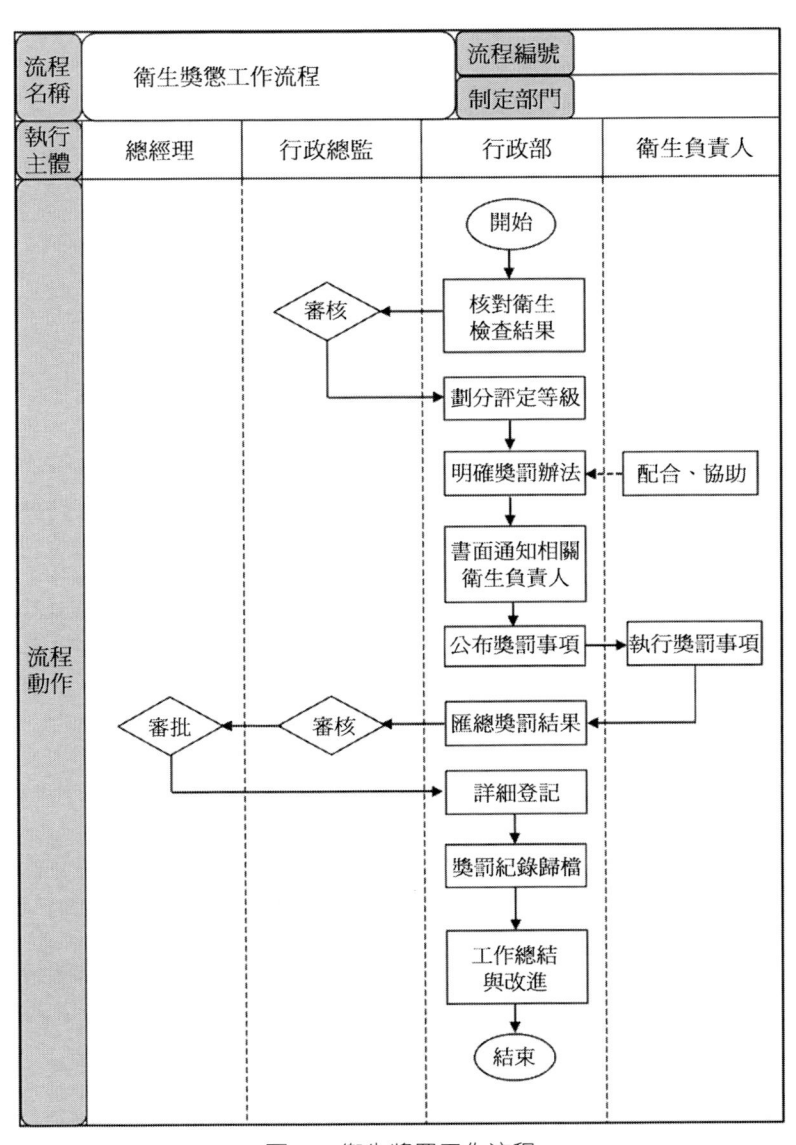

8.2.7 衛生獎罰工作流程

衛生獎罰工作流程如圖 8-8 所示：

圖 8-8 衛生獎罰工作流程

總經理行政規範化管理

8.3 環境衛生管理標準

8.3.1 環境衛生管理業務工作標準

環境衛生管理業務工作應遵循的工作規範及須達成的目標成果如表 8-2 所示。

表 8-2 環境衛生管理業務工作標準

工作事項	工作依據與規範	工作成果或目標
辦公環境管理	◆辦公環境管理制度 ◆辦公區域布置流程	(1) 辦公區域衛生不合格率在___%以下 (2) 辦公用品完備率達到100%
綠化管理	◆環境綠化管理制度 ◆綠化管理工作標準 ◆環境綠化實施流程	(1) 綠化作業及時率為100% (2) 綠化作業違規次數為0次 (3) 綠化作業品質驗收合格率在___%以上
綠化養護	◆環境綠化管理制度 ◆綠化日常養護工作計劃 ◆綠化設備工具使用辦法 ◆綠化日常養護流程	(1) 綠化養護計劃達成率在___%以上 (2) 綠化養護檢查及時率為100% (3) 操作不當造成的設備工具損壞率為0
清潔衛生控制	◆清潔衛生管理制度 ◆清潔衛生工作標準 ◆清潔衛生控制流程	(1) 清潔衛生標準執行率為100% (2) 複查清潔衛生合格率為100%
清潔衛生檢查	◆清潔衛生檢查辦法 ◆清潔衛生檢查表 ◆衛生工作評估標準 ◆清潔衛生檢查流程	(1) 檢查工作及時率為100% (2) 保證檢查工作的公正性，接到投訴次數為0次 (3) 檢查報告編寫上交及時率為100%
清潔衛生獎罰	◆清潔衛生獎罰辦法 ◆衛生獎罰總結記錄 ◆衛生獎罰工作流程	(1) 保證獎罰工作透明度，被有效投訴的次數控制為0次 (2) 獎罰結果執行率為100% (3) 獎罰通知及時率為100%

8.3.2 環境衛生管理業務績效標準

企業透過制訂詳細的業務績效標準，督促相關部門和人員積極認真地完成環境衛生管理工作，做到標準明確，以提高工作效率。具體的環境衛生管理業務績效評估指標與評估標準如表 8-3 所示。

表 8-3 環境衛生管理業務績效標準

工作事項	評估指標	評估標準
辦公環境管理	辦公區域布置、衛生情況	1.辦公用品準備齊全，設備、文具、紙張等必備品完善得＿＿分；缺少扣＿＿分 2.辦公區域地面無雜物，桌面物品擺放整齊，設備、文件上無污漬，以上衛生情況良好得＿＿分；合格得＿＿分；不合格扣＿＿分
設備工具維護	設備工具損壞情況	綠化作業設備、工具基本無操作性損壞，定期維護，及時更新記錄報廢情況，設備工具故障或更新損失控制在＿＿元以內
綠化日常養護	綠植、花卉養護情況	1. 綠植、花卉養護得當，年度養護費用控制在＿＿元以內，每超50元，扣＿＿分，扣至0分為止 2. 綠化養護計劃達成率，目標值為＿＿%，每降低1個百分點，扣＿＿分；低於＿＿%，本項不得分 3. 綠植、花卉、盆景等無人為損壞得＿＿分；每出現一次人為損壞情況，扣＿＿分
清潔衛生檢查	檢查工作的及時性	1.檢查工作及時率達到＿＿%，每降低＿＿百分點，扣＿＿分；低於＿＿%，本項不得分 2.接到投訴次數目標值為＿＿次，每接到投訴＿＿次，扣＿＿分；高於＿＿次，本項不得分
清潔衛生獎罰	獎罰工作的透明性	清潔衛生的獎罰工作，受到投訴次數控制為＿＿次，每多1次，扣＿＿分；高於＿＿次，本項不得分

8.4 環境衛生管理制度

8.4.1 制度解決問題導圖

企業在環境衛生的管理過程中，常見的違規行為一般有物品無序放置、破壞綠植、隨手亂堆垃圾等，要解決這些問題需要企業制定明確的環境衛生管理制度。制度解決問題導圖如圖 8-9 所示。

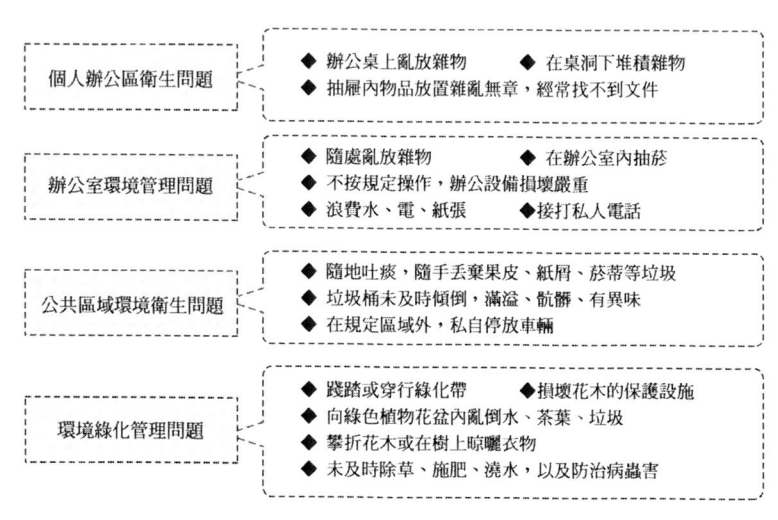

個人辦公區衛生問題	◆ 辦公桌上亂放雜物　　◆ 在桌洞下堆積雜物 ◆ 抽屜內物品放置雜亂無章，經常找不到文件
辦公室環境管理問題	◆ 隨處亂放雜物　　　　◆ 在辦公室內抽菸 ◆ 不按規定操作，辦公設備損壞嚴重 ◆ 浪費水、電、紙張　　◆ 接打私人電話
公共區域環境衛生問題	◆ 隨地吐痰，隨手丟棄果皮、紙屑、菸蒂等垃圾 ◆ 垃圾桶未及時傾倒，滿溢、骯髒、有異味 ◆ 在規定區域外，私自停放車輛
環境綠化管理問題	◆ 踐踏或穿行綠化帶　　◆ 損壞花木的保護設施 ◆ 向綠色植物花盆內亂倒水、茶葉、垃圾 ◆ 攀折花木或在樹上晾曬衣物 ◆ 未及時除草、施肥、澆水，以及防治病蟲害

圖 8-9 環境衛生管理制度解決問題導圖

8.4.2 辦公環境管理規定

辦公環境管理規定如表 8-4 所示：

表 8-4 辦公環境管理規定

制度名稱	辦公環境管理制度		編　　號	
執行部門		監督部門	編修部門	

第1條　目的。為規範辦公區域的工作秩序，營造整齊、清潔、安靜、美觀的辦公環境，提高員工個人辦公素養，特制定本規定。

第2條　適用範圍。本規定的適用範圍涵蓋公司的所有辦公區域，包括公司各部門辦公室、會議室、廁所、走廊、門窗等辦公場所及其設施。

第3條　愛護辦公室環境，保持辦公區域、辦公桌面的清潔，辦公桌面各種資料、工具、文件、配件等均應放置整齊、美觀。

第4條　公司報刊、書籍閱完後要放到固定的報架上，不得放在桌面上。

第5條　室內不准堆放雜物，垃圾應及時清理，不准堆積；保持室內網路線、電線等線路整齊不零亂。

第6條　設備、紙張要擺放整齊，因列印等產生的各種廢紙、雜物要放入垃圾桶內，未用完的紙張應放回原處，不應造成浪費。

第7條　自覺養成良好的衛生習慣，重視個人衛生，保持服裝、頭髮乾淨、整潔。

第8條　員工要珍惜、愛護本部門各種設備，嚴禁私自轉借或出租，因過失造成設備損壞的，要查明原因，並根據損壞的程度由過失人全部賠償。

第9條　注意節約用電、用水，做到人走關燈、關電腦、關空調等，嚴禁在辦公室私自使用大功率電器。

第10條　辦公電話本著節儉效能的原則，嚴格控制公話私用。

第11條　員工在午餐時間或長時間離開辦公室應將辦公用品、相關資料收拾整理好。

第12條　在公司指定的就餐處用餐，用完餐後將餐具收拾好，並清理桌

表8-4(續)

面雜物，保持桌面乾淨，整潔；否則罰款250元／人·次。

第13條 嚴禁在上班時間吃零食，零食不允許長時間放置於辦公桌上。

第14條 所有辦公區域不得抽菸（來公司洽談的客戶除外），如有在辦公區域抽菸者，由行政部處以250元／人·次的罰款，並記警告。

第15條 辦公區域應經常打開窗戶，保持室內空氣流通。

第16條 辦公室嚴禁隨地吐痰、亂扔菸頭、紙屑等。如有發現，行政部將處以250元／人·次的罰款。

第17條 下班時，應整理乾淨辦公桌上所用物品，座椅置於桌下，所有廢棄物品必須投放於垃圾袋中帶出公司，避免雜物過夜發霉產生難聞氣味影響辦公環境。

第18條 行政部監督清潔人員打掃辦公環境衛生情況，保證辦公環境的乾淨、整潔。

第19條 公司每位員工應節約使用A4列印紙，不得列印與工作無關的內容，非正式文件應正反兩面重複使用，如發現浪費者給予150元／人·次的罰款。

第20條 每位員工都應愛護花草等綠色植物，嚴禁在辦公區域的綠色植物花盆內亂倒水、茶葉、汙物等影響植物生長。

第21條 本規定自頒布之日起，全體人員嚴格按照本制度執行。

第22條 本制度由行政部負責監督並執行。

編制日期		審核日期		批准日期	
修改標記		修改處數		修改日期	

8.4.3 環境綠化管理制度

環境綠化管理制度如表 8-5 所示：

表 8-5 環境綠化管理制度

制度名稱	環境綠化管理制度	編　號	
執行部門		監督部門	編修部門

第一章　總則

第1條　目的。

為美化公司工作、生產環境，塑造公司良好的外在形象，特制定本制度。

第2條　適用範圍。

本公司辦公室內的綠化工作以及公司區域範圍內的綠化區域。

第二章　職位職責

第3條　綠化負責人的職位職責。

1. 做好公司的綠化、美化及管理工作。
2. 按照公司綠化的基本要求，做好年度綠化計劃，並組織人員認真落實。
3. 落實防火、防盜、防病蟲害、防操作事故等安全保障措施。
4. 熟悉安全知識，及時消除安全隱患，避免發生任何人身及意外事故；能夠處理工作中遇到的簡單技術問題。
5. 督促員工做到定期除草、施肥、澆水及病蟲害防治工作，確保綠化的存活率，做到草坪內無雜草、樹木無枯枝。
6. 負責在會議室、辦公室等公共場所內擺放觀賞性植物，並做好養護工作，認真執行花木損壞賠償制度。
7. 監督所有人員對勞動工具的保養和維修工作，保證物品管理調配井然有序，熟悉和掌握設備操作規範和設施、設備維修保養技術。
8. 定期檢查檢修設施、設備，做到無丟失，無人為損壞，無人為原因致使設施、設備提前報廢。

表8-5(續)

> 9. 嚴格控制綠化管理成本。做到費用開支有計劃。
> 10. 做好工作服及勞保用品的發放、登記、回收工作。
>
> 第4條 綠化人員職位職責。
> 1. 落實綠化目標管理責任制，認眞執行綠化工作規範。
> 2. 管理好公司內各種花草、樹木、綠籬，對有意破壞綠化者，綠化人員有權進行警告甚至要求其賠償。
> 3. 定期澆水、施肥、除草、除蟲和剪枝等，確保綠化的成活率，做到草坪內無雜草、樹木無枯枝。
> 4. 加強對綠化勞動工具的保養和維修工作，熟悉和掌握設備操作規範與設施、設備維修保養技術。定期檢查檢修設施、設備，做到無丟失，無人爲損壞，無人爲原因致使設施、設備提前報廢。
> 5. 每天下班前必須把自己的綠化工具清洗乾淨，保存在倉庫內，並由相關人員做好回收紀錄。如果工具遺失，由本人照價賠償。
> 6. 經常注意觀察各自區域內的公共設施、明暗下水道等，一旦發現異常情況應立即有序上報。
>
>
> **第三章 環境綠化管理規定**
>
> 第5條 基本管理規定。
> 1. 公司在必要時劃撥一定的綠化專款用於公司的綠化養護與管理工作。
> 2. 綠化工作列入公司文化建設專案和內容。
> 3. 員工有權利和義務管理、愛護花草樹木。
> 4. 不准攀折花木或在樹上晾曬衣物等。
> 5. 不得損壞花木的保護設施。
> 6. 不准私自摘取花果。
> 7. 不准踐踏或穿行綠化帶。
> 8. 不准往綠化區域內倒汙水或扔雜物。
> 9. 不准在綠化區內堆放任何物品。
> 10. 未經許可，不准在樹木上及綠化帶內設置廣告招牌。
> 11. 凡人爲造成綠化、花木及設施損壞的，公司將給予罰款處理。

表8-5(續)

12. 凡由公司負責綠化的，應及時檢查記錄，報告綠化情況，定期培土、施肥、除蟲害、修剪枝葉、澆水等。

13. 公司必要時可專門聘用園藝工人或外聘園藝公司，承擔綠化管理工作。

14. 公司對外聘園藝公司的綠化工作品質進行評量，可填寫「供方服務品質檢查評量表」，如下表所示。

供方服務品質檢查評量表

供方名稱		服務日期	
服務項目		服務地點	
評價紀錄	評量人：	日期：	年　月　日
綠化負責人評定意見	簽　字：	日期：	年　月　日
行政經理意見	簽　字：	日期：	年　月　日

第6條　綠地綠化保養。

1. 保持地表平整，土壤均勻細緻；無廢紙、無雜物、無磚頭瓦礫，當天清除綠化垃圾。

2. 草苗栽種整齊，能覆蓋地表，無缺苗。

3. 公司園藝每用月用旋刀修剪草地一次，每季度施肥一次，入秋後禁止剪割。

4. 及時修剪草坪，及時澆水、施肥。春季、夏季的草地每週剪兩次，長度一般控制在＿＿公分以內；冬季每週或隔週剪草一次，當月培土一次，隔月疏草一次，隔週施水、肥一次，隔週施綠寶一次。

5. 割草前應檢查機具是否正常，刀具是否鋒利。滾筒剪每半月磨一次，每季度將機底刀打磨一次。

6. 草地修剪應交替採用橫、豎、轉的方法，防止草地受損過大，割草時行間疊合在＿＿%～＿＿%，防止漏割。

7. 避免汽油機漏油，造成塊狀死草，注意啓動氣墊機，停止操作時避免機身傾斜，防止草地產生餅狀黃印。

表8-5(續)

8. 工作完畢後，要清掃草地，並做好清洗機具和抹油等保養工作。

第7條 綠地養護品質的檢查。

綠化負責人每週進行檢查，並將結果記錄於「綠地養護品質巡查表」的相應欄目中。「綠地養護品質巡查表」如下表所示。

綠地養護品質巡查表

巡查內容	標準	檢查情況	整改情況
草坪養護	按計劃修剪，保持草坪平整整潔，修剪高度為公分		
除草	每季度至少除草兩次，達到站立目視無雜草		
修剪	保持花灌木、綠籬整潔及良好的形狀和長勢		
防病蟲害	發現病蟲及時噴藥防範		
抗旱排澇	高溫時，澆水時間安排在早晨或晚上；雨季時，及時做好排澇工作		

1. 綠化負責人每月對轄區內的綠地養護情況進行一次檢查，並將檢查結果記錄於「綠地養護品質巡查表」中。

2. 每月由養護部門填寫「供方服務品質檢查評價表」，並交行政經理填寫評定意見。

第8條 樹木花卉綠化保養。

1. 按生長習性定期完成灌溉、施肥和修剪，及時處理枯枝死杈，保持樹冠美觀整潔、層次分明。

2. 及時牽引、上架爬藤植物，做到無雜草和植物同生同爬現象。

3. 保證花壇內花苗長勢良好，無倒伏，花期正常，一年四季均有花苗生長或開放，花壇內無雜草生長。

4. 盆花擺放整齊、造型美觀；及時更換殘花。

5. 科學施肥。

6. 合理澆水。旱季及時進行人工澆水，澆水宜在早晚，澆灌時要注意不讓樹木生長處或樹穴中積水，以免根系窒息而死。

表 8-5(續)

7. 鬆土除草。雜草會與樹木爭奪養分,且影響環境美觀,因此在鬆土時應將雜草除掉,這樣有利於消滅蟲蛹,防止病蟲災害。

第9條 盆景綠化保養。

1. 公司所有石山盆景需統一掛上鐵牌、編號,並拍照入冊,做到盆景、名稱、編號牌和照片對號存檔,確保妥善管理。

2. 對新引入盆景要及時編號、拍照入冊,一旦出現損失要及時報告存檔備查(並應由管理者、領班和經理共同簽名確認)。

3. 每次出入室內更換盆景時,應登記編號並注明擺放起止時間、地點及生長狀態。

第10條 綠化標識檔案管理。

1. 綠化管理人員應對管轄綠地內喬木、灌木、草坪做統一標識,標識由公司統一製作「單株喬、灌木標識牌」和「叢植綠籬、花壇、花境、草坪標識牌」。綠化管理人員應標明植物名稱、編號、生態習性和種植日期等內容,並根據管理區域內的實際綠化情況予以布置。

2. 綠化管理人員對植物綠化的檔案應即時填寫「綠化檔案登記表」並匯編存檔。「綠化檔案登記表」如下表所示。

綠化檔案登記表

綠化等級: 　　　　總面積: 　　　　編號:

名稱	編號	日期	生長狀況紀錄(公分)				養護措施紀錄			
			面積	株高	樹徑	冠徑	澆水	施肥	噴藥	修剪

製表人: 　　　　　　　　　　日期:＿＿年＿＿月＿＿日

第11條 其他綠化相關工作。

1. 每月進行一次滅「四害」(蒼蠅、蚊子、老鼠和蟑螂)工作。

2. 注意愛護綠化工具,存放要整齊有序,嚴禁亂丟亂放。

表8-5(續)

> 3. 遇到所負責區域內的水電線路出現問題、損壞公物或其他突發事故時，必須及時報告，儘早處理，消除隱患。
>
> 4. 遇到水龍頭、綠化管道損壞時，必須及時通報維修組（如遇晚上、節假日水龍頭損壞，要及時關閉總閥）。
>
> 5. 工作時間外出或因故須暫離職位時要向綠化主管請假，公司有各類活動或安排時，要聽從行政部的統一調配。
>
> **第四章 附則**
>
> 第12條 本制度由行政部門負責解釋，經公司總經理批准後實行。
>
> 第13條 本制度自頒發之日起生效實施，每年修訂一次。

編制日期		審核日期		批准日期	
修改標記		修改處數		修改日期	

8.4.4 清潔衛生管理制度

清潔衛生管理制度如表8-6所示：

表8-6 清潔衛生管理制度

制度名稱	清潔衛生管理制度	編　　號	
執行部門		監督部門		編修部門	

> **第一章　總則**
>
> 第1條 目的。為了加強本公司辦公環境的衛生管理，創建文明、整潔、優美的工作和生活環境，特制定本制度。
>
> 第2條 適用範圍。本制度適用於本公司辦公室內及公共區域（地面、走廊、廁所）的衛生管理。
>
> **第二章 個人辦公區的衛生管理**
>
> 第3條 辦公桌。辦公桌上只允許放置辦公必需品，具體規定如下。

表8-6(續)

除電腦、電話、筆筒、文件櫃（夾）、桌曆、常用辦公用品、茶杯外，不允許放其他物品；文件櫃（夾）必須豎放。

2. 電腦線、網路線、電話線有序放置。

3. 人離開半小時以上應將桌面收拾乾淨，待辦文件要整齊擺放在辦公桌的中下側。

第4條　抽屜。抽屜內擺放的物品是一個月內肯定要用到的物品，超過一個月須用到的物品要放到辦公室集中存放的櫃子內，辦公桌的抽屜要分類使用，分類方法如下。

1. 指定一個抽屜放置文件資料，如：各種參考資料、草擬的文件資料、空白稿紙、筆記本等。

2. 指定一個抽屜放置個人的辦公用品，如：計算機、訂書機、便利貼、膠台、橡皮擦、直尺、剪刀、修正液等。工作參考資料，如：辭典、筆記、商品目錄等。

3. 指定一個抽屜放置個人需獨自保存的私人用品，如：手提袋、皮包、衣物等。

4. 以上三個抽屜需要專門指定，多餘的抽屜只能放置當月將用到的空白表格、當週將用到的文件或當週內產生的紀錄。

第5條　座椅。靠背、座椅一律不能放任何物品，人離開時椅子擺正，如離開半個小時以上，椅子應放回桌洞內。

第6條　垃圾桶。需外罩塑膠袋，置於辦公桌右下角，不得在桌洞下堆積雜物。

第7條　外衣、手提袋、背包。置於衣帽架上或抽屜內，嚴禁隨意放在辦公桌椅上。

第三章 辦公室內的清掃與衛生管理

第8條　每天上班前打掃辦公室衛生，對伸手可及的地方進行打掃，做到面潔（包括地面、桌面、櫃面、門面、牆面及辦公設備表面等）、窗明、物整齊，室內沒有與辦公無關的物品。

第9條　棚頂無灰吊，牆上及牆上的壁飾、懸掛物上無灰塵，牆上不得亂釘亂掛。

表8-6(續)

第10條 桌椅、板凳、茶几、書櫃、卷櫃等易落灰塵的物品應隨時擦；房門把手處、燈開關無汙漬。

第11條 飲水機、水杯、電話、電風扇、空調機等物品和螢幕、主機、鍵盤上無灰塵汙漬。

第12條 辦公物品整理擺放有序，每月大掃除應包括以上所列各項，要物見本色，窗明几淨，一塵不染，無衛生死角；衛生清掃要堅持高標準，以積極的態度認眞對待，按照要求和時限完成，並自覺維護和保持。

第13條 衛生大掃除時清理不常用物品並將其置入倉庫收納櫃，打掃天花板、空調和能移動的桌、椅、沙發、櫃底下以及窗臺（露臺）、空調主機等平日難以觸及的地方，不留衛生死角。

第14條 平日辦公室紙簍內的垃圾不得露出，菸灰缸內菸蒂不得超過半滿，要及時傾倒。

第15條 宣導節約，隨手關水，人離開房間關燈、辦公設備關閉。

第四章 公共區域的清掃與衛生管理

第16條 公共區域（包括辦公室、宿舍樓大廳、樓梯、廁所、廠內走道等）的清掃與保潔，安排專門人員進行清潔。

第17條 公司劃分的衛生責任區，由相對應部門負責清掃與保潔，落實責任制管理。

第18條 會議室的日常衛生由行政部負責清掃和保潔，但其他部門人員使用後應負責清掃、保持整潔。

第19條 禁止在公共場地傾倒、堆放垃圾、雜物，禁止隨地吐痰，禁止亂扔果皮、紙屑、菸蒂及各種廢棄物。

第20條 辦公室外公共區域每天清掃；樓內的樓梯間、走道每天上午上班後半小時和下午上班前半小時各打掃一次，走道和樓梯間的窗臺每天打掃一次，露臺及水溝大掃除時打掃一次。

第21條 廁所每天至少清掃兩次，要做好除臭、及時清除污漬工作。其他公共衛生設施，必須特別保持清潔，盡可能做到無異味、無污穢。廠內各個垃圾桶必須每天進行傾倒。

表8-6(續)

第22條 公共區域禁止堆放各種雜物，各種必要設施須擺放整齊有序。

第23條 必須在規定區域和位置停放車輛，嚴禁亂停放車輛。

第五章 餐廳衛生管理

第25條 認真貫徹國家的《食品安全衛生管理法》。

第26條 餐廳的環境衛生、個人衛生，由專人督導，明確責任。

第27條 餐廳廚工須進行衛生知識培訓。新上任的廚工必須先體檢後上班，取得體檢合格證後，進行衛生知識教育。

第28條 操作間和設施的布局應科學合理，避免工序交叉汙染。

第29條 餐廳及操作間環境必須乾淨、整潔，每餐清掃，保持邊角無餐紙雜物，餐桌座椅清潔，門窗無汙點印跡，餐廳所轄各區域終日整潔衛生；每週徹底大掃除一次。

第30條 餐廳須玻璃明亮，牆壁、屋頂經常打掃，保持無蜘蛛網、無汙垢。

第31條 工作台、置物架等應潔淨，無油垢和汙垢、異味。工具一律不許放在地上或挪作他用。

第32條 各種用具要放在固定位置，擺放整齊，清潔衛生，呈現本色。

第33條 餐前確保室內空氣清新，並開啟紫外線燈進行殺菌消毒。

第34條 廚工上班工作時必須穿戴工作服、帽，開工前必須先洗手。售餐時須戴口罩、手套。

第35條 餐廳人員上班操作時不許抽菸，不得隨地吐痰。

第36條 供給直接入口的食品必須使用工具，不得用手直接拿取食品。

第37條 餐廳必須採取防蠅、防蚊、防鼠、防塵以及防蟑螂等害蟲的有效措施，在餐廳周圍早晚噴灑除蚊驅蟲藥水，晚上要將食品蓋好以防蟲咬，室內經常保持通風，排水管道保證暢通。

第38條 採購的原材料必須新鮮，存放的環境應通風、乾燥，避免霉變。嚴禁使用過期或變質的原材料和食品。

表8-6(續)

第六章 附則					
第39條 本制度由行政部負責制定、修訂，其解釋權歸行政部所有。					
第40條 本制度報行政總監審核通過後，自__年__月__日起執行。					
編制日期		審核日期		批准日期	
修改標記		修改處數		修改日期	

第 9 章 行政管理費用控制業務流程標準制度

9.1 行政管理費用控制業務模型

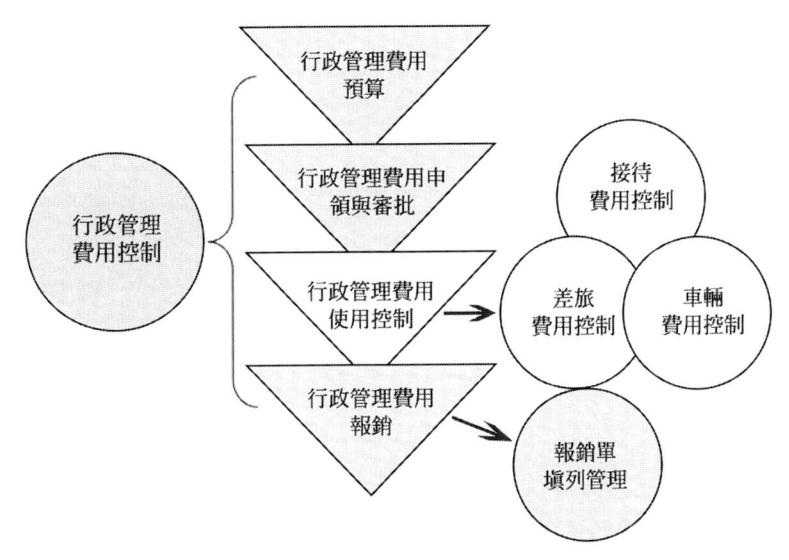

9.1.1 行政管理費用控制業務工作導圖

行政管理費用控制包括行政管理費用預算、行政管理費用申領與審批、行政管理費用使用控制和行政管理費用報銷等具體管理事項。其工作導圖如圖 9-1 所示。

圖 9-1 行政管理費用控制業務工作導圖

9.1.2 行政管理費用控制主要工作職責

企業應明確行政管理費用所占企業日常費用總支出的比重較大、彈性較強等特點。企業應明確各級管理人員及各部門的行政管理費用控制職責。其中，行政部在行政管理費用控制方面的主要職責說明如表 9-1 所示。

總經理行政規範化管理

表 9-1 行政管理費用控制工作職責說明表

工作職責	職責具體說明
行政管理費用預算	1.行政部於年初匯總各部門編制的年度費用預算草案，及時編制年度行政管理費用預算 2.行政部與財務部配合，編制年度分季度用款計劃，向財務部申請撥款 3.行政部審核各部門的行政管理費用的使用，避免行政管理費用使用超支 4.行政部定期向財務部報送行政管理費用執行情況報表，配合財務部對行政管理費用使用情況進行監督、審計
行政管理費用申領、審批	1.行政部匯總各職能部門的行政性支出費用申請單，並配合財務部進行審核 2.及時通知審核通過的部門填寫費用借支單，並對借支單進行審核 3.財務部撥款後，負責行政管理費用的發放工作
行政管理費用使用控制	1.根據年度行政管理費用開支計劃，分解各部門的行政管理費用支出指標 2.對各部門行政管理費用報銷申請是否符合費用開支計劃進行審核 3.配合財務部，做好行政管理費用台帳的登記工作，並根據批示意見，採購、發放、登記行政辦公物品 4.編制年度行政管理費用控制分析報告，做好行政管理費用控制改進工作
行政管理費用報銷	1.及時匯總、審核各部門填寫的報銷單 2.配合財務部向各部門發放領款通知 3.做好票據、資料的歸檔工作

9.2 行政管理費用控制流程

9.2.1 主要流程設計導圖

行政管理費用控制主要包括四個主要流程及若干個子流程。具體內容如圖 9-2 所示。

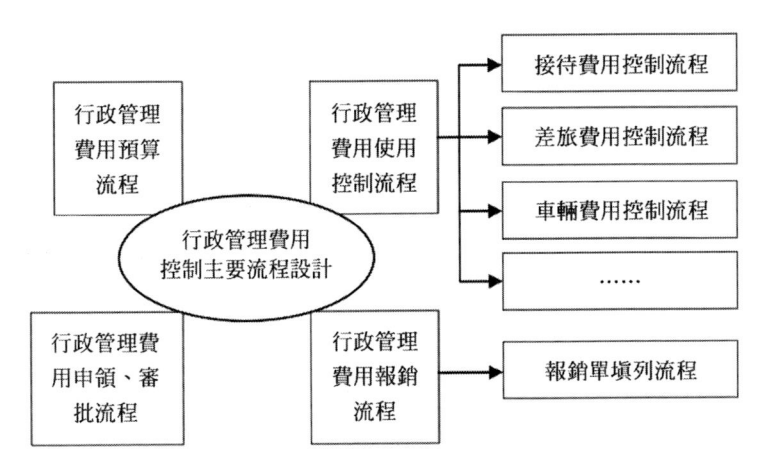

圖 9-2 行政管理費用控制主要流程設計導圖

總經理行政規範化管理

9.2.2 行政管理費用預算工作流程

行政管理費用預算工作流程如圖 9-3 所示：

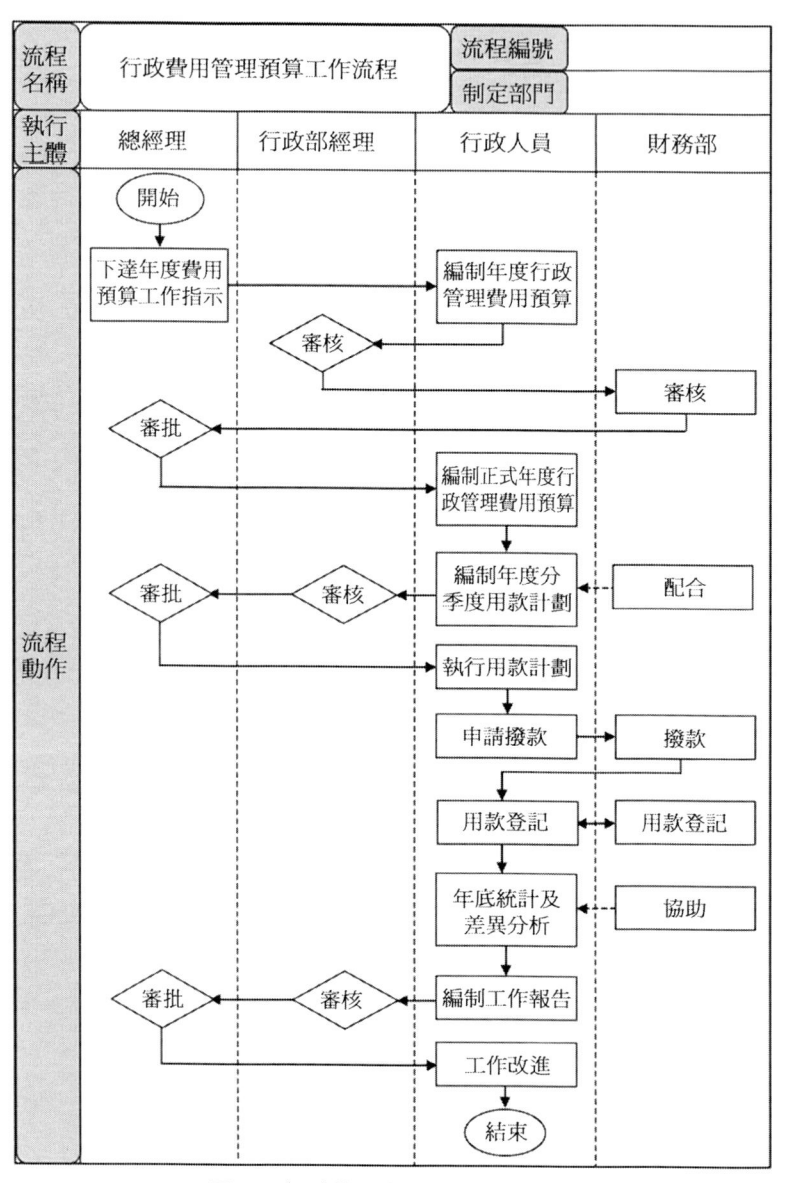

圖 9-3 行政管理費用預算工作流程

9.2.3 行政管理費用申領與審批流程

行政管理費用申領與審批流程如圖 9-4 所示：

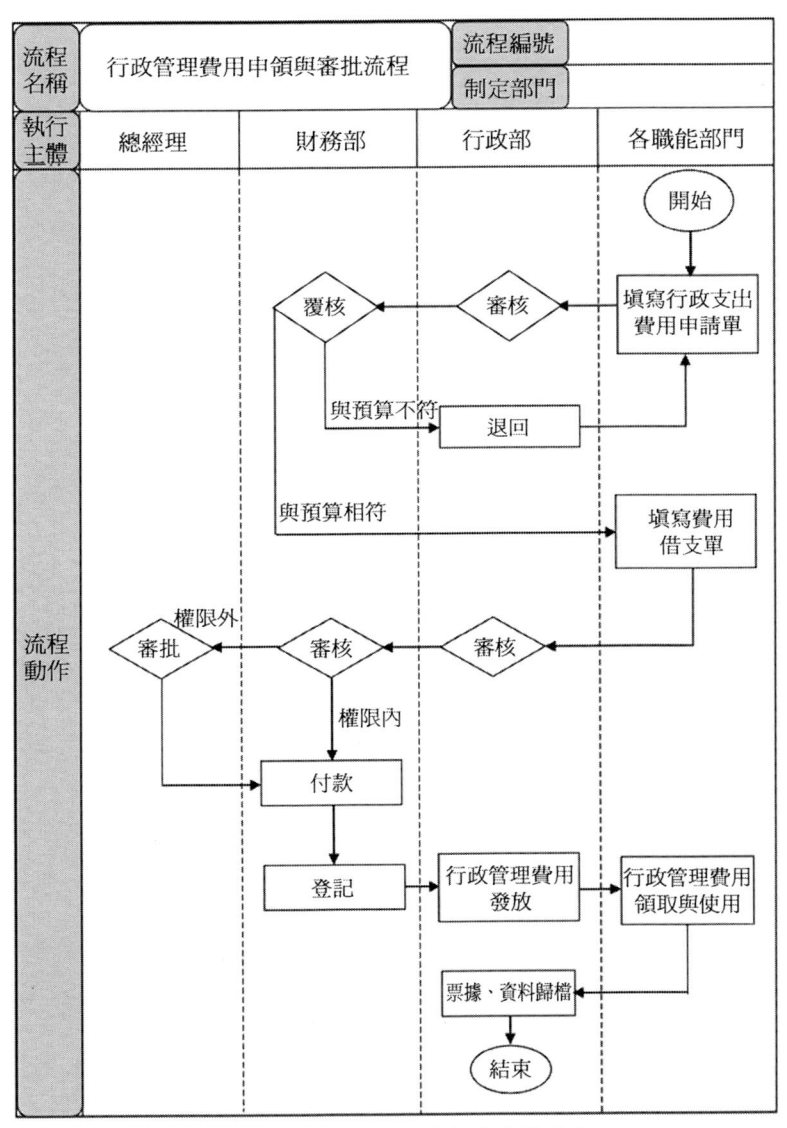

流程名稱	行政管理費用申領與審批流程		流程編號	
			制定部門	
執行主體	總經理	財務部	行政部	各職能部門
流程動作	權限外審批 → 審核（權限內）→ 登記	覆核（與預算不符→退回；與預算相符）→ 審核 → 付款	審核 → 審核 → 行政管理費用發放 → 票據、資料歸檔 → 結束	開始 → 填寫行政支出費用申請單 → 填寫費用借支單 → 行政管理費用領取與使用

圖 9-4 行政管理費用申領與審批流程

總經理行政規範化管理

9.2.4 行政管理費用使用控制流程

行政管理費用使用控制流程如圖9-5所示：

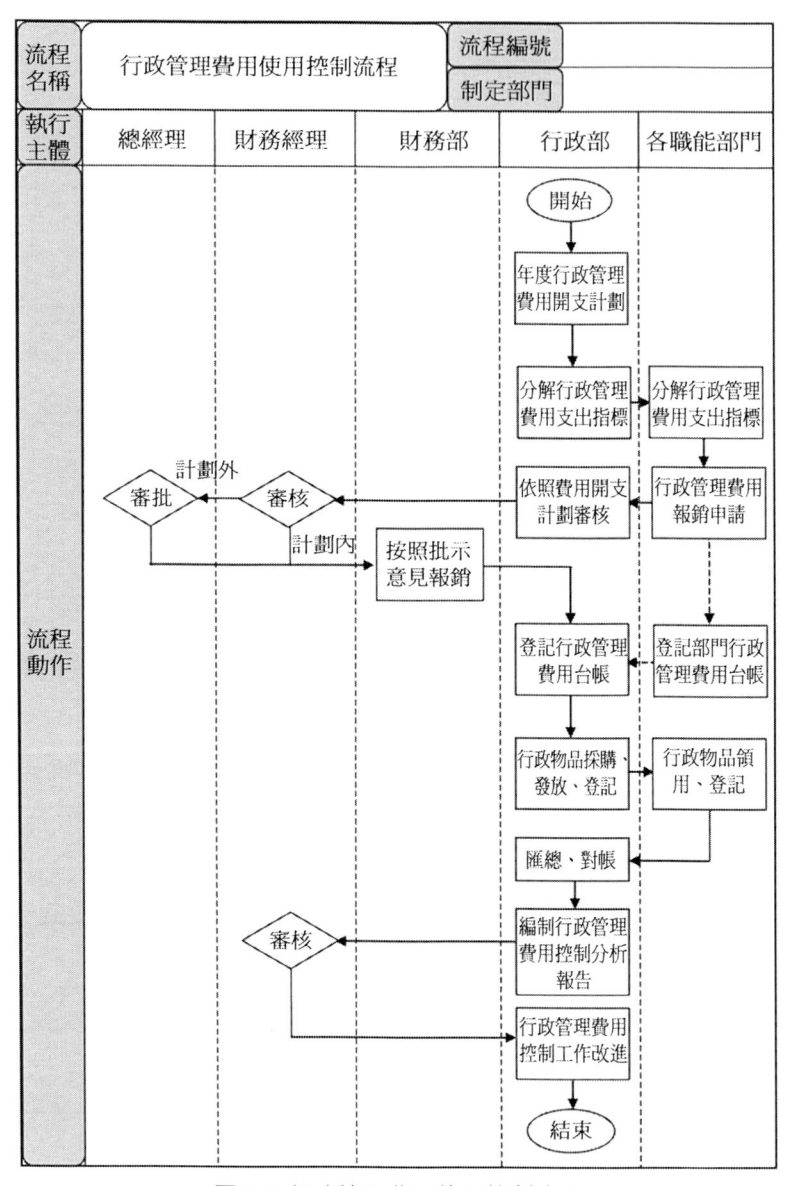

圖9-5 行政管理費用使用控制流程

9.2.5 行政管理費用報銷管理流程

行政管理費用報銷管理流程如圖 9-6 所示：

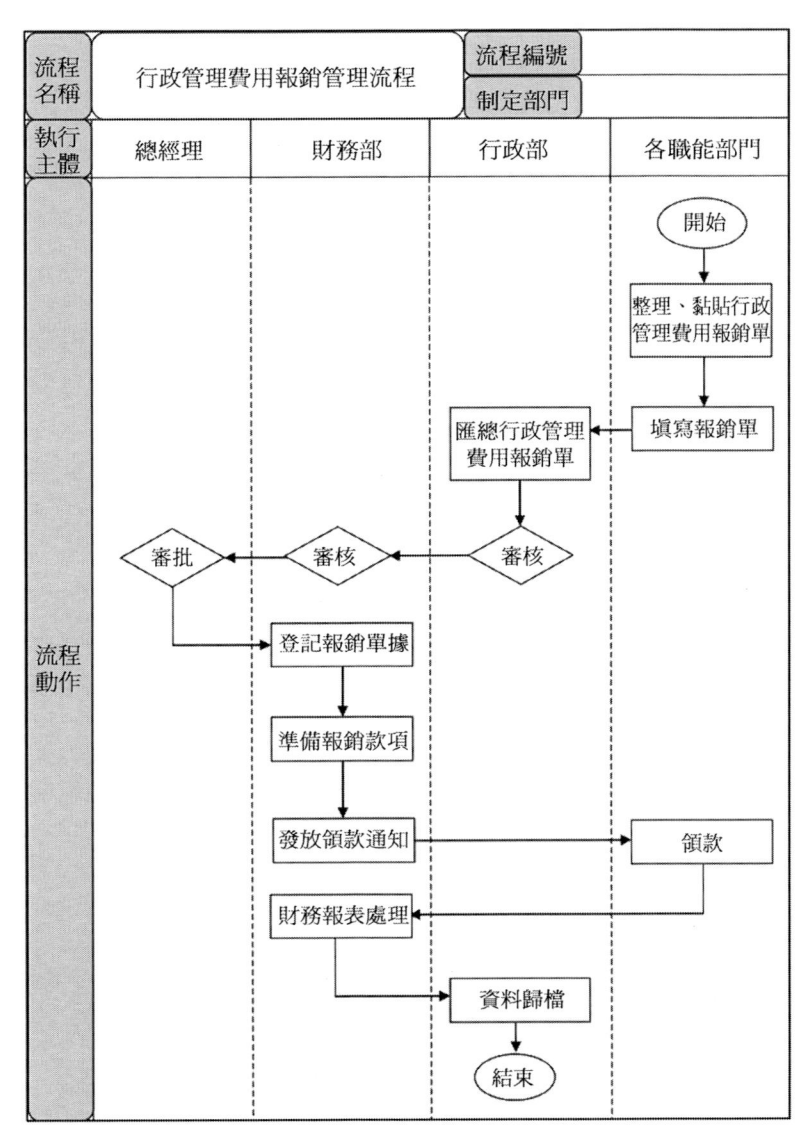

流程名稱	行政管理費用報銷管理流程		流程編號	
			制定部門	
執行主體	總經理	財務部	行政部	各職能部門
流程動作	審批	匯總行政管理費用報銷單 → 審核 → 登記報銷單據 → 準備報銷款項 → 發放領款通知 → 財務報表處理	審核 → 資料歸檔 → 結束	開始 → 整理、黏貼行政管理費用報銷單 → 填寫報銷單 → 領款

圖 9-6 行政管理費用報銷管理流程

9.3 行政管理費用控制標準

9.3.1 行政管理費用控制業務工作標準

為控制企業行政管理費用的開支，優化行政管理費用使用結構，行政部應按照以下工作規範執行行政管理費用控制工作。具體內容如表 9-2 所示。

表 9-2 行政管理費用控制業務工作標準

工作事項	工作依據與規範	工作成果或目標
行政管理費用預算	◆企業全面預算管理制度 ◆管理費用預算編制規範	(1) 年度預算編制及時率達到100% (2)嚴格執行用款計劃，確保用款不超出計劃範圍 (3)預算差異率≦___% (4)用款登記零差錯
行政管理費用申領與審批	◆行政管理費用申請與審批規定 ◆行政管理費用審批權限說明	(1)未通過財務審核的申請單，退回及時率達到100% (2)費用借支單審核及時率達到100%
行政管理費用使用控制	◆行政管理費用控制規定 ◆差旅費控制標準 ◆接待費控制制度	(1)行政管理費用控制報告提交及時率達到100% (2)行政管理費台帳登記零差錯 (3)在滿足企業生產經營需求的前提下，行政管理費用的支出有所降低
行政管理費用報銷	◆行政管理費用報銷流程 ◆報銷憑證相關要求	(1)報銷申請審批及時率達到100% (2)報銷相關資料歸檔全面率達到100%

9.3.2 行政管理費用控制業務績效標準

在行政管理費用日常控制過程中，行政部應遵循以下評估指標及評估標準進行考核，以便控制企業無效成本支出，減少經營成本。具體內容如表 9-3 所示。

表 9-3 行政管理費用控制業務績效標準

工作事項	評估指標	評估標準
行政管理費用預算	年度行政管理費用預算編制及時率	在1月15日前完成年度行政管理費用預算編制工作，每延遲1個工作日，扣___分，延遲超過15個工作日，本項不得分
	預算編制合理性	1.未結合各季度工作重點、重要事項和費用預算編制年度分季度用款計劃，本項不得分 2.僅結合工作重點或費用預算對年度分季度用款計劃進行編制，計畫編制合理性較低，得___分 3.年度分季度用款計畫編制合理，根據各季度工作重點、重要事項、費用預算進行編制，得___分
行政管理費用申領與審批	行政支出費用申請單審核及時率	1.行政支出費用申請單審核及時率＝$\dfrac{\text{在1個工作日內審核的申請單數量}}{\text{各部門提交的申請單總量}} \times 100\%$ 2.行政支出費用申請單審核及時率應達到___%，每降低___%，扣___分，低於___%，本項不得分
行政管理費用使用控制	各部門行政管理費用開支計劃審核及時性	在一個工作日內對各部門提交的行政管理費用開支計劃進行審核，每延遲1個工作日，扣___分，延遲超過5個工作日，本項不得分
行政管理費用報銷	行政管理費用報銷申請規範性	1.未按照企業規定執行行政管理費用報銷申請工作，偽造報銷憑證，本項不得分 2.按照企業規定執行行政管理費用報銷申請工作，但存在報銷憑證遺失或報銷金額填寫錯誤等現象，得___分 3.行政管理費用報銷申請工作嚴格按照企業規定執行，報銷憑證真實，報銷金額正確，得___分

總經理行政規範化管理

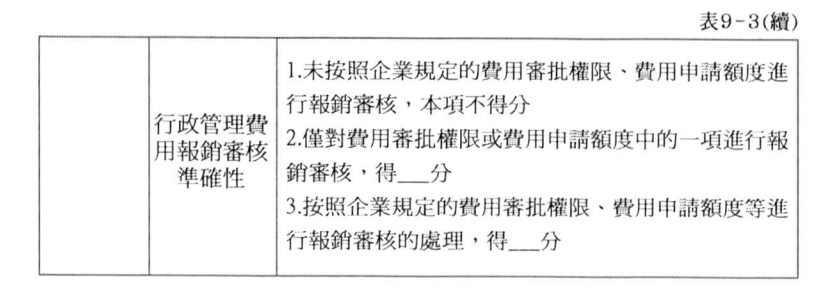

表9-3(續)

行政管理費用報銷審核準確性	1.未按照企業規定的費用審批權限、費用申請額度進行報銷審核，本項不得分 2.僅對費用審批權限或費用申請額度中的一項進行報銷審核，得___分 3.按照企業規定的費用審批權限、費用申請額度等進行報銷審核的處理，得___分	

9.4 行政管理費用控制制度

9.4.1 制度解決問題導圖

制定完善的行政管理費用控制制度有助於解決在執行行政管理費用控制工作時出現的以下若干方面問題，如圖 9-7 所示。

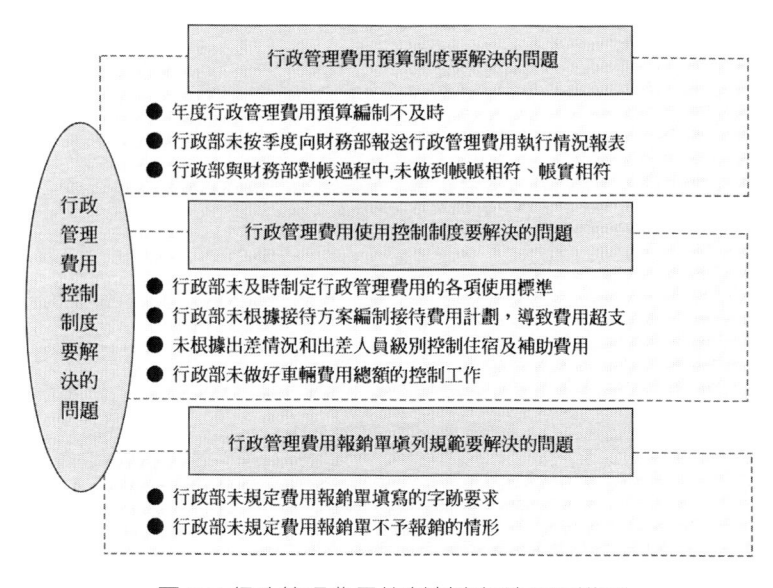

行政管理費用控制制度要解決的問題：

行政管理費用預算制度要解決的問題
- 年度行政管理費用預算編制不及時
- 行政部未按季度向財務部報送行政管理費用執行情況報表
- 行政部與財務部對帳過程中，未做到帳帳相符、帳實相符

行政管理費用使用控制制度要解決的問題
- 行政部未及時制定行政管理費用的各項使用標準
- 行政部未根據接待方案編制接待費用計劃，導致費用超支
- 未根據出差情況和出差人員級別控制住宿及補助費用
- 行政部未做好車輛費用總額的控制工作

行政管理費用報銷單填列規範要解決的問題
- 行政部未規定費用報銷單填寫的字跡要求
- 行政部未規定費用報銷單不予報銷的情形

圖 9-7 行政管理費用控制制度解決問題導圖

9.4.2 行政管理費用預算制度

行政管理費用預算制度如表 9-4 所示：

表 9-4 行政管理費用預算制度

制度名稱	行政管理費用管理制度	編　　號	
執行部門		監督部門		編修部門	

第一章　總則

第1條　為嚴格控制公司行政管理費用開支，確保公司經營利潤目標的實現，特制定本制度。

第2條　本制度所指的行政管理費用，包括辦公費、修理費、租賃費、物料消耗費、郵電費、物業管理費、水電費、總務費用、車輛費用、宣傳費用、會務費用、書報雜誌費、檔案工作費用、業務招待費、差旅費、交通費、常年顧問費、工資性支出、董事會費、監事會費等，還包括除生產部、銷售部之外的各部門根據其職能制定的費用預算。

第二章　編制年度行政管理費用預算

第3條　行政管理費用預算堅持以編定支，根據實際工作需求，實行總量控制。

第4條　行政部在每年年初，匯總各部門編制的年度費用預算草案，根據上年度行政管理費用開支的實際情況，結合本年度的費用預算計劃、工作目標、人員配置、消費水準等因素，編制年度行政管理費用預算。

第5條　行政部將「年度行政管理費用預算」報經行政經理審核，審核通過後，提交財務部試算平衡，再報經總經理審批，批准後形成正式的年度行政管理費用預算。

第三章　年度預算執行與費用使用

第6條　行政部在財務部的配合下，編制年度分季度用款計劃，報經行政經理審核，總經理審批。

總經理行政規範化管理

表9-4(續)

第7條 行政部根據年度分季度用款計劃，向財務部申請撥款。每項用款均須許可權責任人審核，預算外用款須經總經理審批。

第8條 財務部根據行政部的季度用款計劃和上月財會會計報表，結合行政部的業務、資金結存情況予以撥款。

第9條 行政部領取撥款後，應按照資金性質分別設立經費存款和其他存款帳目，在其帳目下進行用款登記。

1. 經費存款帳目主要用於登記預算內資金結算項目。
2. 其他存款帳目主要用於登記預算外資金結算項目。

第10條 行政管理費用使用部門有權經合法程序按照預算使用費用，對於必須發生的超預算費用有權提出申請，行政部對超額行政管理費用的支出有否決權，超預算費用支出必須由總經理審批後方可支出。

第11條 各單項行政管理費用原則上專款專用，不得隨意超支。

第12條 行政部按季度向財務部報送行政管理費用執行情況報表。財務部對行政管理費用使用情況進行監督，當經費使用達到預算計劃的80%時，由財務部發出「預警通知書」。

第13條 行政管理費用預算執行的超額和節支情況與行政部員工績效考核掛鉤，作為獎金發放的考核指標之一。

第四章 總結與改進

第14條 行政部與財務部進行對帳，確保帳帳相符、帳實相符。

第15條 行政部在年底對費用使用情況進行匯總、計算，對比預算與實際費用的差異，查找差異原因。

第16條 行政部總結費用預算執行情況，根據差異原因制定工作改進方案，形成行政管理費用年度預算執行報告，上報行政經理審核、總經理審批。

第五章 附則

第17條 本公司原有規定與本制度相抵觸時，均以本制度為準。

表9-4(續)

第18條 本制度自發布之日起實施，解釋權歸行政部所有。					
編制日期		審核日期		批准日期	
修改標記		修改處數		修改日期	

9.4.3 接待費用控制制度

接待費用控制制度如表9-5所示：

表9-5 接待費用控制制度

制度名稱	接待費用管理制度		編　　號	
執行部門		監督部門	編修部門	

第1條 為規範本公司公關接待工作，維護與提升公司形象，特制定本制度。

第2條 本制度所指的接待是指公司以建立、維護良好關係或重大業務談判為目的，對來訪的政府機構、相關公司、客戶、社會團體等的接待。

第3條 財務部根據年度經營預算核定部門接待費用總額，由接待部門分配月度支出額度。

第4條 行政部對接待對象的類型進行區分，並根據公司相關規定，按照接待對象的類型確定接待標準。

第5條 接待對象區分的依據為對方組織對本公司的影響程度及接待對象在對方組織中的地位。具體接待標準如下表所示。

業務規格和接待標準一覽表

規格	來訪客人和事由	接待標準
A級接待	● 以建立或維護公共關係為目的的重點關係公司的高級管理人員	● 陪同標準：總經理出面陪同，也可視具體情況由總經理指定專人陪同 ● 會場及周邊環境布置：鮮花、水果、飲料、毛巾、噴泉、燈光、擴音設備等 ● 用車標準：高級禮賓車迎送 ● 禮品標準：可饋贈有公司文化特色的高級紀念品

總經理行政規範化管理

表9-5(續)

B級接待	● 建立或維護公共關係為目的的重點關係公司的中層管理人員 ● 一定社會影響力的社會團體和個人來訪	● 陪同標準：由副經理陪同 ● 禮品標準：可饋贈有公司文化特色的中檔紀念品 ● 住宿標準：三星級標準間
C級接待	● 學習為目的來訪的社會團體、公司 ● 其他臨時性來訪的團隊或個人	● 陪同標準：由行政部負責人陪同 ● 宴請標準：由行政部負責人出面宴請，平均每人450～500元 ● 禮品標準：有公司文化特色的一般紀念品

第6條 A級接待方案應提前7個工作日擬訂，B級接待方案提前4個工作日擬訂，C級接待方案如來不及擬訂的，可進行草擬或口頭匯報。

第7條 陪同來訪人員用餐時，如來訪人員人數在10人以下，本公司作陪人員不得超過3人，如來賓人數在10人以上，每增加5人，則增加1名本公司陪同人員。

第8條 對重要來賓應準備接待卡，詳細記載其愛好、興趣等資訊。

第9條 行政部根據接待對象確定接待標準後，填寫接待費用申請單，申請單內容應包括接待費用額度、接待對象、接待原因、接待工作的時間、地點安排等內容，並將申請單上報行政經理審核。

第10條 行政部根據審批通過的接待費用額度和接待方案，編制接待過程各項費用項目的費用計劃，加強對接待費用的控制。

第11條 接待費用項目包括餐飲費、交通費、住宿費、娛樂費、禮品費、車輛使用費、鮮花、水果、飲料等購置費、文具、紙張費用等。

第12條 財務部根據接待費用預支申請單，對比已審批通過的接待費用額度，暫支接待費。

第13條 接待工作結束後3個工作日內，行政部根據實際發生的接待費用支出情況填寫接待費用報銷單，並附上發票或其他憑證，向財務部提交，經財務經理審核後予以報銷。

第14條 財務部根據年度經營預算核定接待費用總額，超額部分由部門經理承擔。

表9-5(續)

第15條 如接待費用超出接待標準，超額部分由部門經理承擔。						
第16條 本制度由行政部會同財務部制定，經總經理批准後實施。						
編制日期		審核日期		批准日期	
修改標記		修改處數		修改日期	

9.4.4 差旅費用控制制度

差旅費用控制制度如表9-6所示：

表9-6 差旅費用控制制度

| 制度名稱 | 差旅費用管理制度 | | 編　　號 | |
| 執行部門 | | 監督部門 | | 編修部門 | |

第一章　總則

第1條 為規範本公司差旅費用使用標準，嚴格控制差旅費支出，特制定本制度。

第2條 本制度適用於對公司所有員工差旅費用的控制。

第二章 交通費用控制

第3條 行政部應根據業務的重要程度、緊急程度、出差地點、員工職級等因素為出差人員選擇交通工具。

第4條 出差人員交通工具使用情況如下表所示。

出差人員交通工具分類表

出差類型	出差情況		出差交通工具
短途出差	單程距離在300公里以內		公務車、自用車前往
長途出差	臨時性緊急出差任務		公務車
	單程距離在300公里以上	未配有公務車的員工長途出差	長途客車、火車、客船、飛機、公務車
		配有公務車或有自用車的員工長途出差	公務車、自用車

表9-6(續)

運行時間在6小時以上	火車出差在當日晚6時至次日早8時公司基層管理人員	硬臥
	公司中、高層管理人員及高級技術人員	軟臥
備註	1. 需乘坐飛機的出差人員，如無特殊情況，來往機場的交通工具應選擇機場巴士 2. 如因特殊情況需乘坐計程車，員工在報銷時，應提供乘車地點、時間、原因、金額等資訊	

第三章 住宿費用與補助費用控制

第5條 公司員工因出差情況和出差人員的差別，制訂不同等級的住宿級別。

供方服務品質檢查評量表

出差情況	住宿級別	出差情況	住宿級別
一般員工出差	標準間	為參加會議出差	會議組織者指定酒店
超標準住宿	事先由財務部批准	2位同性別員工	合住標準間
出差地點有公司定點酒店	定點酒店	出差地點為出差人員家庭所在地	不報銷住宿費
工作日出差	只領取差旅費	休息日出差	領取差旅費、加班費

第6條 公司員工在不同地區出差，住宿費用補助標準如下表所示。

住宿費用補助標準

行政級別\地區	總經理	部門經理	部門主管	高級技術人員	一般員工
直轄市	4000元/天	3250元/天	2500元/天	1750元/天	1250元/天
除直轄市之外的市級城市	3500元/天	2500元/天	1600元/天	1500元/天	1000元/天
偏鄉	3000元/天	2250元/天	1500元/天	1000元/天	700元/天

表9-6(續)

第四章 差旅費報銷控制

第7條 出差人員在出差返回後3個工作日內,填寫「差旅費報銷單」,經部門主管簽字後,上報財務部審批、總經理審核,審核通過後,予以報銷。

第8條 員工出具的票據應按時間順序黏貼在「差旅費報銷單」背面。

第9條 報銷票據的正規性與合法性要求如下表所示。

報銷票據各項要求

票據類型	要求
車票	● 車票上有「單位蓋章」或「蓋章有效」字樣時,須加蓋出票單位印章後方可報銷,印章不清晰或未加蓋印章,則不予報銷 ● 所貼車票必須與「出旅費報銷單」上所填寫的起止日期、出差路線車票一致 ● 對非同一次乘車卻出現票號相連的現象,不予報銷
發票	● 必須為正規發票,發票的戶名必須填寫全稱 ● 跨行業發票不得混用 ● 發票金額填寫有誤的,應當由發票出具單位重新開具或進行更正,並在更正處加蓋出具單位印章
收據	● 行政事業性收據可作為報銷憑證

第10條 如員工超過7個工作日未進行報銷,行政部催辦無效的,財務部可通知人力資源部從員工本月或下月薪資中先行扣除。

第五章 附則

第11條 本規定由行政部負責制定與修訂工作,其解釋權歸本公司所有。

第12條 本規定報總經理審定後,自___年___月___日起實施。

編制日期		審核日期		批准日期	
修改標記		修改處數		修改日期	

9.4.5 車輛費用控制制度

車輛費用控制制度如表 9-7 所示：

表 9-7 車輛費用控制制度

制度名稱	車輛費用管理制度	編　　號	
執行部門		監督部門		編修部門	

第1條　為加強本公司對車輛費用的管理，提高車輛使用效率，降低車輛使用成本，特制定本制度。

第2條　車輛費用是指公司用於公務車輛使用和保養方面的各項支出，具體包括油耗費、維修保養費、洗車費、車險費、停車費、橋路費、審驗費及其他相關費用。

第3條　行政部應做好以下車輛費用總額控制工作。

1.用車人提出用車申請，經部門經理批准後，提交行政部，由行政部負責派車。

2.司機根據行政部的派車指示，填寫「出車單」，並與用車人共同在「出車單」上簽名確認。

3.行政部匯總、核定各部門車輛費用剩餘額度。超過額度的，應提醒，部門主管，車輛費用由部門自行承擔。未超過額度的，由財務部負責覆核、報銷。

第4條　本公司中高層管理人員在辦公常駐地的日常車輛費用標準如下所示。

本公司中、高層管理人員日常車輛費用標準一覽表

所屬部門	職務	費用標準	所屬部門	職務	費用標準
銷售部	高層管理	3000元	銷售部	中層管理	2500元
採購部	高層管理	2800元	採購部	中層管理	2300元
其他部門	高層管理	2000元	其他部門	中層管理	1800元

第5條　為有效控制油耗費用，行政部車輛管理人員應採取以下控制措施。

表9-7(續)

1. 出車前，司機至行政部取汽油卡，行政人員根據本次出車的大概里程供應汽油卡。

2. 司機在行車途中用油，應在發票背面註明行車起始里程。行政部根據里程表、加油時間、數量、用車記錄進行覆核。報銷時，應首先由車輛使用人簽字，提交行政部審核後，按票據報銷的相關規定進行報銷。

3. 行政部每年對不同車輛的使用年限、車輛狀況等影響油耗的因素進行檢查，核定百公里油耗。司機在用車時，按照行駛里程結算，節約歸公，超額自負。

4. 行政部定期對司機進行培訓，講解降低耗油量的有效技巧，包括平穩起步、適度熱車、高檔低速行駛、按經濟時速駕車、巧借剩餘力、避免發動機空轉、禁止超載行駛、嚴禁輪胎氣壓偏低等。

第6條 為有效控制車輛維修費用，行政部車輛管理人員應採取以下措施。

1. 司機一旦發現車輛發生故障，應立即填寫「車輛維修保養單」，上交行政部。行政部在半個工作日內，對車輛進行故障分析，確定維修部位、維修項目及維修費用限額。

2. 行政部根據車型、維修項目，採用詢價的方式確定車輛送修的廠家，填寫「送修單」，上報行政經理審核。

3. 由司機將車輛送至指定廠家進行維修。維修結束後，由行政部對維修車輛進行鑑定，經檢驗合格後，收回更換的舊部件，在維修廠家的單據上簽字。

4. 車輛在駕駛途中發生故障需要維修時，司機與行政主管聯繫後，就近進行車輛維修，並保存好票據。

5. 有以下情形之一的，由司機自行承擔維修費用。

(1) 由於司機使用不當或疏於保養，造成車輛損壞的。

(2) 未通過行政部對車輛使用情況檢查的。

(3) 司機因違反交通規則被交管部門罰款的。

第7條 保險費、橋路費根據司機或用車人提供的合法發票，每月匯總報銷1次，行政部根據派車紀錄進行覆核。

總經理行政規範化管理

表9-7(續)

第8條 在車輛費用借支時，應遵循以下規定。
1. 車輛因故需要借款時，由行政部主管填寫「借款申請單」，報經行政經理審核後，到財務部借支報帳。
2. 入職滿一年的司機，每年年初可於財務部領取1000元的車輛費用備用金，用於緊急情況下的加油費、維修費、停車費等日常費用的支付。
第9條 本制度由行政部負責制定與解釋工作，報總經辦審議通過後，自頒布之日起實施。

編制日期		審核日期		批准日期	
修改標記		修改處數		修改日期	

9.4.6 費用報銷單填列規範

費用報銷單填列規範如表9-8所示：

表9-8 費用報銷單填列規範

制度名稱	費用報銷單管理制度	編　　號	
執行部門		監督部門		編修部門	

第1條 為規範費用報銷單的填寫和票據黏貼，規範公司報銷流程，特制定本制度。

第2條 填寫報銷單字跡工整、清晰，金額不得塗改，凡需填寫大小寫金額的單據，大小寫金額必須相符，相關內容填寫完整。

第3條 費用報銷單必須用藍、黑鋼筆或簽字筆書寫，不可使用原子筆或鉛筆書寫。

第4條 有以下情形之一的票據，財務不予報銷。

1. 內容填寫不全，字跡不清或有明顯塗改跡象的票據。
2. 無財務專用章的白條票據。
3. 數量、單價、金額不明確的票據。

第5條 費用報銷單的具體填寫說明如下。

1. 在「報銷部門」處填寫所屬部門——行政部。

表9-8(續)

  2. 如實填寫報銷時的日期，附件處填寫所附單據張數。

  3.「報銷項目」處填寫費用支出的用途，按不同項目分列填寫，在摘要裡可以填寫詳細內容。

  4.「金額」處填寫實際產生金額，金額前加上新台幣符號「NT$」。

  5.「合計」處填寫阿拉伯數字，「合計」行上方有空欄的，由左下方斜向上畫對角直線註銷。

  6.「金額大寫」處填寫合計的大寫金額。若報銷金額為千位數時需在萬字前畫圈，圈內打叉，以此類推，若千位數有數值，而百位數為零，需在百位數處寫零。

  7. 在費用報銷單右下角的「報銷人」處由報銷人簽字。

  8.「原借款」與「應退（補）款」處，只有在屬於沖銷借款時才填寫。

  第6條 所附發票應真實、合法，抬頭應為公司的全稱，不要簡寫或漏字、多字。

  第7條 票據黏貼在黏貼單上，用膠水黏貼。票據黏貼要求平整，不要遮蓋左邊裝訂線，黏貼後不能超過黏貼單的範圍。票據分類黏貼並方向朝上。票據黏貼順序和報銷單封面所列的專案順序一致。

  第8條 報銷市內交通費時需在車票背面寫清時間、上下車地點、事宜。

  第9條 發票由後往前貼，先貼小張發票，後貼大張發票，小張發票在下，大張發票在上。

  第10條 如果發票量大，要分門別類，按規格大小黏貼。加油票、計程車發票、火車票、飛機票等，均應在分類後，按照先小後大的原則黏貼。

  第11條 發票應按照報銷黏貼單大小疊好。

  第12條 本細則自發布之日起實施，解釋權歸行政部所有。

編制日期		審核日期		批准日期	
修改標記		修改處數		修改日期	

總經理行政規範化管理

第 10 章 總務後勤管理業務·流程·標準·制度

10.1 總務後勤管理業務模型

10.1.1 總務後勤管理業務工作導圖

企業總務後勤管理工作主要涉及三個方面的事項，包括員工宿舍管理、員工餐廳管理以及公務車輛管理。各部分的細項工作內容如圖 10-1 所示。

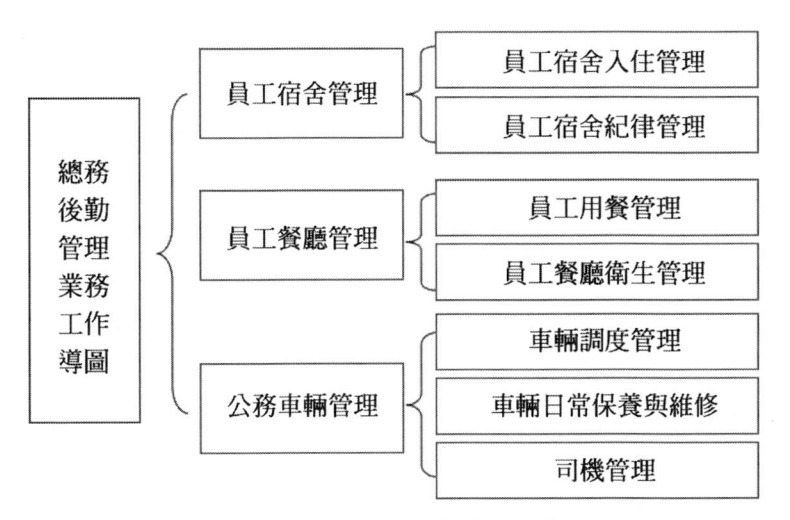

圖 10-1 總務後勤管理業務工作導圖

10.1.2 總務後勤管理主要工作職責

總務後勤管理工作主要由企業行政部負責，同時要求員工宿舍、餐廳負責人、企業車輛管理員等積極配合完成相關管理工作。其中，行政部在總務後勤管理方面的主要職責說明如表 10-1 所示。

總經理行政規範化管理

表 10-1 總務後勤管理主要工作職責說明表

工作職責	職責具體說明
員工宿舍管理	1.負責員工宿舍的申請受理與資格審查 2.做好員工入住的登記、調宿、退宿等手續的辦理事宜 3.負責宿舍內的公共設施管理工作,確保設施的安全、正常運行 4.負責宿舍內生活紀律、安全衛生工作的監督與管理

表10-1(續)

工作職責	職責具體說明
員工餐廳管理	1.制定員工餐廳日常管理制度,並監督執行 2.監督檢查餐廳各類菜品、食品的供應工作,協調餐廳與採購部的溝通 3.定期檢查餐廳的清潔衛生情況,保證員工用餐環境良好
公務車輛管理	1.應各部門商務用車需求,做好公務車輛的調度安排工作 2.整理存檔車輛管理員上交的車輛出車時間、異常情況、返回時間等記錄與相關單據 3.制訂車輛定期檢修、保養計劃,保證出車安全 4.合理安排司機輪班表,並予以監督,確保及時出車

10.2 總務後勤管理流程

10.2.1 主要流程設計導圖

企業總務後勤管理工作的開展需要用流程來規範。這些工作按照指定的流程來執行可以提高工作效率，並且避免失誤發生。行政部具體可設計以下流程，如圖 10-2 所示。

總務後勤管理主要流程設計

員工宿舍管理
1. 員工入住管理流程
2. 宿舍衛生檢查流程
3. 員工退宿管理流程

員工餐廳管理
1. 員工用餐管理流程
2. 餐廳衛生檢查流程
3. 餐廳收銀管理流程

公務車輛管理
1. 車輛調度工作流程
2. 車輛檢修工作流程
3. 司機出車管理流程

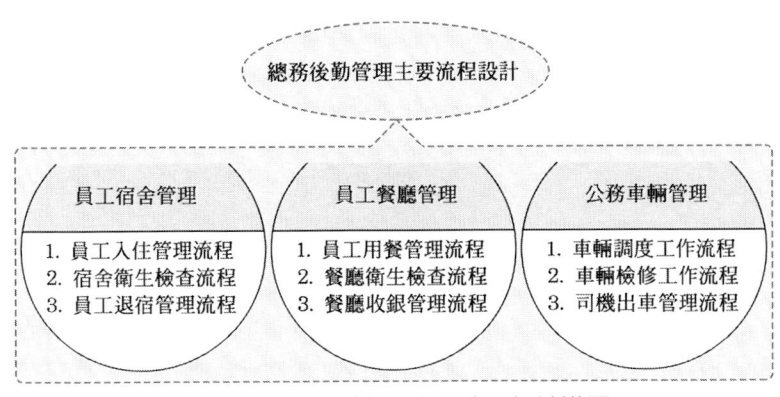

圖 10-2 總務後勤管理主要流程設計導圖

10.2.2 員工入住管理流程

員工入住管理流程如圖 10-3 所示：

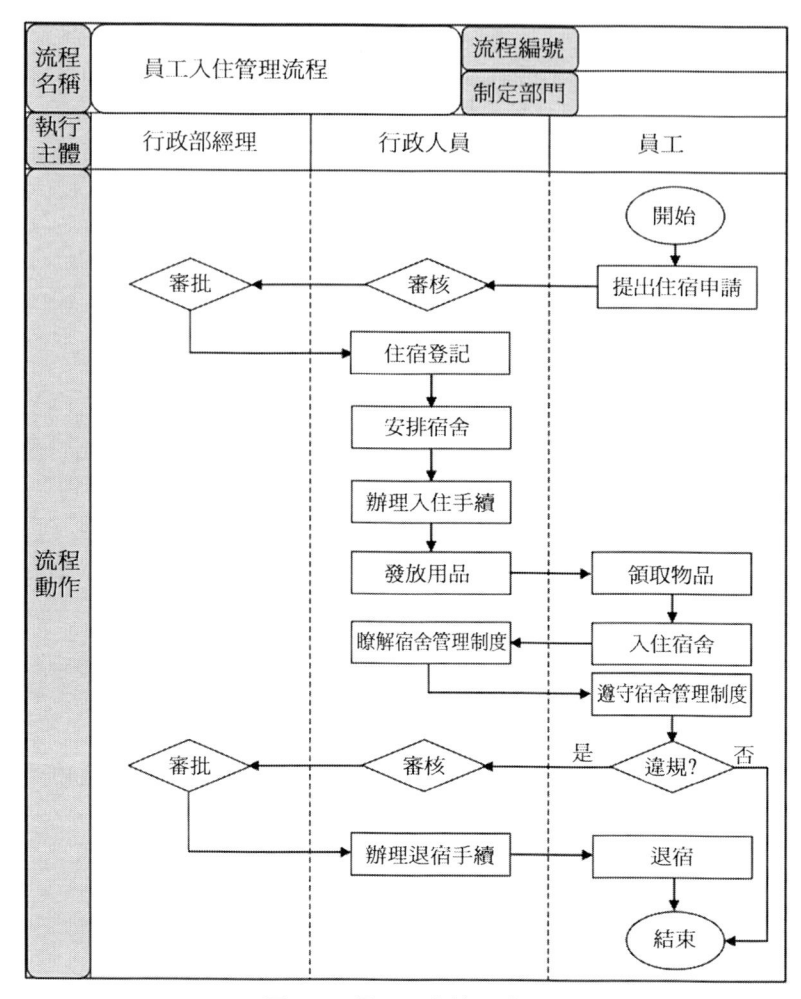

流程名稱	員工入住管理流程		流程編號	
			制定部門	
執行主體	行政部經理	行政人員	員工	

流程動作：

員工：開始 → 提出住宿申請 → 行政人員審核 → 行政部經理審批 → 住宿登記 → 安排宿舍 → 辦理入住手續 → 發放用品 → 員工領取物品 → 瞭解宿舍管理制度 → 入住宿舍 → 遵守宿舍管理制度 → 違規？

是 → 行政人員審核 → 行政部經理審批 → 辦理退宿手續 → 退宿 → 結束

否 → 退宿 → 結束

圖 10-3 員工入住管理流程

10.2.3 員工就餐管理流程

員工就餐管理流程如圖 10-4 所示：

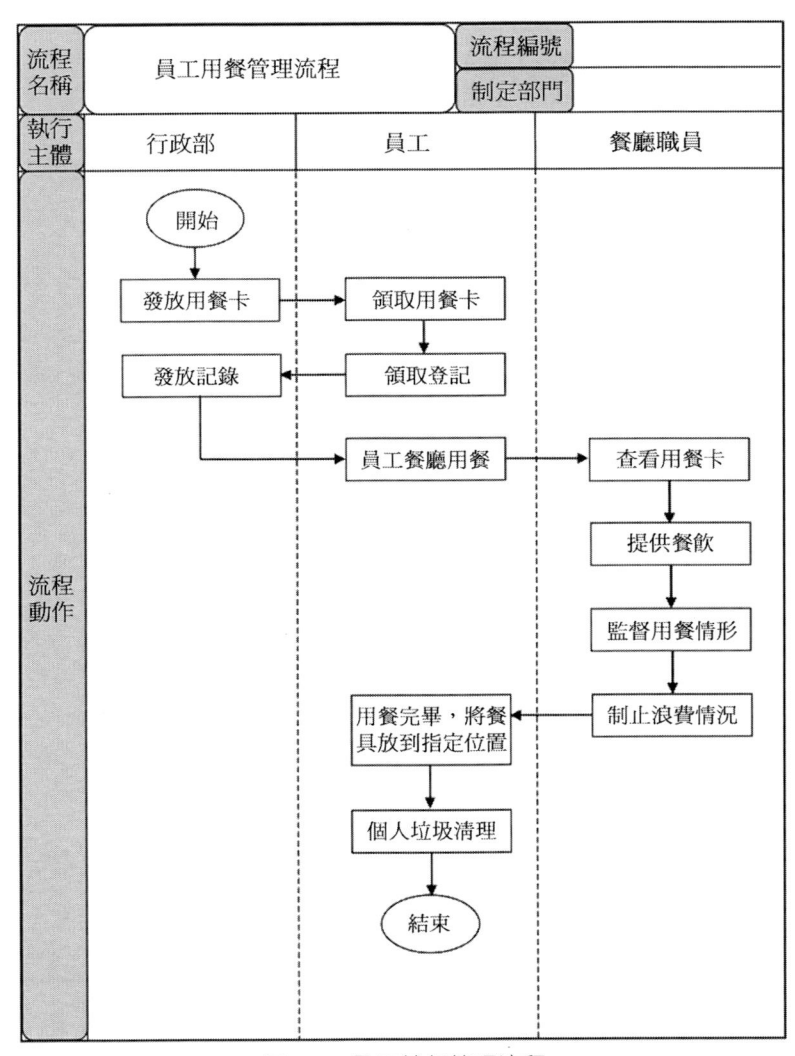

流程名稱	員工用餐管理流程		流程編號	
			制定部門	
執行主體	行政部	員工	餐廳職員	

```
                開始
                 │
                 ▼
           發放用餐卡 ──────▶ 領取用餐卡
                                │
                                ▼
           發放記錄 ◀────── 領取登記
                │
                └──────────▶ 員工餐廳用餐 ──────▶ 查看用餐卡
                                                       │
                                                       ▼
                                                    提供餐飲
                                                       │
                                                       ▼
                                                   監督用餐情形
                                                       │
                                                       ▼
                             用餐完畢，將餐 ◀────── 制止浪費情況
                             具放到指定位置
                                   │
                                   ▼
                               個人垃圾清理
                                   │
                                   ▼
                                  結束
```

圖 10-4 員工就餐管理流程

總經理行政規範化管理

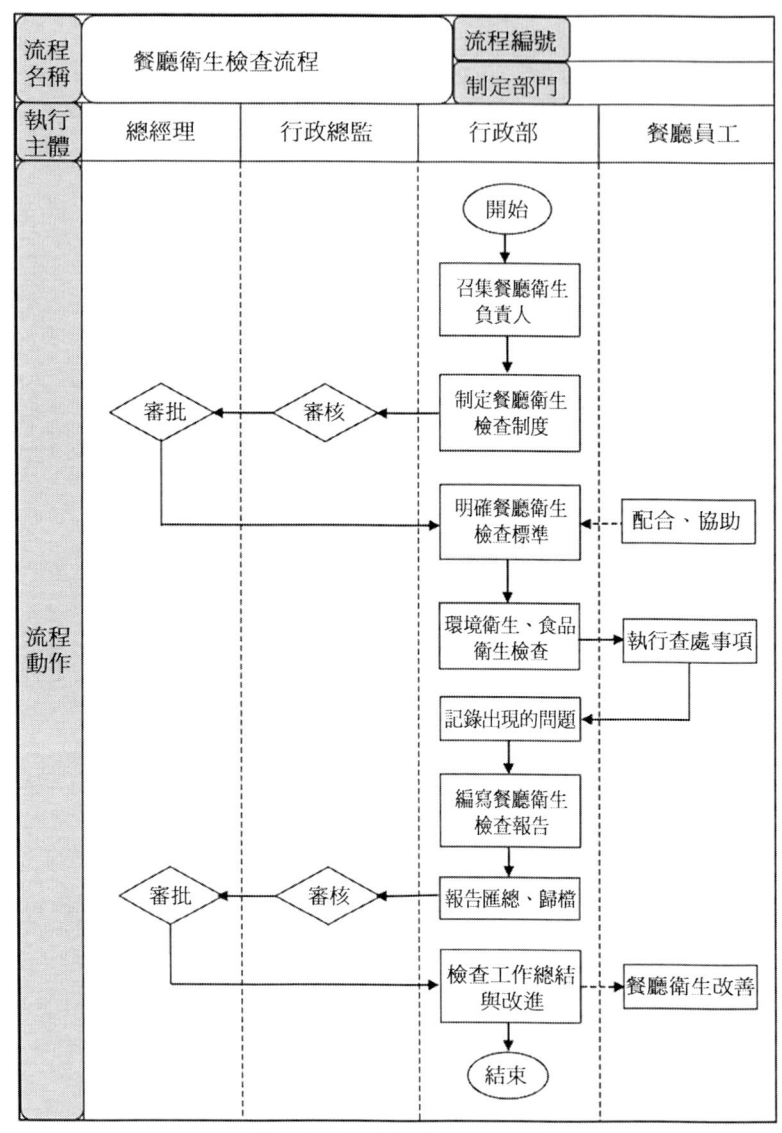

10.2.4 餐廳衛生檢查流程

餐廳衛生檢查流程如圖 10-5 所示：

流程名稱	餐廳衛生檢查流程		流程編號	
			制定部門	
執行主體	總經理	行政總監	行政部	餐廳員工
流程動作	審批 ←	← 審核 ←	開始 → 召集餐廳衛生負責人 → 制定餐廳衛生檢查制度 → 明確餐廳衛生檢查標準 → 環境衛生、食品衛生檢查 → 記錄出現的問題 → 編寫餐廳衛生檢查報告 → 報告匯總、歸檔 → 檢查工作總結與改進 → 結束	配合、協助 執行查處事項 餐廳衛生改善
	審批 ←	← 審核 ←		

圖 10-5 餐廳衛生檢查流程

10.2.5 司機出車管理流程

司機出車管理流程如圖 10-6 所示：

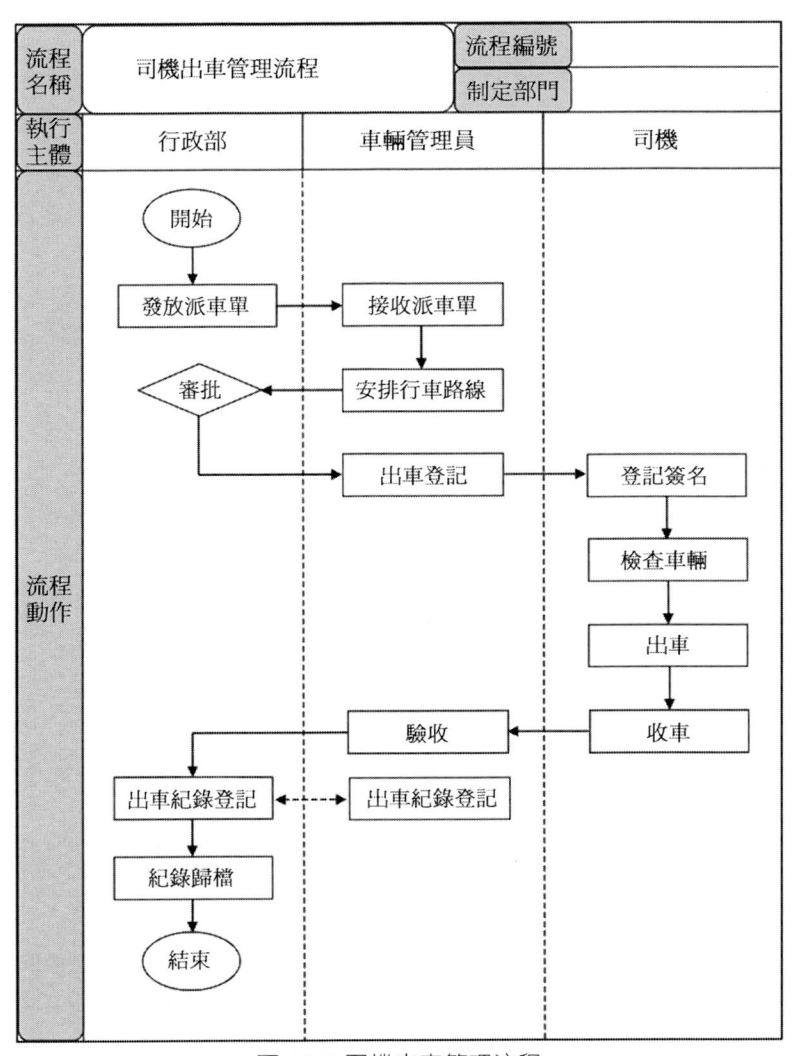

流程名稱	司機出車管理流程		流程編號	
			制定部門	
執行主體	行政部	車輛管理員	司機	

流程動作：

開始 → 發放派車單 → 接收派車單 → 安排行車路線 → 審批 → 出車登記 → 登記簽名 → 檢查車輛 → 出車 → 收車 → 驗收 → 出車紀錄登記（車輛管理員）⇢ 出車紀錄登記（行政部）→ 紀錄歸檔 → 結束

圖 10-6 司機出車管理流程

總經理行政規範化管理

10.2.6 車輛調度工作流程

車輛調度工作流程如圖 10-7 所示：

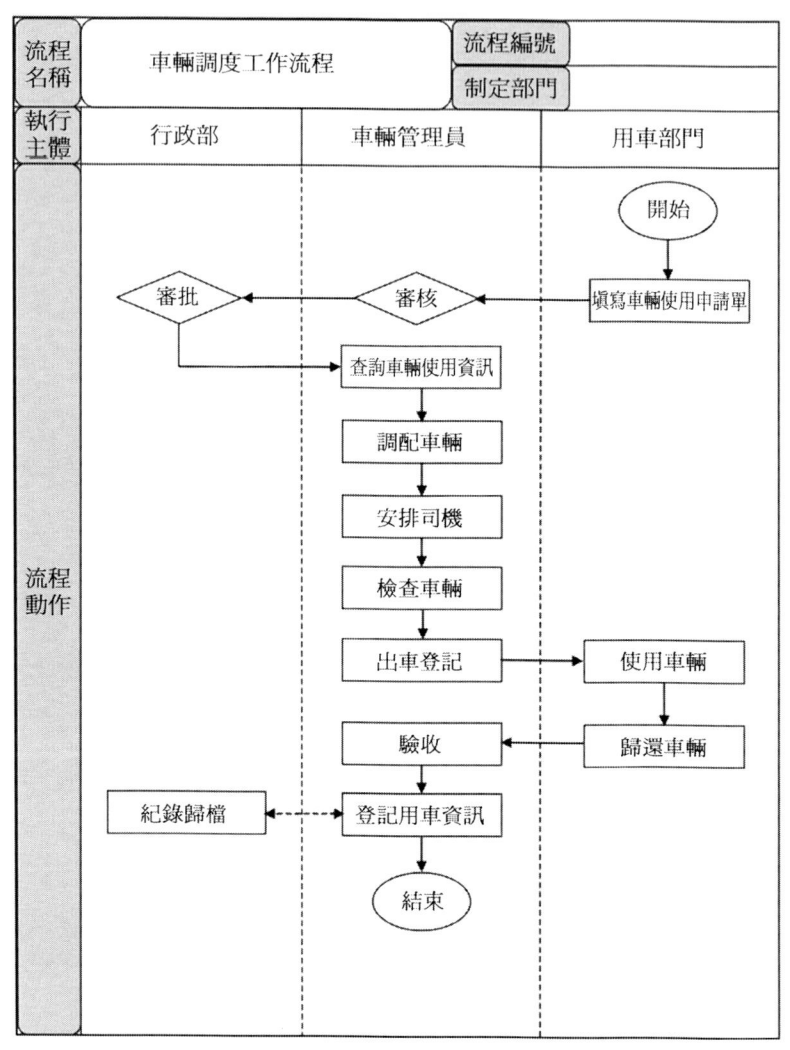

流程名稱	車輛調度工作流程		流程編號	
			制定部門	
執行主體	行政部	車輛管理員	用車部門	

流程動作：

用車部門：開始 → 填寫車輛使用申請單

車輛管理員：審核 → 查詢車輛使用資訊 → 調配車輛 → 安排司機 → 檢查車輛 → 出車登記 → 驗收 → 登記用車資訊 → 結束

行政部：審批 ← 審核；紀錄歸檔 ← 登記用車資訊

用車部門：使用車輛 → 歸還車輛 → 驗收

圖 10-7 車輛調度工作流程

10.2.7 車輛檢修工作流程

車輛檢修工作流程如圖 10-8 所示：

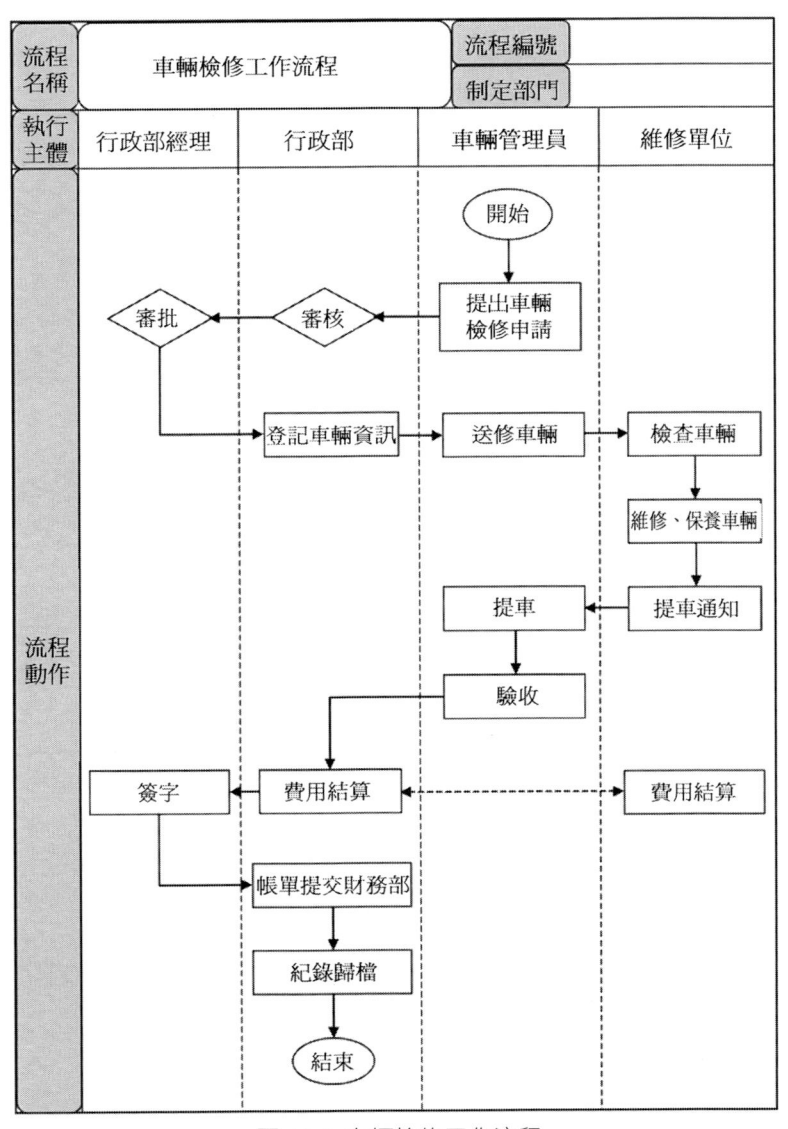

流程名稱	車輛檢修工作流程		流程編號	
			制定部門	
執行主體	行政部經理	行政部	車輛管理員	維修單位
流程動作			開始 → 提出車輛檢修申請	
	審批 ← 審核			
		登記車輛資訊	送修車輛	檢查車輛
				維修、保養車輛
			提車 ←	提車通知
			驗收	
	簽字 ←	費用結算	⋯⋯⋯⋯	費用結算
		帳單提交財務部		
		紀錄歸檔		
		結束		

圖 10-8 車輛檢修工作流程

10.3 總務後勤管理標準

10.3.1 總務後勤管理業務工作標準

總務後勤管理業務工作應遵循的工作規範及須達成的目標成果如表 10-2 所示。

表 10-2 總務後勤管理業務工作標準

工作事項	工作依據與規範	工作成果或目標
員工宿舍管理	◆員工宿舍管理制度 ◆宿舍紀律管理規定 ◆宿舍衛生檢查流程 ◆員工入住管理流程	(1)宿舍管理制度宣傳效果顯著，員工對入住、退宿規則有瞭解 (2)突發事件現場控制得當，員工宿舍管理被投訴次數爲0次 (3)及時對入住員工進行登記，無拖延情況，相關手續辦理及時率爲100%
員工餐廳管理	◆員工餐廳管理制度 ◆食品採購管理規定 ◆員工用餐管理流程 ◆餐廳衛生檢查流程	(1)餐廳工作按時完成率爲100% (2)原材料採購、盤點準確率爲__%，食品、原材料浪費情況爲0 (3)做好員工餐廳清潔衛生的監督檢查，確保食品乾淨、安全，食品安全事件發生率控制爲__%
車輛使用管理	◆車輛使用管理制度 ◆員工班車管理制度 ◆公務車司機管理制度 ◆司機出車管理流程 ◆車輛調度工作流程	(1)對車輛的調配按事務的輕重緩急程度安排先後順序，車輛調配的合理性達到100% (2)出車資訊登記完整，無缺失或遺漏內容，出車登記及時率爲100% (3)司機出車時態度良好，無違反本企業司機管理制度的情況，出車延誤次數爲0次
車輛檢修管理	◆車輛檢修管理制度 ◆車輛安全事故處理規定 ◆車輛檢修工作流程	(1)檢查驗收要認真細緻，能及時發現細微的車輛損壞或故障情況 (2)對交通事故地點、人員等情況及時匯報，描述準確，保護並記錄現場，事故處理合乎規範，將事故損失降至最低

10.3.2 總務後勤管理業務績效標準

企業透過制定詳細的業務績效標準，督促相關部門和人員認真完成後勤工作，保證企業內部事務的正常運行，以提高企業各部門的工作效率。具體的總務後勤管理業務績效評估指標與評估標準如表 10-3 所示。

表 10-3 總務後勤管理業務績效標準

工作事項	評估指標	評估標準
員工入住管理	入住辦理及時率、工作人員服務情況	1.及時對入住員工進行登記，無拖延情況，相關手續辦理及時率達到___%，每降低___個百分點，扣___分；低於___%，本項不得分 2.宿舍管理被投訴的次數，目標值為___次，每接到投訴___次，扣___分；高於___次，本項不得分
宿舍紀律、衛生管理	宿舍員工違反紀律情況、衛生情況	1.違反紀律情況，目標值為___次，每違規1次，扣___分；低於___，本項不得分 2.宿舍衛生情況良好得___分，合格得___分，不合格扣___分
餐廳衛生檢查	餐廳衛生檢查及時率、複查改進度	1.餐廳衛生檢查及時率達到___%，每降低___個百分點，扣___分；低於___%，本項不得分 2. 餐廳衛生複查無錯漏得___分；出現錯漏___次，得___分；錯漏___次以上，不得分
車輛檢修管理	車輛故障率	車輛基本無駕駛性損壞，定期檢修，及時更新記錄故障報廢情況，使用時無故障出現，得___分；出現故障___次，得___分；故障___次以上，不得分
交通事故的通報處理	交通事故通報及時率	交通事故通報及時率達到___%，每降低___個百分點，扣___分；低於___%，本項不得分

10.4 總務後勤管理制度

10.4.1 制度解決問題導圖

企業總務後勤管理中常常存在員工宿舍、餐廳缺乏有效的監督與管理，以及司機私自使用公務車輛等問題。針對以上問題，行政部可透過設計總務後勤管理的一系列制度予以規避或解決。制度解決問題導圖如圖 10-9 所示。

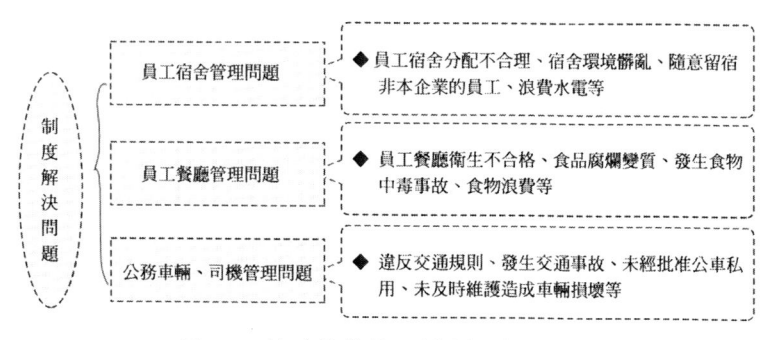

```
                  ┌─ 員工宿舍管理問題 ──── ◆ 員工宿舍分配不合理、宿舍環境髒亂、隨意留宿
                  │                          非本企業的員工、浪費水電等
制度解決問題 ─────┼─ 員工餐廳管理問題 ──── ◆ 員工餐廳衛生不合格、食品腐爛變質、發生食物
                  │                          中毒事故、食物浪費等
                  └─ 公務車輛、司機管理問題 ─ ◆ 違反交通規則、發生交通事故、未經批准公車私
                                              用、未及時維護造成車輛損壞等
```

圖 10-9 總務後勤管理制度解決問題導圖

10.4.2 員工宿舍管理制度

員工宿舍管理制度如表 10-4 所示：

表 10-4 員工宿舍管理制度

制度名稱	員工宿舍管理制度	編　　號	
執行部門		監督部門		編修部門	

第1條　目的。為加強員工宿舍的管理，保證宿舍的安全、秩序、整潔，使員工有一個良好的生活環境，以提高工作效率，特制定本制度。

第2條　適用範圍。本制度適用於公司內擬申請住宿的以及正在住宿的員工。

第3條　員工申請住宿條件及方式。

1. 公司員工於轄區內無適當住所或交通不便者，可至辦公室申請住宿。

2. 凡有以下情況之一者，不得住宿：患有傳染病者、有不良嗜好者，不得攜眷住宿。

3. 入住後須遵守本管理制度。

第4條　員工宿舍內大部分設施屬公司所有，愛護宿舍內一切公物設施，不准隨便移動拆卸，若損壞須照價賠償，未經公司行政部管理人員許可，任何人不得把東西搬離宿舍。

第5條　不准隨地吐痰、亂丟東西，保持室內整潔乾淨，進入室內要穿拖鞋，不准往窗外丟雜物，洗手間要經常沖洗，垃圾要倒入指定垃圾桶。

第6條　入住宿舍的人員必須是本公司在職員工，離職員工和外來人員拒絕入住，未經行政部允許擅自帶人入住，當事人罰款500元。

第7條　嚴禁在宿舍內賭博、嫖娼、酗酒、偷竊及做出有傷風化的其他行為。

第8條　注意節約水電，出門或離開宿舍務必關門、關水、關電，以免影響他人生活起居和財產安全，避免浪費水水電。宿舍內禁止使用大功率用電器，不准私自接拉電線，預防火災事故，保證人身和財產不受損失。

第9條　嚴格遵守作息時間，嚴禁在宿舍內大聲喧嘩、吵鬧、大聲播放音樂和收看電視，所有娛樂活動應文明、小聲地進行，以不影

總經理行政規範化管理

表10-4(續)

響他人休息爲前提。

　　第10條　房間所住的員工必須負責衛生清掃，輪流值日。下水道因衛生不清潔所造成的堵塞由責任人承擔其維修費用，如無法明確責任則由所住房間員工平均分攤。

　　第11條　嚴禁在宿舍內違法亂紀。

　　第12條　團結一致、互諒互讓、互勉互助，避免吵架、打架、鬥毆事件的發生。

　　第13條　員工宿舍的水管、電燈出現損壞情況，必須及時報告行政部管理人員請人維修，如不報告而出現事故由該房員工負責。

　　第14條　每位員工配置床位一個，被褥員工自行準備，員工必須按公司分配規定使用各自的床及用品等，不准私自調換房間、床位。員工個人財物妥善保管，任何人未經主人同意不得擅自動用他人物品。

　　第15條　員工退出宿舍時，必須到行政部辦理退手續，由行政部管理人員清點宿舍物品，若有遺失、損壞則照價賠償。

　　第16條　行政部管理人員有義務監督、執行本制度，對於違反本制度的員工，應主動進行勸導、批評、教育，對於不聽勸阻的員工，或明知故犯的行爲有權視其情節輕重，做出行政處分的初步意見，其中罰款處理的幅度爲50~1000元，報公司行政部審批後執行。

　　第17條　宿舍的防盜門鑰匙由專人負責，並在行政部登記，若擅自配鑰匙將對原鑰匙持有人和擅自配鑰匙的人每人各罰款500元，入職未滿三個月的員工不得單獨持鑰匙，未按此規定執行的，對原持鑰匙的人罰款500元／次。

　　第18條　本制度自公布之日起執行，凡住宿員工均應自覺遵守，不得違反。

　　第19條　本制度由行政部制定，每年度修訂一次，其解釋權、廢止權歸公司行政部所有。

編制日期		審核日期		批准日期	
修改標記		修改處數		修改日期	

10.4.3 員工餐廳管理制度

員工餐廳管理制度如表 10-5 所示：

表 10-5 員工餐廳管理制度

制度名稱	員工餐廳管理制度	編　　號	
執行部門		監督部門		編修部門	

第一章　總則

第1條　目的。為規範員工餐廳管理，保證員工餐廳正常、有序運轉，不斷提高工作餐服務品質，特制定本制度。

第2條　適用範圍。本管理制度適用於公司員工。

第二章　員工餐廳管理

第3條　員工餐廳實行公司與員工共同監督的管理機制，由行政部負責餐廳的監督管理工作，同時員工有權就餐廳的營運、服務等方面問題提出建議、意見及投訴。

第4條　行政部對食用油、肉類製品等進行不定期檢查、抽查，餐廳應努力增加和調整飯菜口味及品種，嚴格核算成本，提高服務。

第5條　設立投訴箱、意見簿和公告欄，張貼每週菜譜。收集員工關於飯菜品質、服務態度、衛生等問題的意見、建議和投訴。

第6條　做好安全工作。使用炊事器具和工具要嚴格遵守操作規程，防止發生事故；嚴禁隨便帶無關人員進入廚房和食材儲藏室。

第7條　易燃、易爆物品要嚴格按規定放置，杜絕意外事故的發生；餐廳工作人員下班前，要關好門窗，檢查各類電源開關、設備等。行政主管要經常督促、檢查，做好餐廳庫房的防盜工作。

第8條　計劃採購，嚴禁採購腐爛、變質食物，防止食物中毒。

第9條　堅持食物驗收制度，做好成本核算，做到日清月結、帳物相符、定期清點。

表10-5(續)

第三章 餐廳工作人員管理

第10條 講究職業道德，服務禮節，態度和藹，熱情主動，禮貌待人，熱愛本職，認真負責。

第11條 做好炊事人員的個人衛生。做到勤洗手、剪指甲，勤換、勤洗工作服，工作時要穿戴工作衣帽。炊事人員每年進行一次健康檢查，無健康合格證者，不准上班工作。

第12條 注意身體健康，如出現易傳染的疾病病症者，應暫時隔離，治癒後通過檢查方可再上班。

第13條 葷、素、生食品要抹淨洗清，盛器整潔，分類擺放，不觸地、不疊底；生熟盛器、抹布、砧板分開，有明顯標誌；冷藏、冷凍食品，生、熟、半成品分開，魚禽肉豆製品分開，擺放整齊，標誌明顯。

第14條 各種菜餚做到燒熟煮透，鹹淡適宜，色、香、味、形俱佳；注意菜的特色，保證菜的營養成分；拒用腐敗變質的原料，隔餐菜應回鍋燒透；烹調人員操作時，做到不吸菸、不直接用菜勺品嚐味道。

第15條 清潔人員負責工具、機械、地面衛生的清掃和整理，保持操作室及用具清潔整齊，無油膩，無積灰，無蜘蛛網。

第四章 員工用餐守則

第16條 員工用餐卡由行政部按規定統一發放，不得隨意借用或轉借他人。如有發生轉借，一經查實，雙方各罰款250元。對於未及時發放用餐卡的人員，用餐時應嚴格遵守相應的規定如實簽名用餐。

第17條 遺失用餐卡應立即行政部掛失，並按標準補領。

第18條 員工用餐應嚴格按餐廳規定的用餐時間進餐。

第19條 員工用餐需按量取食，嚴禁浪費。

第20條 嚴禁在餐廳內大聲喧嘩、抽菸。

第21條 因業務或工作需要帶客戶用餐者，必須經主管上司審批後持相應的餐券用餐。

第22條 員工用餐必須遵守員工餐廳用餐規定，注意餐廳清潔衛生，按規定要求傾倒用餐廚餘。

表10-5(續)

第23條 凡違反員工餐廳上述規定者，經查實，每項扣除3分。
第五章 附則 第24條 本制度經呈行政副總審批，自頒發之日起執行。 第25條 本制度由公司行政部負責制定與解釋工作。每年根據公司實際情況修訂一次。

編制日期		審核日期		批准日期	
修改標記		修改處數		修改日期	

10.4.4 辦公車輛管理制度

辦公車輛管理制度如表 10-6 所示：

表 10-6 辦公車輛管理制度

制度名稱	辦公車輛管理制度	編　　號	
執行部門		監督部門		編修部門	

第一章　總則

第1條　目的。為了加強公司車輛管理，確保車輛的有效運作，更好地為公司各部門服務，結合公司實際情況，特制定本制度。

第2條　適用範圍。該制度適用於公司有用車需求的部門或員工。

第二章　車輛使用管理

第3條　公司公務車的證照及稽核等事務統由行政部負責管理，並定期指派專人負責維修、檢驗、清潔等。

第4條　本公司人員因公用車須於事前向行政部申請調派，主任依重要性順序派車。對於同一方向、同一時間段的派車要儘量合用，減少派車次數和車輛使用成本。

第5條　對於不按規定辦理申請的，不准許派車。

表10-6(續)

第6條 使用人必須具有駕照。

第7條 公務車不得借予非本公司人員使用。

第8條 使用人於駕駛車輛前應對車輛做基本檢查（如水箱、油量、機油、剎車油、電瓶水、輪胎、外觀等），如發現故障、配件失竊或損壞等現象，應立即報告，否則由使用人對此引發的後果負責。

第9條 使用者應將車輛停放於指定位置、停車場或適當、合法位置，任意放置車輛導致違犯交通規則、損毀、失竊，由使用者自行賠償損失。

第10條 在不影響公務情況下，酌情滿足員工因私用車要求。私人目的借用公車應先填「車輛使用申請單」，注明「私用」，並需經辦公室主任核准。使用者應愛護車輛，保證機件、外觀良好，使用後並應將車輛清洗乾淨。私用時若發生事故，而導致違規、損毀、失竊等，於扣除理賠額後全部由私用人負擔。

第11條 行政部建立車輛的用油台帳，不定期核算，抽查，嚴格按行車里程與百公里耗油標準核發油料或加油費，駕駛員或行政人員做好用油記錄。

第三章 車輛保養管理

第12條 公司公務車輛的司機要愛護車輛，精心保養，使車輛保持良好狀況。所駕駛車輛如需維修，司機須提出維修申請。

第13條 行政部要貨比三家，選擇品質好、收費低的汽修廠進行修理或在公司指定的合約維修點修理和更換汽車零配件。

第14條 司機帶車去維修時，要做到提前電話彙報，且將換下的廢棄零配件保存，由公司統一回收，統一處理。在支付維修費用的同時，應要求維修點必須開具增值稅發票，並提供相對應的零配件明細單。特殊原因也必須事後補報，以備公司備案核查。

第15條 車輛於行駛途中發生故障或其他耗損急需修復或更換零件時，可視實際情況需要進行修理，無迫切需要或修理費超過10000元時，應與行政部聯繫請求批示。

第16條 如由於駕駛人使用不當或車管專人疏於保養，而導致車輛損壞

表10-6(續)

或機件故障,所需之修護費,應依情節輕重,由公司與駕駛人或車輛管理人員分擔。
第四章 附則 第17條 本制度由公司行政部負責制定、修訂與解釋工作。 第18條 本制度經呈總經理審批,自公布之日起執行。

編制日期		審核日期		批准日期	
修改標記		修改處數		修改日期	

10.4.5 員工班車管理制度

員工班車管理制度如表 10-7 所示:

表 10-7 員工班車管理制度

制度名稱	員工班車管理制度	編　號	
執行部門		監督部門		編修部門	

　　第1條 目的。為了保障正常的工作秩序,保證乘車職工的生命財產安杜絕乘車時不守規矩現象發生,公司結合實際情況,特制定本制度。
　　第2條 適用範圍。本制度適用於所有乘坐公司班車的員工與班車司機。
　　第3條 班車行車路線制定的原則是盡最大可能保證員工就近乘車。
　　第4條 公司班車要嚴格遵守各站點發車時間,準點發車,不延時等人,不提前發車,保證按時行車。
　　第5條 班車由司機管理。乘車員工必須尊重司機並嚴格服從管理。班車司機必須認真負責,如有問題,應及時向行政部反映;班車司機也將接受員工的監督,如發現司機違紀,公司將嚴肅處理。
　　第6條 乘車員工必須遵守班車紀律。上車時,互相禮讓,不得擁擠、爭搶,不得不知會司機私開關車門,不得占據司機座位並亂動開關設施,不得提前在班車上占位;班車上不得抽菸、打牌,互相打鬧,不得說髒話等。違

表10-7(續)

反上述規定者，公司將視情節輕重，給予警告、罰款、績效考核扣分等不同的處分。				
第7條　乘車員工必須愛護班車設備，未經許可，不得動用班車設備，如有損壞，照價賠償，舉報者給予等價的獎勵。				
第8條　乘車員工必須愛護班車衛生，不得隨地吐痰，不得亂扔廢棄物，更不得在車內躺臥。				
第9條　員工如休假或有事不需要乘車時須提前通知班車司機。				
第10條　司機應嚴格遵守道路交通法規，違章後果自負。				
第11條　班車到達公司後，司機要及時清理車內衛生。				
第12條　司機負責班車的日常維護保養工作，遇到問題要及時向上級部門報修，嚴禁擅自拆卸。				
第13條　司機要勇於承擔負責，敢於管理，保證監督，對違反本制度的部門和個人及時上報行政部，公司給與適當批評或處罰。				
第14條　本制度執行中的具體問題，由行政部負責解釋。				
第15條　本制度報行政總監審批通過後，自頒發之日起施行。				
編制日期		審核日期		批准日期	
修改標記		修改處數		修改日期	

10.4.6 公務車司機管理制度

公務車司機管理制度如表10-8所示：

表10-8 公務車司機管理制度

制度名稱	公務車司機管理制度		編　　號	
執行部門		監督部門		編修部門	
第一章　總則				
第1條　目的。為加強對公司司機的管理，確保司機安全行車，順利完成駕駛任務，為公司其他部門提供良好的用車服務，特制定本制度。				
第2條　適用範圍。本制度適用於公司所有公務車的司機。				

表10-8(續)

第二章 司機行為規範

第3條 所有司機必須遵守交通部《道路交通安全規則》及有關交通安全管理的規章、規則。

第4條 司機出車須提交申請，未經批准不得用公務車處理私事。

第5條 上班時間不出車時，司機必須在公司指定的辦公室靜候派遣，若臨時有事，須向車輛主管請假。

第6條 接送員工上、下班的班車司機，應準時出車，不得誤點。

第7條 司機請事假前，必須經車輛主管批准；高層幹部的專職司機須經其負責載送之幹部同意後，方可請假。

第8條 高層領導因公事外出或前往外地學習、開會期間，其專職司機的工作由車輛主管負責安排。

第9條 所有司機應嚴格執行考勤制度，無故缺勤者一律按曠班處理。

第10條 無論任何時間、任何地點，司機均不得將自己保管的車輛隨便交給他人駕駛，嚴禁將車輛交給無證人員駕駛。

第11條 司機駕車須遵守交通規則，開車禮節，不准酒後駕車。

第12條 司機應經常檢查自己所開車輛的各種證件的有效性，出車時一定要保證證件齊全。

第13條 公務車內不准抽菸。公司員工在車內抽菸時，司機應禮貌地制止；客人在車內抽菸時，司機可委婉告知本公司陪同人，但不能直接制止。

第14條 司機下班後，須將車輛開回車庫。第一次違反者，給予口頭警告並罰款；從第二次起，每次加倍處罰。

第15條 司機因需要離開車輛時，必須關好車窗、鎖好車門；車中放有物品或文件資料，司機離開時，應將它們放於後備廂內並鎖上。

第16條 出發前，確認路線和目的地，選擇最佳的行車路線；收車後，司機應填寫行車紀錄（包括目的地、乘車人、行車時間和行車距離等）；隨車運送物品時，收車後須向相關管理人員報告。

第17條 司機必須經車輛主管、行政部經理及相關人員同意後，才能進行車輛大維修。車輛修理完後，應認眞做好確認工作。

表10-8(續)

第三章 司機禮儀規範

第18條 司機應注意保持良好的個人形象，保持服裝的整潔衛生，注意頭髮、手足的清潔。

第19條 司機對乘車人員要熱情、禮貌，言行得體大方。

第20條 乘車人下車辦事時，司機不得表現出任何的不耐煩，應將車停好等候。等候時，司機不准遠離車輛，不得在車上睡覺，不得翻動乘車人放在車上的物品，更不得鳴喇叭催促人。

第21條 司機必須注意保密，不得傳播乘車者講話的內容，違者給予警告教育，對情節嚴重者將嚴肅處理。

第22條 接送公司客人時，司機應主動向客人打招呼並作自我介紹，然後打開車門請客人上車，關車門時要注意乘客的身體和衣物，防止被車門夾到發生危險。

第23條 司機在行車中聽廣播或聽音樂時應徵得乘車人的同意，聲音不要太大，以免影響客人思考或休息。

第24條 在涉外活動中，司機對待外賓既要彬彬有禮又要不卑不亢，態度要自然、大方。如果對方主動打招呼，司機可按一般禮節與其握手、交談。

第25條 司機在涉外活動中不得向客人索要禮品或示意欲索取禮品，對不宜拒絕的禮品可以接受，回公司後應上交行政部統一登記，按規定處理。

第四章 車輛養護規範

第26條 司機應愛惜公司車輛，平時注意保養車輛，經常檢查車輛的主要機件，確保車輛正常行駛。

第27條 司機應每天抽時間擦洗自己所開車輛，做到晴天停車無灰塵，雨雪天停車無泥點。要保持前後擋風玻璃和車門玻璃的清潔，要經常清洗輪胎外側和防護罩，做到無積土。

第28條 出車在外或出車歸來停放車輛時，一定要注意選取停放地點和位置，不能在禁止停車路段或危險地段停車。司機離開車輛時，要鎖好保險鎖，防止車輛被盜。

第29條 出車前，司機應維持好車容整潔，車外要擦洗乾淨，打蠟擦亮，

表10-8(續)

車內也要勤勞打掃，保持車內的整潔美觀。

第30條 出車前，司機要堅持「三檢四勤」制，做到機油、汽油、刹車油、冷卻水、輪胎氣壓、制動系統、轉向系統、喇叭和燈光的安全、準確，保證汽車處於良好的狀態。

第31條 出車前，司機要例行檢查車輛的燃料、潤滑油料、電液、冷卻液、制動器和離合器總泵油是否足夠，檢查輪胎氣壓及輪胎緊固情況，檢查喇叭、燈光是否良好，檢查路線圖、票證是否齊全，檢查隨車工具是否齊備。

第32條 按照車輛技術規程啟動引擎，查聽聲音是否正常，查看引擎聯動裝置的緊固情況，查看有無漏油、漏水和漏氣。如有故障應予以排除並上報車管部門或人員。

第33條 行車過程中，司機應密切注意道路上的車、行人、動物動態，與前車保持一定的安全距離。通過十字路口、繁雜地段和轉彎拐角時要嚴格執行有關規定。

第34條 收車後，司機要將車身、車輪擋板和車底等處全面沖洗乾淨，清潔車箱內壁、沙發、腳墊。

第五章 違章與事故處理

第35條 因司機故意或其本人重大過失造成的人身傷害，賠償金額由當事人自行承擔。

第36條 在執行公務的過程中，除認定是司機故意或其本人重大過失的情況外，違反交通規則，或發生交通事故時，其處理辦法如下。

1. 出現違章停車、證件不全、超速駕車或違反交通規則等罰款，由當事人承擔全額罰金。

2. 因交通事故造成人身或車輛傷害時，如屬公司車輛損害保險範圍，當事人可免除賠償責任。如在保險範圍之外，當事人應負責損失實額與保險金差額的___%。

3. 當公司車輛交通違規次數超出安全委員會限定的指標時，公司接到的罰款由當事人承擔。

第37條 酒後開車損壞車輛，由司機負責維修費用；如發生交通事故，除

表10-8(續)

支付維修費用外，司機還應按相關法律規定承擔相應的經濟或民事責任。

第38條 當發生交通事故時，在事故現場司機應做到以下7點。

1. 迅速與公司聯繫，接受公司的相關指示。
2. 如發生人身傷害，應迅速將傷者送到最近的醫院進行治療。
3. 應記錄對方車輛的駕駛證號和車牌號，填寫「事故報告單」。
4. 記錄對方的住址、姓名、工作單位、電話和身分證號碼等。
5. 儘量取得對方的名片，以便事後聯繫。
6. 牢記對方車輛損壞的部位與程度，條件許可時，可利用手機、照相，攝影機拍下現場實景。
7. 記錄事故現場目擊者的姓名、住址和聯繫電話等資訊。

第六章 附則

第39條 本制度根據公司人力資源相關制度制定，由行政部負責解釋。

第40條 本制度經公司總經理批准後，自公布之日起實行。

編制日期		審核日期		批准日期	
修改標記		修改處數		修改日期	

第 11 章 企業文化建設業務·流程·標準·制度

11.1 企業文化建設業務模型

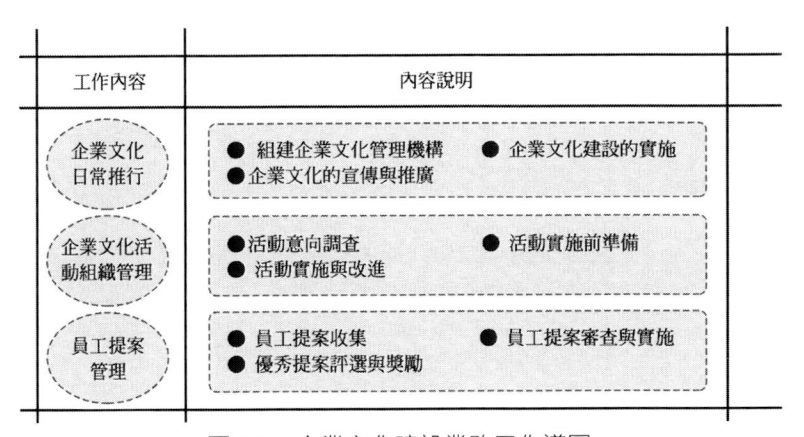

11.1.1 企業文化建設業務工作導圖

企業文化建設業務是指企業全體員工在長期的生產經營實踐中形成的企業精神、價值觀、思維模式、行為模式，是以價值為核心的管理模式，是企業加強內部溝通和訊息交流的重要途徑。其工作導圖如圖 11-1 所示。

工作內容	內容說明
企業文化日常推行	● 組建企業文化管理機構　● 企業文化建設的實施 ● 企業文化的宣傳與推廣
企業文化活動組織管理	● 活動意向調查　● 活動實施前準備 ● 活動實施與改進
員工提案管理	● 員工提案收集　● 員工提案審查與實施 ● 優秀提案評選與獎勵

圖 11-1 企業文化建設業務工作導圖

11.1.2 企業文化建設主要工作職責

明確行政部在企業文化建設過程中的主要工作職責，有助於推動企業文化管理各項工作的順利進行，使企業文化融入員工的理念和行為。同時，還有助於企業廣泛聽取各方意見，保障內部訊息暢通，促進企業經營文化氛圍的改善和各項業務的良性發展。

企業行政部在企業文化建設方面的主要工作職責說明如表 11-1 所示。

總經理行政規範化管理

表 11-1 企業文化建設主要工作職責說明表

工作職責	職責具體說明
企業文化的日常推行	1.行政部組織建立企業文化管理小組，明確劃分管理小組職責 2.深入領會企業文化策略定位，構建企業理念識別系統、行為識別系統和標識識別系統 3.監督、管理企業識別系統的執行情況，並對執行效果進行評估，根據評估結果進行企業文化建設體系的改進 4.根據企業文化宣傳目標，選擇適宜的宣傳媒介，制定詳細的宣傳方案 5.對企業文化宣傳結果進行評估，制訂企業文化宣傳改進計劃
企業文化活動組織	1.行政部根據企業文化建設方向，對企業文化活動意向進行調查，編制「企業活動計劃書」 2.與活動參與部門溝通，與其共同制定活動實施方案 3.根據活動方案，在活動實施前做好相關準備工作，保證活動順利實施 4.按活動流程展開企業文化活動，同時根據活動現場情況靈活應變 5.對企業文化活動實施效果進行評估，為今後企業文化活動的開展提供借鑑
員工提案管理	1.行政部對有效提案和無效提案進行界定，及時收集、匯總、篩選員工提案 2.行政經理根據提案評估指標對有效提案進行評估，並根據評估結果提出處理意見，由行政部落實執行提案處理意見 3.行政部監督各部門對員工提案的落實情況，編制提案實施結果評分表 4.行政部分析提案實施過程的優勢和不足，制訂提案改進計劃 5.根據提案實施的評分結果，制定有針對性的激勵方案，對提案人進行獎勵，鼓勵員工提出可行性較高的提案

11.2 企業文化建設管理流程

11.2.1 主要流程設計導圖

企業文化建設管理流程可分為企業文化日常推行管理流程、企業文化活動組織管理流程、企業員工提案管理流程等三大總流程。三個總流程又可進一步劃分為若干個子流程。具體內容如圖 11-2 所示。

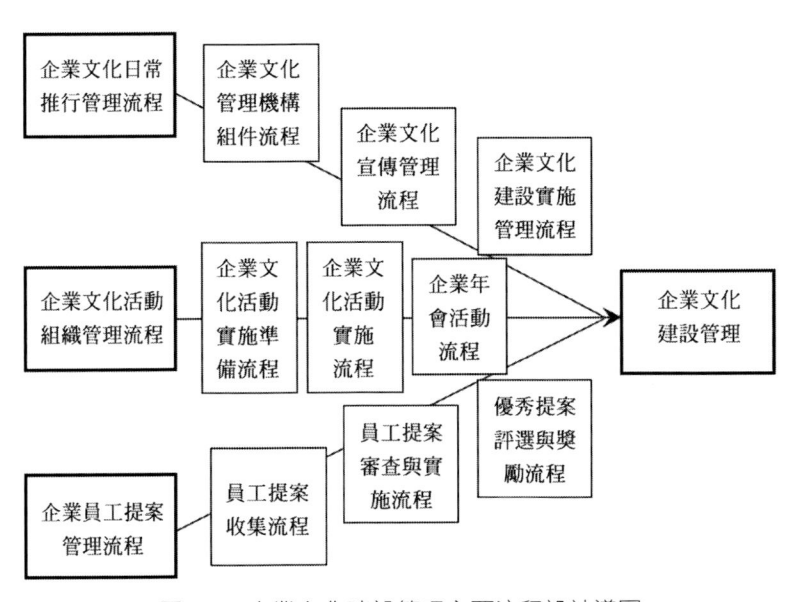

圖 11-2 企業文化建設管理主要流程設計導圖

總經理行政規範化管理

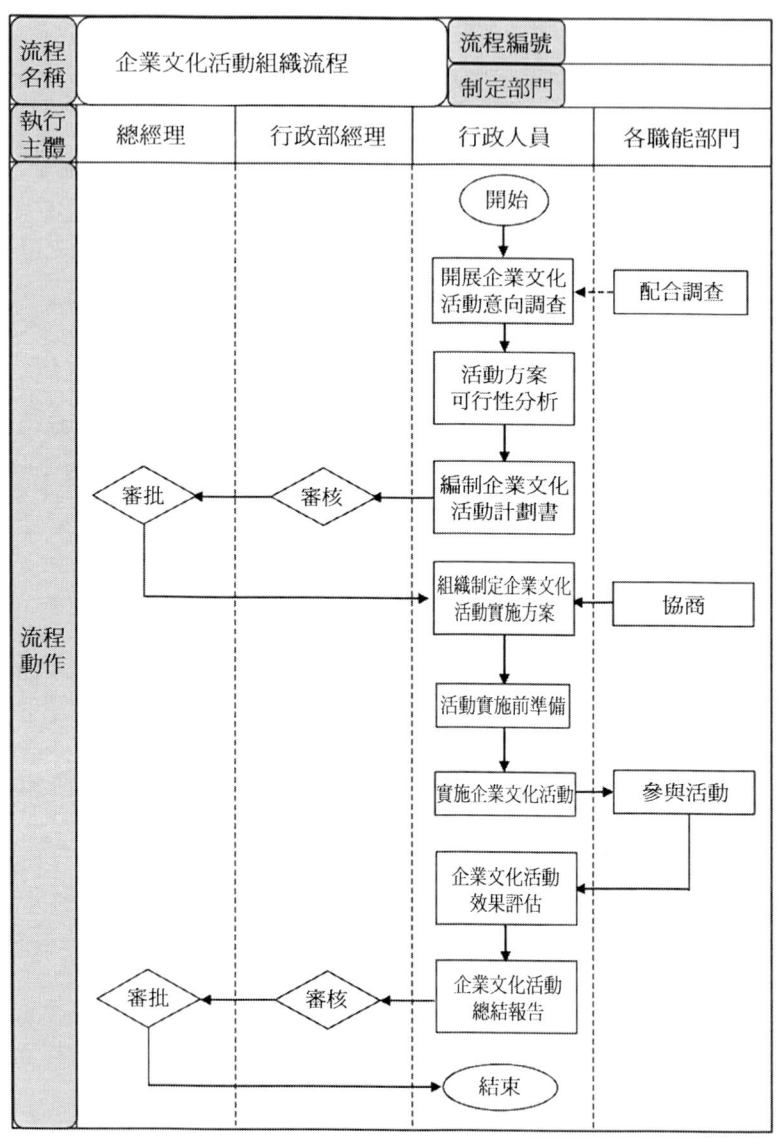

11.2.2 企業文化活動組織流程

企業文化活動組織流程如圖 11-3 所示：

流程名稱	企業文化活動組織流程		流程編號	
			制定部門	
執行主體	總經理	行政部經理	行政人員	各職能部門

```
流程動作：
開始
  ↓
開展企業文化活動意向調查 ← ─ ─ 配合調查
  ↓
活動方案可行性分析
  ↓
編制企業文化活動計劃書 → 審核 → 審批
  ↓
組織制定企業文化活動實施方案 ← 協商
  ↓
活動實施前準備
  ↓
實施企業文化活動 → 參與活動
  ↓
企業文化活動效果評估
  ↓
企業文化活動總結報告 → 審核 → 審批
  ↓
結束
```

圖 11-3 企業文化活動組織流程

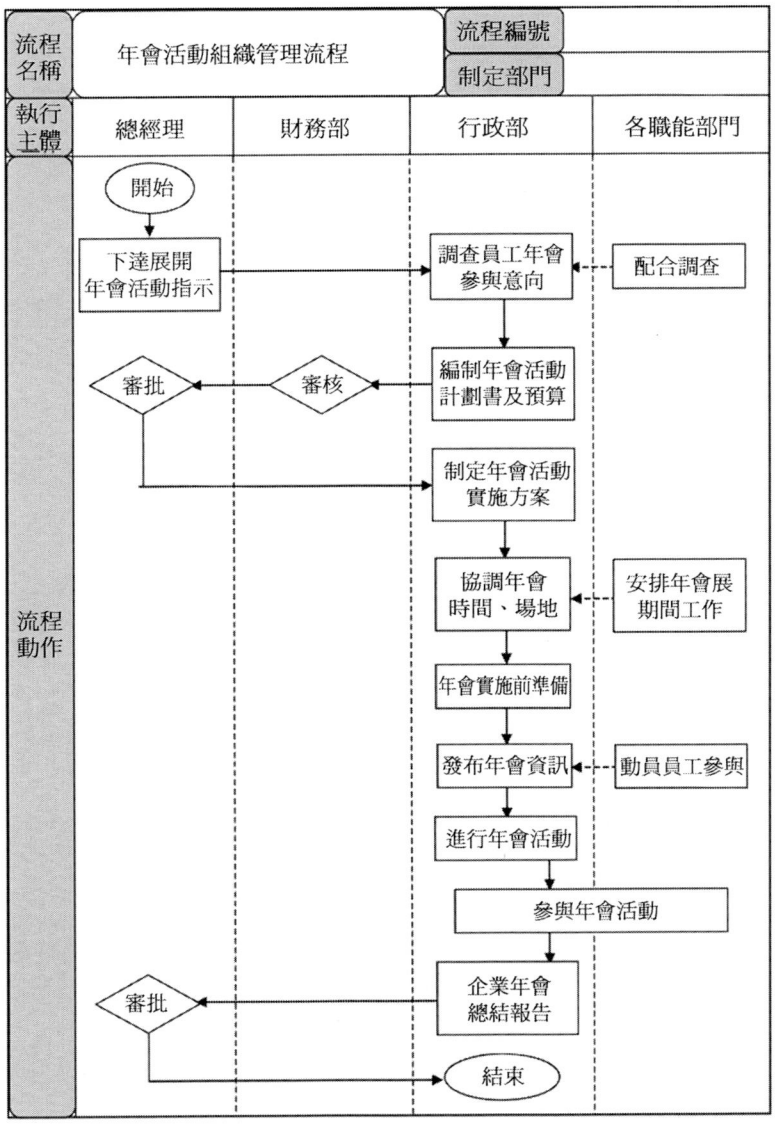

11.2.3 年會活動組織管理流程

年會活動組織管理流程如圖 11-4 所示：

流程名稱	年會活動組織管理流程		流程編號	
			制定部門	
執行主體	總經理	財務部	行政部	各職能部門

流程動作：

- 開始 → 下達展開年會活動指示（總經理）
- 調查員工年會參與意向（行政部）← 配合調查（各職能部門）
- 編制年會活動計劃書及預算（行政部）→ 審核（財務部）→ 審批（總經理）
- 制定年會活動實施方案（行政部）
- 協調年會時間、場地（行政部）← 安排年會展期間工作（各職能部門）
- 年會實施前準備（行政部）
- 發布年會資訊（行政部）← 動員員工參與（各職能部門）
- 進行年會活動（行政部）
- 參與年會活動（各職能部門）
- 企業年會總結報告（行政部）→ 審批（總經理）
- 結束

圖 11-4 年會活動組織管理流程

總經理行政規範化管理

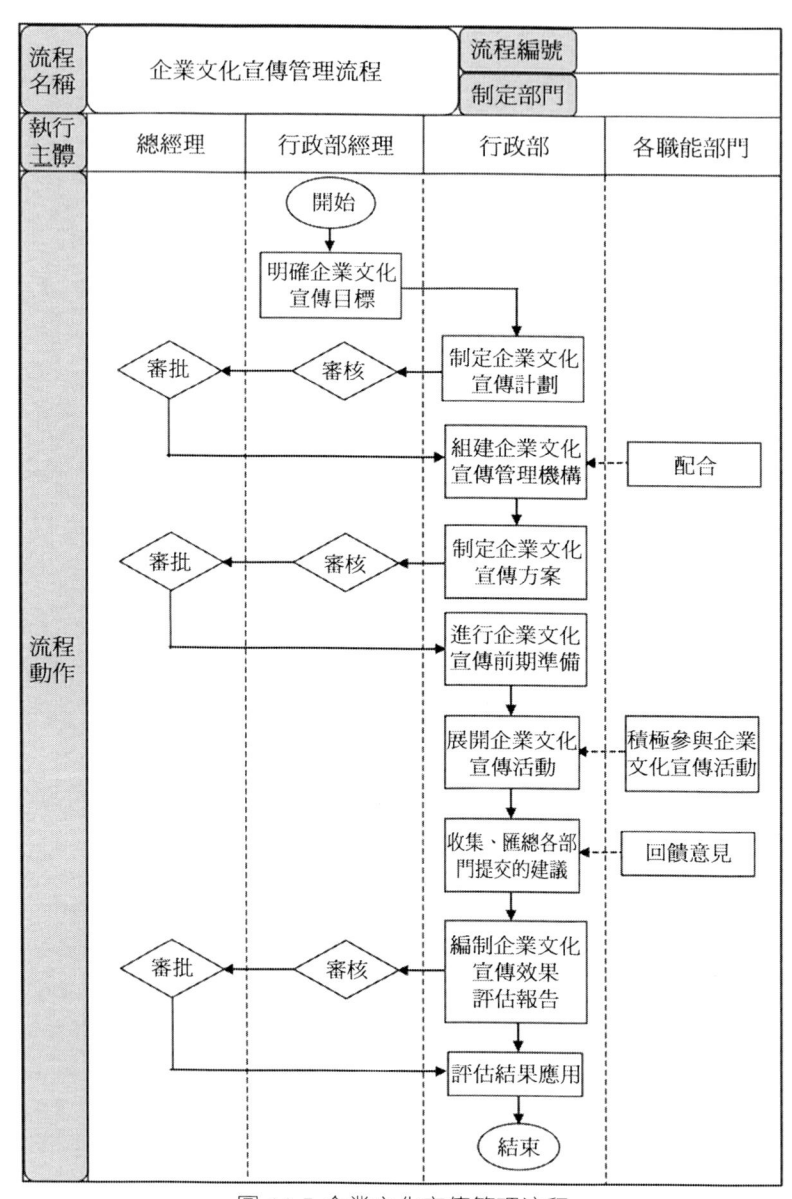

11.2.4 企業文化宣傳管理流程

企業文化宣傳管理流程如圖 11-5 所示：

流程名稱	企業文化宣傳管理流程		流程編號	
			制定部門	
執行主體	總經理	行政部經理	行政部	各職能部門

流程動作：

開始 → 明確企業文化宣傳目標 → 制定企業文化宣傳計劃（行政部經理審核、總經理審批）→ 組建企業文化宣傳管理機構（各職能部門配合）→ 制定企業文化宣傳方案（行政部經理審核、總經理審批）→ 進行企業文化宣傳前期準備 → 展開企業文化宣傳活動（各職能部門積極參與企業文化宣傳活動）→ 收集、匯總各部門提交的建議（各職能部門回饋意見）→ 編制企業文化宣傳效果評估報告（行政部經理審核、總經理審批）→ 評估結果應用 → 結束

圖 11-5 企業文化宣傳管理流程

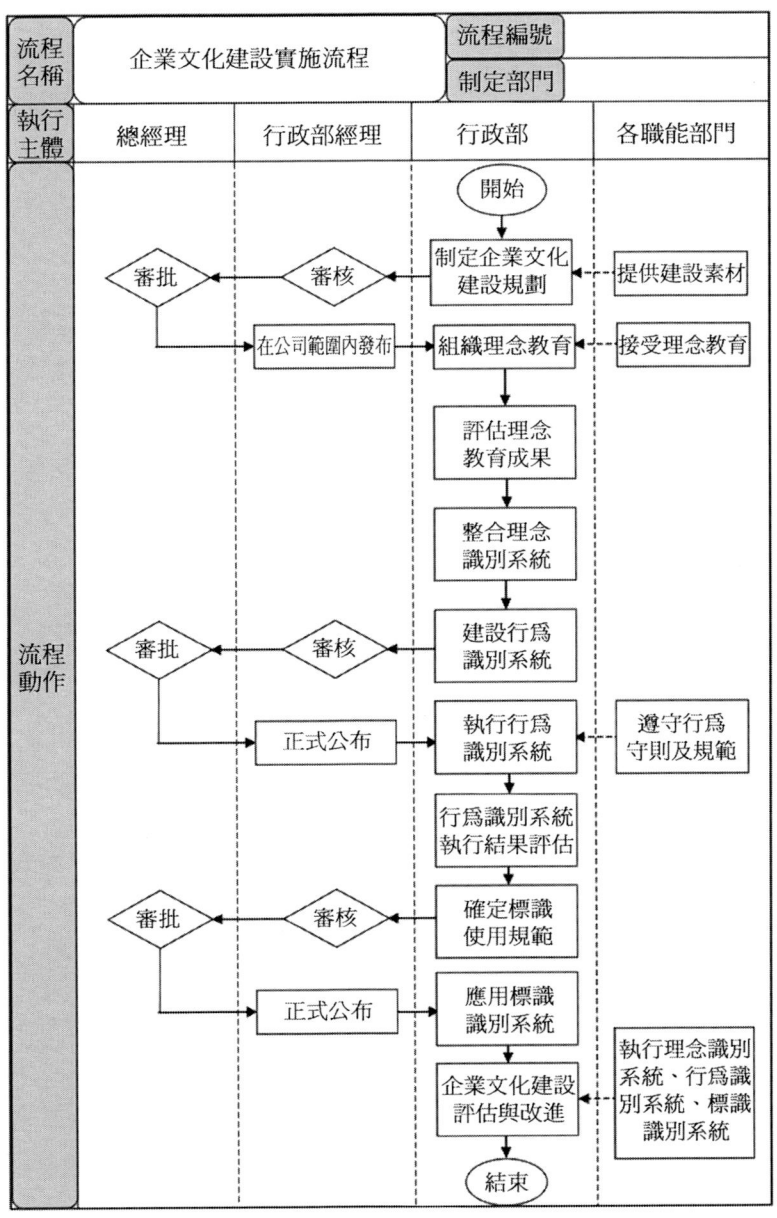

11.2.5 企業文化建設實施流程

企業文化建設實施流程如圖 11-6 所示：

流程名稱	企業文化建設實施流程		流程編號	
			制定部門	
執行主體	總經理	行政部經理	行政部	各職能部門
流程動作	審批	審核 ←	開始 → 制定企業文化建設規劃	提供建設素材
	→ 在公司範圍內發布		組織理念教育 ←--→	接受理念教育
			評估理念教育成果	
			整合理念識別系統	
	審批	審核 ←	建設行為識別系統	
	→ 正式公布		執行行為識別系統 ←--→	遵守行為守則及規範
			行為識別系統執行結果評估	
	審批	審核 ←	確定標識使用規範	
	→ 正式公布		應用標識識別系統	
			企業文化建設評估與改進 ←--→	執行理念識別系統、行為識別系統、標識識別系統
			結束	

圖 11-6 企業文化建設實施流程

11.3 企業文化建設管理標準

11.3.1 企業文化建設管理業務工作標準

為實現企業文化建設管理的工作目標,行政部應根據工作規範,執行以下工作事項。具體內容如表 11-2 所示。

表 11-2 企業文化建設管理業務工作標準

工作事項	工作依據與規範	工作成果或目標
企業文化的日常推行	◆企業文化策略定位 ◆企業文化管理制度 ◆企業文化運行管理手冊	(1)企業現狀調查表編制內容完整,針對性較強,符合文書編制規範,整體品質水準較高 (2) 企業識別系統設計一次性通過 (3)企業文化建設情況評估真實、客觀
企業文化活動組織管理	◆企業文化活動實施規定 ◆企業文化活動管理辦法 ◆企業文化活動可行性評估規定 ◆企業文化活動成本控制辦法	(1)企業文化活動意向調查及時率達到100%規定 (2)企業文化活動方案可行性分析準確、科學,符合企業實際情況,具有可操作性 (3)企業文化活動實施方案制定及時率達到100% (4)企業文化活動開展後,取得顯著成果,如團隊氛圍更融洽、團隊執行力大有提升等
員工提案管理	◆員工提案管理制度 ◆員工優秀提案獎勵辦法	(1)員工提案處理及時率達到100% (2)員工提案審查零差錯 辦法 (3)提案實施進度 100% 按計劃執行

11.3.2 企業文化建設管理業務績效標準

企業文化建設管理工作的績效結果項目主要包括企業文化的日常推行、企業文化活動組織管理、員工提案管理。其具體的評估指標和評估標準如表 11-3 所示。

表 11-3 企業文化建設管理業務績效標準

工作事項	評估指標	評估標準
企業文化的日常推行	企業文化現狀調查準確性	1.未在全體員工範圍內開展工作,調查結果與實際情況有較大差距,本項不得分 2.企業文化現狀調查工作開展及時,調查資料具有一定客觀性,但可用度較低,得___分 3.企業文化現狀調查資訊資料客觀,可用度較高,得___分
	企業文化建設規劃及時性、合理性	1.超出規定時間15個工作日尚未完成企業文化建設規劃工作,規劃內容不合理,與企業實際需求差距較大,本項不得分 2.企業文化建設規定工作超出規定時間1～15個工作日(不含)方才完成,規劃內容基本合理,能夠滿足企業大部分需求,得___分 3.企業文化建設規劃及時、無拖延,規劃內容合理,符合企業實際需求,得___分
	企業識別系統設計工作完成率	1.企業識別系統設計工作完成率＝$\dfrac{\text{在規定時間內完成的企業識別系統設計工作}}{\text{企業識別系統設計工作}} \times 100\%$ 2.企業識別系統設計工作完成率應達到99%,每降低___%,扣___分,低於___%,本項不得分
	企業文化宣傳計劃達成率	1.企業文化宣傳計劃達成率＝$\dfrac{\text{在規定時間內完成的企業文化宣傳工作}}{\text{企業文化宣傳工作}} \times 100\%$ 2.企業文化宣傳計劃達成率應達到99%,每降低___%,扣___分,低於___%,本項不得分
	企業文化宣傳媒介選擇合理性	1.未根據企業文化宣傳需求選擇適宜的宣傳媒介,未實現宣傳目的,宣傳效果較差,本項不得分 2.根據企業文化宣傳需求選擇宣傳媒介,但未將內部宣傳媒介與外部宣傳媒介相結合,宣傳效果有待提高,得___分 3.根據企業文化宣傳需求選擇適宜的宣傳媒介,將內、外宣傳媒介靈活結合、實現企業文化宣傳目的,得___分

總經理行政規範化管理

表11-3(續)

	員工違反企業文化行為規範次數	員工個人在一個考核期內無違反企業文化行為規範的現象，得 ___ 分； 部門在一個考核期內有2(含)次以下違反企業行為規範的現象，本項不得分； 員工每出現1次違反企業文化行為規定的現象，扣除當月獎金的 ___ %；部門違反企業行為規定的現象每超出規定標準1次，扣除部門年終獎金的 ___ %
企業文化活動組織管理	企業文化活動計劃制訂即時性	在企業文化活動前期準備工作結束後，及時制訂活動計劃，無拖延現象發生，每延遲1個工作日，及時性扣除當月獎金的 ___ %
	企業文化活動實施方案詳實性	1.企業文化活動實施方案編制內容空泛、不全面，無法滿足企業文化活動組織需要，本項不得分 2.企業文化活動實施方案基本涵蓋整個實施環節的注意事項，得 ___ 分 3.企業文化活動實施方案詳實，具有較強邏輯性，得 ___ 分
員工提案管理	提案審查及時率	1.提案審查及時率＝$\dfrac{\text{在1個工作日內完成審查的提案數量}}{\text{員工提交的提案總量}} \times 100\%$ 2.提案審查及時率應達到 ___ %，及時率每降低 ___ 個百分點，扣除 ___ 分
	提案實施成果	1.未對提案實施成果進行全面分析和評估，評估結果應用效果較差，本項不得分 2.僅對提案的有形成果進行評估，缺乏對無形成果的分析和評估，評估結果應用範圍較小，得 ___ 分 3.全面分析、評估提案的實施成果，包括有形成果和無形成果，並將有關成果投入或應用於企業日常經營管理活動或業務中，得 ___ 分

11.4 企業文化建設管理制度

11.4.1 制度解決問題導圖

構建企業文化建設管理制度有助於解決在企業文化建設管理、員工提案管理、活動組織管理等方面存在的以下問題，如圖 11-7 所示。

- 企業文化管理機構權責不明
- 理念識別系統建設前，未及時瞭解員工思想動態
- 行為識別系統執行效果較差
- 標識識別系統的應用範圍過小
- 未對三大識別系統的建設、執行情況進行評估

企業文化日常推行制度要解決的問題

員工提案制度要解決的問題

企業文化活動組織制度要解決的問題

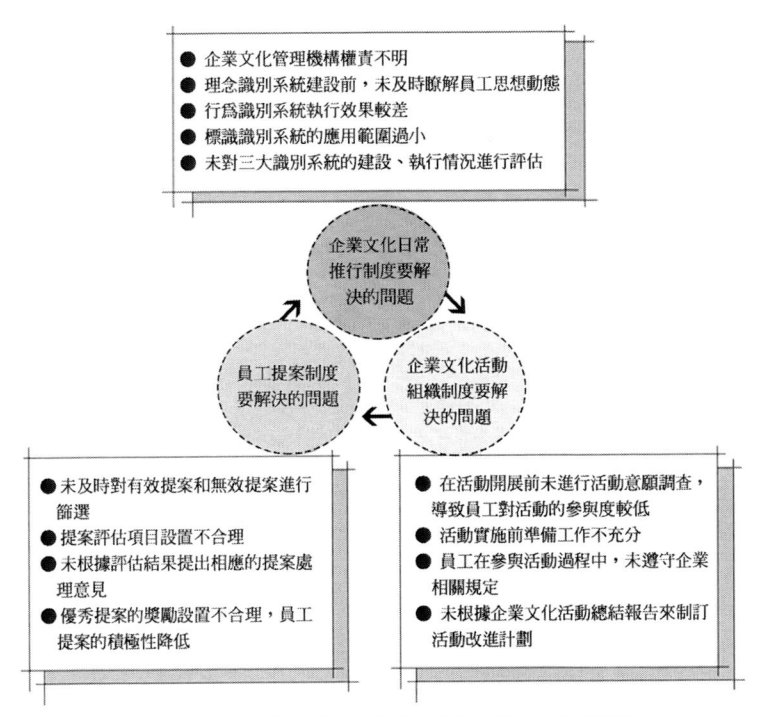

- 未及時對有效提案和無效提案進行篩選
- 提案評估項目設置不合理
- 未根據評估結果提出相應的提案處理意見
- 優秀提案的獎勵設置不合理，員工提案的積極性降低

- 在活動開展前未進行活動意願調查，導致員工對活動的參與度較低
- 活動實施前準備工作不充分
- 員工在參與活動過程中，未遵守企業相關規定
- 未根據企業文化活動總結報告來制訂活動改進計劃

圖 11-7 企業文化建設管理制度解決問題導圖

11.4.2 活動組織管理辦法

活動組織管理辦法如表 11-4 所示:

表 11-4 活動組織管理辦法

制度名稱	活動組織管理制度		編　　號	
執行部門		監督部門		編修部門	

第一章　總則

第1條　為營造良好的企業文化氛圍,增進員工之間的交流,緩解工作壓力,培養協作意識,提高團隊凝聚力,特制定本制度。

第2條　行政部負責制訂公司活動計劃、制定方案並組織實施。

第3條　本制度所指的活動,是指由公司組織策劃、員工參與的團隊活動,主要包括以下幾類。

企業活動分類

活動分類	解釋
文娛類	象棋比賽、五子棋比賽、歌詠比賽、演講比賽、猜燈謎、文藝晚會
體育類	拔河、乒乓球、羽毛球、籃球比賽、趣味運動會
技能類	消防逃生演習、包裝技術比賽、生產技術比賽
知識類	企業文化知識、產品知識競賽、文化沙龍
其他	戶外拓展訓練、公司年會、公司旅行、員工生日會

第二章 活動意向調查

第4條　行政部組織員工活動,應遵循「積極有益、安全第一」的原則,不能影響正常工作進度,原則上不占用工作時間。

第5條　行政部把握本公司企業文化建設方向,編制與之相適應的「企業文化活動意向調查表」,在規定時間內向各部門發放。

第6條　與各部門負責人溝通,發動員工如實填寫調查表,行政部匯總調查結果,選取優秀的活動方案,並對所選取活動方案的可行性進行分析。

第7條　編制「企業文化活動計劃書」,上報行政經理、財務部審批。

表11-4(續)

活動計劃書的內容一般包括活動目的、活動項目與方式、活動設施的裝備情況、開展活動所需經費預算等資訊。

第8條 徵求活動參與部門的建議和意見，獲取參與員工對活動的支持，與活動參與部門共同制定活動實施方案。在實施方案中，應包括以下九項內容。

- ●活動時間　●活動地點　●活動接待安排
- ●參加人數　●活動流程　●活動注意事項及要求
- ●安全措施　●活動經費明細　●活動需準備的文件資料明細

企業文化活動實施方案內容

第三章 活動實施準備

第9條 行政部在活動實施前一週應做好以下準備。

1. 根據活動實施方案對相關人員進行培訓，事先指定專人勘察活動場地和活動環境，並購買意外保險，保證活動的順利實施。

2. 責任人員需要根據活動實施方案制訂活動所需物品的採購計劃，上報行政經理審批通過後及時採購，做好活動物品和設施準備。

3. 召開籌備會議，落實活動組織具體事宜，確定活動人員安排，做好活動組織人員分工準備。

4. 做好戶外活動的交通準備，活動中如需使用交通工具，必須符合安全要求，不得超員運載。

5. 擬定活動應急預案。

第10條 行政部應在活動舉辦3天前召集相關組織人員完成預演工作，確保活動組織工作無誤。

第11條 行政部在活動舉辦前2天，應安排好部門內部工作，保證活動舉辦期間的日常工作不受影響。

第12條 行政部應以內部郵件、書面文件、布告欄張貼海報等形式，通知活動參與相關資訊。

表11-4(續)

第四章 活動實施與改進

第13條 以部門為單位組織員工集體活動,應為1年一次,也可以採用部門聯合的方式。

第14條 本公司組織的活動,如因員工個人原因未能參與的,可視為放棄享受本次福利,不予退還活動經費;如因工作原因未能參與活動的,可參與其他部門組織的活動。

第15條 員工在參與活動的過程中,應遵守以下規定。

1. 員工應統一行動、聽從指揮,不得單獨行動或中途退場。
2. 員工參加集體活動時,應按時、保質、保量的完成指揮人員分派的活動任務。
3. 員工在參與活動時,必須隨身攜帶通訊工具,並保證通訊暢通。
4. 員工如攜帶家屬參與活動,家屬的安全由員工個人負責。

第16條 行政部根據活動實施方案組織員工開展活動,並根據活動現場情況,靈活變動活動流程。

第17條 行政部於活動結束三日內編制「活動費用收支明細」,上報行政經理審核。

第18條 收集、整理活動效果資料,編制「活動效果評估表」。

第19條 總結活動的優勢和不足,編制「活動總結報告」,為今後組織相關活動提供參考。

第20條 根據評估表和總結報告,制訂活動改進計劃,並儘快實施該計劃,鞏固並提升活動成果。

第五章 附則

第21條 本制度由行政部負責制定,報總經理辦公室審議通過後,自發布之日起開始執行。

第22條 本制度的解釋權及修訂權屬於公司總部行政部。

編制日期		審核日期		批准日期	
修改標記		修改處數		修改日期	

11.4.3 企業文化管理制度

企業文化管理制度如表 11-5 所示：

表 11-5 企業文化管理制度

制度名稱	企業文化管理制度		編　　號	
執行部門		監督部門		編修部門	

第一章　總則

第1條　為加強本公司全體員工對企業文化的認知水準，培養良好的企業文化氛圍，促進企業文化建設工作健康有序地開展，特制定本制度。

第2條　本制度所指的企業文化是企業精神文化、企業制度文化和企業物質文化的總稱。

1. 企業精神文化，包括企業的核心價值觀、企業精神、企業道德等在生產經營中所形成的企業意識。

2. 企業制度文化，包括企業制度文化、企業目標、企業文化活動等以動態形式存在的文化。

3. 企業物質文化，包括企業器物、企業標識、生產環境、生活環境等構成的文化。

第二章 組建企業文化管理機構

第3條　行政部認真學習總經理根據公司發展策略確定的企業文化策略定位，組織建立企業文化管理小組，並劃分小組成員的管理職責。

第4條　企業文化管理小組成員為企業各部門負責人，受行政經理直接領導。

第5條　企業文化管理小組的主要工作職責包括以下八方面內容。

1. 制定公司企業文化管理制度。
2. 制定公司企業文化發展規劃。
3. 制訂公司企業文化年度工作計劃。
4. 制定公司對內對外宣傳規範，並監督執行。

表11-5(續)

> 5. 組織進行對公司企業文化重要議題的相關研究。
> 6. 展開公司對內對外企業文化宣傳，組織公司企業文化活動。
> 7. 公司企業文化培訓的組織、考核、管理、培訓效果評估。
> 8. 審核對外宣傳內容，指導各單位、部門開展企業文化活動。
>
> **第三章 企業文化建設規劃**
>
> 第6條 行政部開展企業文化現狀調查，瞭解員工的思想動態，分析企業特點，廣泛聽取員工的建議和意見，診斷公司中存在的問題。
>
> 第7條 企業文化現狀調查內容包括，公司價值觀、經營哲學、管理思想、員工對企業文化的認知度。
>
> 第8條 根據企業文化策略定位，結合公司的實際情況，行政部準確定位企業文化，明確企業文化的核心，提煉具有特色的公司精神與文化理念。
>
> 第9條 構建企業識別系統，包括理念識別系統、行為識別系統和形象標識識別系統。
>
> 第10條 行政部應按照以下規定進行理念識別系統建設。
>
> 1. 行政部及時收集思想、理念教育成果資訊回饋，瞭解員工的想法動態。
> 2. 根據收集的資料展開評估工作，編制理念教育成果評估報告，上報企業文化管理小組審核。
> 3. 根據審核通過的評估結果，整合理念識別系統，包括公司宗旨、公司願景、公司使命、核心價值觀、管理理念、安全理念、科技理念、人才理念和學習理念等。具體內容如下圖所示。

表11-5(續)

- 公司作風：反應迅速、全力執行、團結協作、精益求精
- 公司精神：頑強拚搏、永不言敗、敢為人先、追求卓越
- 公司宗旨：創造價值、鑄造品牌
- 核心理念：用心積累、出類拔萃、關心員工、造福社會
- 經營理念：為股東創造利益、為員工創造前途、為地方創造繁榮
- 管理理念：高嚴細實抓管理、持之以恆求發展
- 價值觀：真誠做人、踏實做事、以德載物、以行為本
- 學習理念：智慧源於學習、知識成就未來
- 人才理念：人才為企業提供發展動力、企業為人才打造成長平台
- 科技理念：匯聚全員智慧、追求科技領先
- 安全理念：今天的隱患、明天的災難

公司理念識別系統

4. 歸納、總結、宣導企業的先進理念，將其梳理為系統性文件，並做好文件的歸檔工作。

第11條 行政部應按照以下規定進行行為識別系統建設。

1. 匯總公司各項管理制度，包括行政辦公管理制度、財務管理制度、技術管理制度、生產管理制度等，建立員工共同遵守的行為規範要求，並將匯總的行為識別系統建設材料上報企業文化管理小組審核。

2. 根據審批通過的行為識別系統，訂定貫徹落實員工守則和行為規範要求。

3. 監督、整理行為識別系統的執行情況，並編制評估報告。

4. 根據企業文化管理小組制定的行為識別系統的要求，結合評估結果對員工進行獎懲。

第12條 行政部應按照以下規定進行形象識別系統設計。

1. 根據理念識別系統和行為識別系統執行情況評估報告，設計企業形象識別系統，建立標誌應用規定，確定標識的使用規範。

2.公司形象識別系統的應用範圍包括廠區導視標誌、作業區導視標誌、建築導視標誌、辦公用品、事務用品、企業證照文件、交通運輸工具、指示、標識、廣告展示陳列、商品及包裝、服飾、公司出版物、公司禮品、

表11-5(續)

公司網頁等。

　　3. 對形象識別系統的執行情況進行監督。

　　第13條　行政部收集、整理企業理念、行為、形象識別系統的設計、執行情況，評估企業文化建設成果，並根據評估結果對企業文化建設體系進行改進。

第四章　企業文化宣傳推廣

　　第14條　企業文化管理小組根據公司經營策略目標，提取有利於實現策略目標的企業文化，明確企業文化的宣傳目標。

　　第15條　根據企業文化宣傳目標，制訂符合公司實際情況的企業文化宣傳計劃，並將計劃上報企業文化管理小組審批。

　　第16條　根據宣傳內容、所要達到的宣傳效果選擇合適的宣傳媒介。公司常用的宣傳媒介如下所示。

企業文化宣傳媒介

宣傳型態	宣傳媒介
內部宣傳	企業文化活動、內部網路系統、企業文化宣傳專欄、公司內刊
外部宣傳	網路、媒體、報刊雜誌

活動計劃書的內容一般包括活動目的、活動項目與方式、活動設施的裝備情況、開展活動所需經費預算等資訊。

　　第8條　徵求活動參與部門的建議和意見，獲取參與員工對活動的支持，與活動參與部門共同制定活動實施方案。在實施方案中，應包括以下九項內容。

真實性原則：宣傳內容所反映的事件與資料應與事實相符，禁止發布虛假不實報導

時效性原則：宣傳內容應是針對近期發生的事實的反映或狀態描述

激勵性原則：廣為宣傳對公司做出貢獻或優質服務的傑出人物和其事蹟

企業文化宣傳「三性」原則

表11-5(續)

> 第19條 在企業文化宣傳過程中，如遇突發事件，應立即向企業文化管理小組匯報，企業文化管理小組負責對問題進行處理。
>
> 第20條 在進行企業文化宣傳時，應注意做好公司敏感資訊的保密工作。
>
> 第21條 企業文化宣傳應注意明確宣傳目的，把握宣傳分寸，精心策劃和設計宣傳內容、形式。
>
> 第22條 收集企業文化宣傳回饋資訊，編制企業文化宣傳評估報告，將報告上交企業文化管理小組審批。
>
> 第23條 根據企業文化宣傳評估報告，制訂企業文化宣傳改進計劃。
>
> **第五章 附則**
>
> 第24條 本制度由行政部制定並負責解釋。
>
> 第25條 本制度報總經辦審議通過後，自頒布之日起實施。

編制日期		審核日期		批准日期	
修改標記		修改處數		修改日期	

11.4.4 員工提案管理辦法

員工提案管理辦法如表11-6所示：

表11-6 員工提案管理辦法

制度名稱	員工提案管理制度	編　　號	
執行部門		監督部門		編修部門	

> **第一章　總則**
>
> 第1條 為促進公司發展，匯總員工個人智慧與經驗，提出有助於改善公司經營發展的建議，特制定本制度。
>
> 第2條 行政部負責提案的收集、受理、審查等工作。

表11-6(續)

第二章 提案收集

第3條 行政部收集員工提案，匯總提案資訊。根據提案內容對有效提案和無效提案進行篩選。員工提案應包括以下四方面。

1. 概括寫明提案主張的內容。
2. 具體說明現存缺失。
3. 詳細說明改善的具體辦法、程序。
4. 闡明提案經採納後，可能獲得的成效。

第4條 符合公司規定的提案包括對本公司生產、經營具有建設性、可行性的改善方法。具體內容包括以下6個方面。

1. 各種操作方法、製造方法、生產程序、銷售方法、行政效率等的改善。
2. 有關機器設備維護、保養的改善。
3. 有關提高原料的使用效率、改用替代品原料，節約能源等。
4. 新產品的設計、製造、包裝及新市場的開發等。
5. 廢料、廢棄能源的回收利用。
6. 促進作業安全，預防災害發生等。

第5條 提案內容如隸屬於以下範圍，則爲不適當提案，行政部不予受理。

1. 攻擊團體或個人的提案。
2. 訴苦或要求改善待遇者。
3. 與曾被提出或被採用過的提案內容相同者。
4. 與《中華民國專利法》及其他法律法規相抵觸者。

第三章 提案審查與實施

第6條 行政部對篩選通過的提案進行評選，將具有可行性的提案提交行政經理審查。

第7條 對提案的評估項目包括如下5個方面。

提案評估項目

評估項目	評估標準	權重
動機	員工爲節約公司經營成本，提高經營效率提交提案，提案內容動機不摻雜個人恩怨	20%

表11-6(續)

創造性	提案內容能從多角度發現問題，提出有建設性的解決問題的思路，敢於大膽創新又不失穩健	15%
可行性	提案符合公司現狀，可操作性強，能夠在公司各部門推行	25%
經濟效益	提案具有較強的潛在經濟價值，在提案實施後，能夠為公司節約生產成本與管理成本	30%
應用範圍	提案能夠在某個部門或多個部門內應用，具有較強適應性	10%

第8條 行政經理根據對提案的評估結果，提出提案處理意見，由行政人員落實處理意見。

提案處理意見

處理意見	落實執行
採用	行政部通知提案人，並將採用的提案交由相關部門實施
不採用	行政部通知提案人，委婉說明理由，將提案原件發還
保留	先將保留理由通知提案人，保留期限為1～3個月

第9條 行政部將採用的提案交給有關部門實施後，各部門應配合落實提案，在提案活動開展一段時間或一次主題活動結束後，填寫「提案實施成果報告」，經部門主管審核後，提交行政部審批。

第10條 行政部根據各部門提交的「提案實施成果報告」，分析提案活動取得的成果，包括無形成果和有形成果。

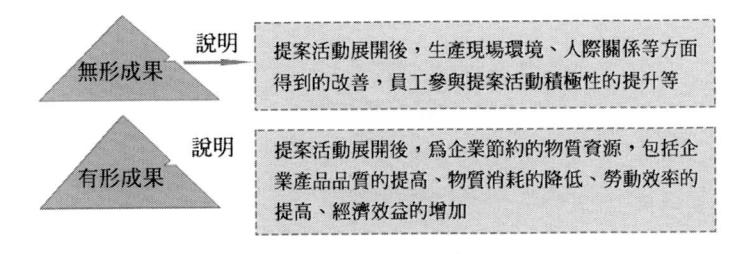

無形成果　說明　提案活動展開後，生產現場環境、人際關係等方面得到的改善，員工參與提案活動積極性的提升等

有形成果　說明　提案活動展開後，為企業節約的物質資源，包括企業產品品質的提高、物質消耗的降低、勞動效率的提高、經濟效益的增加

提案取得的成果分類

第11條 行政部分析提案的不足之處，制訂提案改進計劃，並通知各部

表11-6(續)

門配合行政部落實改進計劃。

　　第12條　行政部在提案活動全面結束後，回顧、總結提案管理過程，編制「提案工作總結報告」，並將報告內容在公司內部進行公布，為其他部門利用提案提供參考。

第四章 優秀提案評選與獎勵

　　第13條　行政部根據「提案實施成果報告」，對提案的實施結果進行評估，編制「提案實施結果評分表」，評選優秀提案。

　　第14條　行政部根據評選結果，結合公司實際情況，制定有針對性、激勵性的獎勵方案，報經行政經理審批。

　　第15條　提案激勵方案包括以下四個獎項，各獎勵可累計獲得。

提案激勵方案

提案獎項	說明
提案獎勵	● 未經採納，但提案內容符合公司要求的，獎勵500元 ● 提案一經採納，獎勵提案人5000元
成果獎勵	● 根據提案評估結果，對提案人給予6000~15000元獎勵
特殊獎勵	● 提案實施後，取得顯著經濟效益的，對提案人給予15000~50000元獎勵
團體特別獎	● 以部門為單位，每月有4件及以上提案被採納的，每個採納的提案獎勵4000元

第五章 附則

　　第16條　本制度解釋權、修改權歸行政部所有。

　　第17條　本制度報行政總監審核通過後，自＿＿年＿＿月＿＿日起生效。

編制日期		審核日期		批准日期	
修改標記		修改處數		修改日期	

第 11 章 企業文化建設業務・流程・標準・制度
11.4 企業文化建設管理制度

總經理行政規範化管理

作　　者：曾令萍　著
發 行 人：黃振庭
出 版 者：崧燁文化事業有限公司
發 行 者：崧燁文化事業有限公司
E-mail：sonbookservice@gmail.com
粉 絲 頁：https://www.facebook.com/sonbookss/
網　　址：https://sonbook.net/
地　　址：台北市中正區重慶南路一段六十一號八樓 815 室
Rm. 815, 8F., No.61, Sec. 1, Chongqing S. Rd., Zhongzheng Dist., Taipei City 100, Taiwan (R.O.C)
電　　話：(02)2370-3310
傳　　真：(02) 2388-1990
總 經 銷：紅螞蟻圖書有限公司
地　　址：台北市內湖區舊宗路二段 121 巷 19 號
電　　話：02-2795-3656
傳　　真：02-2795-4100
印　　刷：京峯彩色印刷有限公司（京峰數位）

國家圖書館出版品預行編目資料

總經理行政規範化管理 / 曾令萍著．
-- 第一版 . -- 臺北市：崧燁文化，
2020.10
　　面；　公分
POD 版
ISBN 978-986-516-492-8(平裝)
1. 業務管理 2. 行政管理
494.6　　109014980

官網

臉書

― 版權聲明 ―
本書版權為西南財經大學出版社所有授權崧博出版事業有限公司獨家發行電子書及繁體書繁體字版。若有其他相關權利及授權需求請與本公司聯繫。

定　　價：450 元
發行日期：2020 年 10 月第一版
◎本書以 POD 印製